WANGSHI HUIGU
JI ZHONGGUO CHONGWU
ZHENLIAO HANGYE
FAZHAN LICHENG

往事回顾

——记中国宠物诊疗行业发展历程

刘 朗 刘春玲 编著

中国农业出版社

北 京

中国农业出版社

编著者序

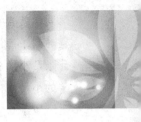

　　中国的宠物经济是随着国民经济的发展而发展的，而作为宠物经济的附属产物——中国的宠物诊疗行业更是呈现了翻天覆地的变化。纵观中国宠物诊疗行业发展的历史，我们许多人有着难忘的回忆，短短二十几年的历程，很多兽医界的前辈做着他们认为平常而我们认为伟大的事业。中国最早从事小动物临床的那些兽医，有些已经永远离开了我们，有些则由于年事已高导致记忆呈现了模糊的片段。如果不去记录中国宠物诊疗行业发展的历程，或许有些真实的东西会被人们遗忘，而现在的年轻兽医也会觉得幸福原本就是这么简单。正是由于那个年代老一辈临床兽医们的努力，中国的宠物诊疗行业只用了短短二十几年的时间就追赶了欧美五十年。作为见证了那个时代的临床兽医，我可以自豪地说，是我们，改写了中国宠物诊疗发展的历史。

　　应该说中国最早的兽医院是建立在1949年，由当时的北京大学农学院、清华大学农学院、华北大学农学院三校合一而成立的北京农业大学兽医院（现已更名为中国农业大学动物医院）。但那时的兽医院只是给骡、马、牛、驴这些大动物看病，还没有真正意义的宠物门诊。最早能够专门给宠物看病的地方是位于北京市朝阳区和平里北街11区22楼103号的段宝符先生家中，段老先生早年曾到日本学习兽医，接触了日本的宠物临床。段老先生退休后赋闲在家，于是萌发了开办宠物门诊的心思，在费尽一番周折后，于1984年开办了"段大夫犬猫诊疗所"。当时北京除郊区县的兽医站以外，北京城内也只有北京农业大学的兽医院能够给牲畜看病，虽然偶尔也给一些犬或猫看病，但绝大多数的病例还是骡、马、牛、驴，所以北京开办宠物门诊的第一人应该是段宝符先生。那时的北京由于城区禁止养犬，段老先生的门诊对象主要还是以猫为主。

　　1985年9月，北京农业大学兽医学院（当时的兽医院院长是胡广济先生和李凤亭先生）才在兽医院院内开设了一个由三间平房拼凑成的小动物门诊室，当时药理教研组的冯士强老师带着几名实习学生（其中就包括编著者本人和张纯恒同学）就开办了起来。开办初期，由于经费紧张，当时还在上大学的刘朗和张纯恒同学就自己动手，油墨刻印小动物门诊宣传单，从北京农业大学兽医院门口一直贴到了海淀区中关村三角地，因为这件事情还被当时的海淀区市容管理部门以乱张贴小广告的名义进行了处罚，最后又不得不一张一张地揭下来。北京农业大学的小动物门诊室在建立初期并没有多少病例，随着人们口碑的宣传，病例量也逐渐多了起来。在小动物门诊开办初期，兽医院还有许多老师对给宠物看病不以为然，认为这是为资产阶级服务。但随着门诊量的增加，很多老师对小动物门诊的态度逐渐改观。这时兽医院值班的老师只有冯士强老师、张瑞云老师、董悦农老师、潘庆山老师、谢建蒙老师，还有化验室的安丽英老师，按当时这些老师的说法，什么设备都没有，甚至连打针往哪里打都不知道，全都是摸索着来。因为当时的中国还比较落后，人们还不能随意出国学习，也没有网络，只有一些很早的苏联的小动物诊疗书籍可以看个一知半解，根本没有学习的地方。

随着北京农业大学兽医院小动物门诊量的增加和群众服务的需求，北京农业大学兽医院于1989年12月在海淀区羊坊店成立了一家伴侣动物门诊部。而此时随着中国的改革开放，一部分人开始了早期的与苏联的易货贸易，很多人从苏联带回了我们这里罕见的北京犬、西施犬、马尔济斯犬、贵妇犬、可卡犬等，由于人们的喜爱和卖家的炒作，一只北京犬甚至被炒到了29万元的天价，养犬成为了国人新的挣钱之道。但由于早期养犬人防疫知识的匮乏，很多犬因为染上传染病而出现了死亡，也正是在此时，兽医才被人们发现了价值，兽医的地位也有了些许的提高。那时的羊坊店门诊部真可谓是车水马龙，许多经历过那个时期的老师想想还心有余悸，每天一个兽医要看40多个病例，有时甚至连吃饭和上厕所的时间都没有。正是因为羊坊店的火爆才使得人们意识到兽医也可以通过自身的技术挣钱。

1992年之后，北京又有了王清兰老师、卢正兴老师及杜长泰先生与中日友好医院实验动物中心合作开办的樱花动物保健中心，北京出入境检验检疫局开办的第三产业——观赏动物医院，刘朗、李贞玉夫妇与北京农业大学的潘庆山老师、林德贵老师、夏兆飞老师、王九峰老师、谯仕彦老师合作开办的伴侣动物医院，还有随后王清兰老师邀请万宝璠先生参与开办的良友动物医院以及香港招商引资项目开办的怡亚动物医院、刘欣和张志红及秦秀林合伙开办的爱康动物医院，还有之后由许右梅、董轶合伙开办的芭比堂动物医院，随着许许多多动物医院的建立，北京进入了宠物诊疗行业发展的初级阶段，进入了一个摸索和资金积累的时期。

1994年11月30日，由于北京市颁布了《北京市严格限制养犬规定》，使得北京的宠物行业遭遇到前所未有的严寒，许多的动物医院纷纷关门倒闭，只有极少数的动物医院在削减开支的基础上苟延残喘，北京的宠物诊疗行业进入了一个萧条时期。由于北京在全国的特殊地位，其他省市也纷纷效仿，中国的宠物医疗行业出现了停滞。

北京农业大学兽医院的小动物门诊在创办初期，为了提高诊断治疗水平，曾经于1992年8月至1993年6月聘请了美国兽医Todd Meger（马国达）先生来兽医院工作，在1994年至1996年又聘请美国兽医李安熙女士来兽医院工作。二位的到来给中国农业大学（1995年北京农业大学和北京农业工程大学合并后更名为中国农业大学）兽医临床带来了很多新的理念和诊疗经验，许多中国早期的兽医都接受了他们的亲身教诲。

1993年美国玛氏公司在中国开始了宠物食品的销售，同时也为北京的兽医请来了美国的兽医专家来传授临床技术，这样的活动一直持续了将近10年。据玛氏公司不完全统计，早期在中国投入的兽医继续教育的花费就将近200万元。

值得一提的是，中国农业大学动物医学院临床系教研组与教学动物医院的结合是所有兽医院校需要学习的方式，当时兽医学院的蒋金书院长和王清兰副院长要求临床系的老师必须到临床工作，也正是因为在1994年后通过临床系的老师去教学动物医院轮流值班，既锻炼了临床系教师的技术水平，同时也为临床教学积累了很多经验，也使得中国农业大学动物医院在很多宠物临床领域都占据了国内的领先地位。随着中国农业大学动物医院的对外培训及本校动物医学专业毕业的学生逐渐加入宠物临床工作，带动了中国各地区宠物诊疗技术的发展。应该说，北京和其他地区早期开办比较成功的动物医院都与中国农业大学动物医学院有着不可分割的渊源。

中国第一次组团去国外动物医院考察学习是在1998年，当时是通过中国畜牧兽医学会的联系，参观考察了加拿大最主要的几家动物医院。尽管当时考察的人员只有夏兆飞老师、董悦农老师、潘庆山老师和李贞玉女士，但正是通过这些宠物临床的先行者们的学习和考察，开阔了中国临床兽医的眼界，更新了现代动物医学的理念，对后来的宠物诊疗行业的发展产生了不可估量的影响。

当年的小动物诊疗还没有任何的检查设备，基本维持在"赤脚医生"的水平，南京警犬研究所的董君艳、王力光夫妇搜集了国内外大量的资料，结合临床病例的治疗体会，编写了62万字的《犬病临床指南》。这本书的出版给整个宠物诊疗行业带来了轰动效应，那个年代做宠物医生的，基本是人手一册。而早期的临床教学基本是没有书籍可以参考的，第一本参照国外资料编写的小动物疾病专业教科书《犬猫疾病学》是由中国农业大学动物医学院的高得仪老师主编，这本书对临床系的教学工作帮助非常大，当然也成为了民间动物医院必备的参考书籍。随着宠物诊疗行业的发展，中国小动物临床兽医在资讯方面也有了很大的改善，一些中国农业大学动物医学院的老师如施振声老师、林德贵老师、夏兆飞老师等利用自身的优势，在国外学习期间筛选了一批比较经典的临床书籍翻译成中文，这些书籍的出版，填补了中国兽医临床参考用书的空白，对临床技术的提高起到了很大的作用。当然，随着行业的发展，中国农业出版社也特别针对宠物临床，筛选和翻译出版了一大批国外的兽医经典书籍，对兽医的继续教育工作起到了不可磨灭的作用。这其中有很多默默无闻为行业奉献的翻译者，如袁占奎老师、何丹老师、董轶博士、刘欣博士、邱志钊博士、张志红医师、耿文静医师、孙莉苑医师、刘光超医师、唐国梁医师等。

随着中国经济的快速发展，宠物行业越来越引起人们的关注。宠物诊疗行业也随着宠物行业的迅猛发展而出现了飞跃。中国的宠物诊疗行业完成了资金积累而进入了技术提升的时代。随着行业的发展，在2000年，由当时的中国农业大学动物医院、北京观赏动物医院、北京市朝阳区兽医站动物医院、北京爱康动物医院、北京博爱动物医院、北京伴侣动物医院、北京芭比堂动物医院等倡议建立北京市动物医院院长联谊会。组建的院长联谊会定期聚会，就动物医院发展出现的问题共同探讨，减少了动物医院之间的摩擦，促进了北京宠物诊疗行业的健康发展。2002年在北京市畜牧兽医总站的支持下，成立了北京小动物兽医师协会（BJSAVA）筹委会，并在2003年组织全国的兽医同行第一次参加了世界小动物兽医师协会（WSAVA）泰国会议，这其中也得到了美国玛氏公司、爱慕思公司、普瑞纳公司、梅里亚公司、英特威公司、拜耳公司等国际知名企业在资金方面的支持。在2004年北京小动物兽医师协会筹委会正式申请加入世界小动物兽医师协会，随后每年都会定期组织全国的兽医参加WSAVA会议，而北京的宠物诊疗行业则真正做到了中国宠物诊疗行业的引领作用。2008年在当时的北京市畜牧兽医总站韦海涛站长的大力支持下，经北京市民政局批准终于正式成立了北京小动物诊疗行业协会，这是一个完全独立的民间小动物兽医组织，也是当时唯一的一个省市级的宠物诊疗行业协会。早在2003年，北京的行业协会筹委会就开始了每月一次的宠物医师继续教育，这对北京的临床兽医水平的普遍提高起到了非常重要的作用。特别是在2005年，为了提高宠物医师临床技术水平而创立了中国小动物临床史上第一个属于临床兽医自己的大会——"北京宠物医师大会"。这个大会截止到目前为止已经连续举办了十四届，每次不但有兽医院校的老师授课，而且还有我国香港、台湾地区和国外的一流兽医专家来讲学，同时更有越来越多的临床兽医走上讲台。北京的临床兽医无论从个人素质还是整体临床技术水平都站在了中国宠物诊疗行业的前列。

2006年，为了谋求共同发展，提升企业的社会竞争力，北京伴侣动物医院、北京芭比堂动物医院、北京爱康动物医院共同组建了美联众合动物医院联盟机构。作为新生事物，美联众合的出现对当时的宠物诊疗行业产生了难以预料的冲击和影响。正是由于美联众合的出现，在某种程度上带动了很多地区临床兽医技术水平的提高，同时也促进了宠物诊疗行业向专科和连锁方向发展。

随着2015年达晨创投资本注资瑞鹏宠物医疗集团，以及2016年、2017年高瓴资本和高盛资本分别注入资金到芭比堂、安安、宠颐生和瑞派等连锁企业，使得中国的宠物诊疗行进入了一个前所未有的高速发展时期。资本的进入使得中国的宠物诊疗行业强调了规范，连锁动物医院如雨后春笋般涌现出来，让更多的兽医学子看到了中国企业的未来和希望。到目前为止，中国的宠物医疗连锁体系已经达到1800家，我们也相信，中国的宠物医疗在规模上将超越欧美，当然我们也希望中国的临床技术水平在资本的助力下得以提升，使中国的临床兽医在国际兽医领域拥有更多的话语权。

《往事回顾》承载了太多老一代临床兽医的思绪，感谢我的老大姐刘春玲女士从一个不了解这个行业的人，成为这个行业的强力宣传者，这个过程她付出了很多的艰辛和心血，才成就了一篇篇栩栩如生的人物描写。也感谢一直支持我们的北京市动物疫病预防控制中心的韦海涛主任和行业指导科的薛水玲科长，有他们做坚强的后盾，让很多那个年代的临床兽医吐露了自己的心声。同时我也要特别感谢《宠物医师》杂志社的张斌劼女士，每次的采访和后期资料的整理都有她的辛苦参与。当然，如果没有中国农业出版社养殖分社黄向阳社长和邱利伟先生的支持，我们这本记载着中国宠物诊疗行业历史的书籍也不太可能出版。我更要感谢我的太太李贞玉女士一直以来对《往事回顾》的挂念，是她不断的催促，让我去记载那个时期的零星片段和艰难过程，才能够有今天呈现给各位追忆我们曾经付出的青春。

因为时间的跨度和历史的变迁，有些记忆是模糊的，我想《往事回顾》也不足以完整记录那个时代，或许有遗漏，或许有偏差，只希望那个年代的经历者能够多给予指正。在此，我向所有的老一代临床兽医致敬，也向所有支持和帮助过我们临床兽医的人们表示感谢！行业在发展，历史在继续，而我们只有选择努力。

北京小动物诊疗行业协会　刘朗博士

2018年10月13日

编著者的话

    当一个人开始回忆的时候，那就意味着已经步入了老年，而记忆总是不那么确实，这使得我们对未来的追忆产生了怀疑。看看中国最早从事小动物临床的人，有些已经离开了我们，有些则由于大脑的退化而使得思绪变成了碎片。如果再不去挖掘中国小动物发展的早年历史，或许有些真实的东西会被后人忘记，而现在的年轻人也会觉得幸福原本就是那么容易。

    中国的小动物兽医临床最早发展于经济发达地区，北京、上海、广州、深圳属于最先发展起来的城市，而经济发达的省会城市像成都、杭州、南京等，也在早期前辈的努力下有了些许的进展。也正是由于那个年代兽医的努力，让中国的宠物诊疗行业繁荣发展起来。寻找那些 20 世纪 90 年代宠物诊疗行业的同人，看看那个时期发黄的照片，听听他们诉说创业的艰难。通过对每一个经历者采访，看到的是真实的历史和不愿回首的往事。谨以此书记录那些曾经在临床一线奋斗的同人和尚在奋斗的人们。

亚洲小动物兽医师协会联盟主席

中国兽医协会宠物诊疗分会副会长　刘朗博士

北京小动物诊疗行业协会荣誉理事长

2017 年 5 月

目 录

中国小动物诊疗行业的足迹

寻觅中国小动物诊疗技术的发展之路
——访中国农业大学动物医学院林德贵教授

刘春玲

这间太阳升起就能见到阳光的会议室，坐落在中国农业大学动物医院的二楼南向。2010 年的 7 月 5 日，我第一次随从北京小动物诊疗行业协会理事长刘朗，在这间会议室里，就中国小动物诊疗行业发展的前景采访了林德贵教授。记得那天的阳光火辣辣的热，烤得林教授那火辣辣的性格大发，火辣辣的语言撩拨着"听众"火辣辣的兴味，本计划 1 个小时的访谈，结果延续了 2 个多小时，讲者、听者都还深醉其中，而正午的太阳正窥视着屋内的人们。

也是天意巧然，时隔近两年的 2012 年 6 月 29 日，我再次走进这间会议室，就中国小动物诊疗技术的发展历程采访林教授。大概是因了采访往事回忆内容的限定，也许更应该说是夏日阴雨薄雾的缘故，遮掩住了林教授那原本火辣辣的爽快性格。那天，林教授一派的学者风度，不苟言笑，向我们讲述了中国小动物诊疗技术发展的历程。他说："中国小动物诊疗的技术发展是有一个阶段性的过程，是在兽医的临床实践中逐渐认识、提高，再认识、再提高的过程中发展起来的。北京小动物诊疗技术代表中国小动物诊疗技术，北京是中国小动物诊疗技术的发源地。北京小动物诊疗行业协会的理事长刘朗，对北京宠物诊疗行业的发展做出了很大的贡献，其功不可没。"

探索——中国小动物诊疗技术的初期脉动

听林教授谈往，勾起了近两年来我采访的一些回忆。将众多当事人的回顾串联起来，我国小动物诊疗技术发展的大体脉络，就清晰地展现在眼前了。

　　1984 年 10 月的一天，在北京市东城区东四大街一带的街头巷尾，一位年轻的女士蹬着一辆人力三轮车，车上坐着一位面容慈祥的老先生。车左帮处有"段大夫犬猫诊疗所"的字样，车右帮处有"东京都大学士段宝符"的字样。车轮转动，字体醒目，吸引着路人的眼球，驻足观望，议论纷纷。有人曰：这是个疯子。

　　其实，坐在车上的"疯"老人精神很正常，不但精神正常，他还怀揣独技。他的名字叫段宝符，曾在 20 世纪 40 年代留学日本学习大动物诊疗技术，同时也学习了在日本刚刚兴起的小动物诊疗技术。回国后，中国当时还没有小动物诊疗，他一直做大动物的兽医。借助改革的东风，凭借掌握的小动物诊疗的独到技术，在他退休之际，申办了给犬猫看病的诊所。由于当年人们还禁锢在对饲养小动物是资产阶级生活方式的观念中，给猫狗看病，前所未有，闻所未闻。而段先生这个紧跟时代走的新潮行为，自然引起路人的议论纷纷，并冠以"疯子"也就不足为怪了。

　　不管被人理解也好，不被人理解也好，也不管人们是如何评说，段先生乘坐的人力车，带着醒目的广告语，宣告的是：北京市有了给予小动物诊病的动物诊所和专职小动物诊疗的兽医。这一"疯"举动的真实意义在于，填补了自中华人民共和国成立以来我国没有私人小动物诊所的空白，开启了私人动物医院的历史一页，启动了还在沉睡着的北京小动物诊疗技术的脉搏。

　　1985 年 10 月，北京日报刊登了一则三厘米的广告，"向北京拥有小动物的主人宣告，北京农业大学兽医院给予小动物门诊。"这条广告语，占地虽小，但其内容的光鲜亮丽告诉人们，封冻的中国小动物诊疗在北京农业大学兽医院开始破冰融化，小动物们终于有了给自己诊病的医院和医生。这也是我国第一次在市一级公开发行的报纸上刊登的具有中国公立性质的动物医院给予小动物诊疗的广告，其意义在于，小动物诊疗在中国、在北京终于冲破了人们的保守意识，冲破了给予小动物诊疗就是为资产阶级服务的观念，它沿着自己的轨道艰难地开始了运转。

　　因此，以 1984 年、1985 年为界，以两家不同性质的动物医院开办相同的业务为标志，宣示了中国小动物诊疗技术的初期脉动。他们开辟了中国小动物诊疗行业兴起的历史，以不凡的经历载入中国小动物诊疗行业的史册，也应该看作这是中国小动物诊疗技术的"开元"年代。正如林教授所概括的那样："中国小动物诊疗行业的起步，实际上是跟我们国家改革开放，实行市场经济同步发展起来的，实际上也是社会先出现饲养小动物的人们，促生着行业的诞生，促生着小动物诊疗技术的快速发展。"

　　但是，我在采访中，也曾听到过另外一种说法。在 20 世纪 50 年代，北京市虽然有严格的"八不养"政策，狗在城里是绝对禁养。但也有个例外，据有关人士回忆说："因为工作需要，那个时段在军事科学院是可以养狗的，但只限于在军队里饲养，在那里有给狗医病的小动物兽医。"这段话，很肯定地说明了在那个时段，在军科院里有给予小动物诊疗的兽医，但真实的诊疗技术情况如何？未见过文字报道，以至于在后来发展起来的小动物诊疗中，也未曾见过有报道这样的兽医领衔。

其实，就是到了 20 世纪 60 年代，在小动物诊疗这块一亩三分地上，仍然没有气息，不信，请听听原北京畜牧兽医站站长刘荫桐的述说："1962 年，我从山东农学院毕业后，分配到北京农业大学和农林局成立的诊疗室工作，能够看到的动物多是牛、马，猪都很少见到，狗和猫更是微乎其微，就是狗的解剖大多都是实验犬死后进行，其他像鸟类、乌龟等小动物根本没有。"不言而喻，在当时的公立性质的动物医院里，猫狗是不造访的。

转瞬间，到了 20 世纪 70 年代，涛声依旧。中兽医专家何静荣老师有一段很精彩的话，描述了当时的真情实景，她说："1979 年，我养的第一只猫，有一天，它误食了老鼠药。当时北京还没有小动物医院，我急得带着它去找北京农业大学兽医系的老师，请他们救治，非常遗憾，当时没有真正意义上给小动物治病的方法和小动物医生，我只能接受无法医治的现实，无奈地看着它死去。"

何老师的话，让我想起了曾经亲历过的一段往事。事情发生在 20 世纪 80 年代初期，我的父亲收留了一只不知从哪里跑来的身体健康的大个子公猫，通体雪白无一根杂毛，两只圆亮的眼睛虎虎神气，院子里的大人孩子都很喜欢它，父亲给它饭食，它也就不客气地留下来不走了。从哪里跑来的，没有人知道，至于何种血统出身，也没有人说得清楚。邻居大叔幽默地说："它是为了追求爱情，忘记了回家的路"。居住平房，出入自由，它跑来跳去，甚是欢快。大概在半年多后的某一天清晨，它摇摇晃晃地从别处走来，躺倒在院子里，身体抽搐，眼神哀伤，似是流泪，院子里的大人孩子眼睁睁地看着它，束手无策，只能怜惜地看着它吐尽最后的气。有人猜测说，它有可能是夜里跑去捉老鼠，误食了毒老鼠的药或是吃了毒死的老鼠而中毒了。都说猫有 9 条命，就是有灾难降临，9 条命的大限尚可以挽回 9 次的生命再还，猫的活命只有靠自身的调息，说白了就是听天由命。

猫之所以能在城市中有一份生存之地，不被禁养，大概是因为它捉老鼠的特长。可以这样说，猫为城市灭鼠，防止鼠疫在城市中卷土重来是立下了汗马功劳的。就是这样，它的生老病死，在那个年代，那个岁月也是没有兽医为它把脉诊病的。在普通百姓那里更是没有听说过给猫治病的医生和医院，"天方夜谭"，不可想象。

在采访高级兽医师王书文老先生时，他曾介绍，在 1979 年 6 月，北京市兽医实验诊断所内设了"外宾小动物治疗室",从字面上看,这只限于外宾,"国宾"是不接待的。关于这个问题,林德贵教授也做了一点零星的介绍,他说:"真要说中国农业大学做小动物的情况,'文化大革命'前就有,兽医系的那批老先生实际上做的还是很不错的。经由北京市政府联系,他们出诊外国大使馆,给予小动物做诊疗。真正到了小动物成为动物医院主流的时候,他们的年岁已高,退休了。"

综上所述,散落在 20 世纪 80 年代中期以前零星的小动物诊疗,只是个案,也只对外宾,其诊疗技术也只是屋内谈兵。何静荣老师上述的一段话就很说明了那个时代小动物诊疗及技术的情况,我们无需再言。

中国农业大学动物医院高级兽医师董悦农老师对这个时期小动物诊疗的情况也有一句精言:"当年就是你喜欢爱好钻研小动物诊疗,写出了文章也没有人给你发表啊。"

求进——打磨中国小动物诊疗技术的"金钥匙"

本文的主人公林德贵教授,中国农业大学动物医学院副院长兼教学动物医院院长、中国畜牧兽医学会小动物医学分会理事长、中国兽医协会宠物诊疗分会会长,"中国杰出兽医"获奖者。

1988 年,生正逢时的林德贵,紧咬着北京小动物诊疗刚刚起步的势头,在北京农业大学兽医系研究生毕业了,留校,任教,年轻人的心,年轻人的精力,让他对未来充满了信心。

没有想到的是,研究生只读过大动物课程的林德贵,留校任教后,北京农业大学的动物医院基本上看不到大动物了,映入满眼的是小动物。张着两只手,拿捏着小动物,该怎么个诊断、怎么个治疗,这让林德贵很是纠结。这道新技术的急速呼唤,要求他必须快速地进入,学习掌握小动物诊疗技术,非但自己要尽快学懂弄通,还要将其授课给学生,而授课给学生的不只是"鱼",而是"渔"。

20 世纪 80 年代,我国还没有进入到互联网的信息时代,小动物诊疗技术与世界小动物诊疗技术的交流还在闭锁状态。发生在北京农业大学兽医系里的小动物诊疗学科,一切都靠老师们自己寻找答案。虽然有从澳大利亚墨尔本大学兽医学院进修小动物疾病诊治回来的高得仪教授,在 1986 年首次在兽医系开设猫狗诊疗课程,但其教材也是高先生自己编写的。动物医院虽然也有从罗马尼亚学习小动物诊疗外科回来的温代茹老师,但其技术力量还未形成规模,小动物的教学还未成为主流。而来到眼前的事实是:小动物的诊疗。面对这样的紧迫事态,年轻人的心里承受着巨大的压力。

林教授回忆说:"1988 年,我研究生毕业,正赶上小动物诊疗起步的阶段。那时小动物诊疗的知识教科书里没有，小动物诊疗的技术也没有看到文字记载，学校的教学大纲里也没有这样的课程安排，当年教我的老师大都退休了，我只能是赶着鸭子上架了。"鸭子上架的慢工解不了林德贵日需的饥渴，在没有信息交流的年代，图书馆的一角之隅便是他获取知识的宝地。他说："在图书馆，抱着大英百科全书，认识犬的品种。各类犬的形象，让我觉得挺有意思的。"正是这"有意思"，激发了林德贵学习小动物诊疗的极大兴趣。那时他还很年轻，很不知道疲倦和劳累，专注执着，他每天看书到午夜两点，终日游走在小动物里寻求突破，结果颈椎病、肩周炎也就不客气地与他做了"朋友"。"当时我只能这样做，学习，积累，在积累中产生兴趣，而兴趣又推动着技术的学习，不然，我靠什么教学生呢，而且我的老师也是这样教我的。"谈起那段经历，林教授并不觉得那样"咀嚼"知识的苦涩。

上得厅堂，下得草堂。林德贵不仅在书本中寻求知识，细细琢磨。临床实践，打磨技术，他兴趣盎然，孜孜不悔。一切从头学起，一切技术从最基本做起，林德贵与老兽医师们共同研究探讨着小动物诊疗技术的"道"。

小动物诊疗技术的初始阶段，兽医只有温度计和听诊器，其他医疗设备全无，而兽医又是从给大动物诊病转型到小动物诊疗上来的。因此，对小动物的疾病还不能完全认知，对有些疾病还是要摸索着来。"比如，兽药的用量，毕竟大动物与小动物不同，用药剂量肯定不同，那时兽药非常少，基本上都是针对大动物的，这就需要兽医在临床中根据病情试着来。再如外科手术，给狗做手术，注射麻醉更是要求技术的，同样是 4 千克的犬，一个 14 岁，一个 2 岁，假如只按照药物说明书去做，有可能它就醒不过来了。因为狗的年龄，身体的素质，对药物的承受力是不同的。又因为那时经验不足，对有些病的情况还不能把握，'蒙着来'和误诊的现象也常会发生。"林德贵极实在的话语，概述出了当年小动物诊疗技术起步时的真况。

"失败是成功之母"。林教授说："对于这些误诊的病例，我会如实地告诉学生，在失败中汲取经验，在失败中求得技术的长进。任何事物的发展，都是有阶段性的，要承认这个事实，敢于面对，我会与学生们共同进步。"

1993 年，林德贵对小动物的皮肤病产生了浓厚的兴趣，带领他的学生开始涉猎这个领域。他翻译了国外关于皮肤病学的书，从中看到一些致病的原因及治疗的方法。后又与亚洲皮肤病协会取得联系，和这样的强者进行交流，让林德贵对皮肤病的认识深入了一层，借鉴别人的经验，结合自己的临床，由浅入深，慢慢琢磨，一点一点弄明白，直到有效。林先生说："皮肤病是一个综合性的疾病。比如说：脓皮症，表现在皮肤上一个症状，其实有很多疾病都是引发这个病的根源。给学生上课，不能照本宣科，那样学生会觉得索然无味睡着了。临床很重要，不能光看教科书，没有争议的东西才会写进书里，新发现的东西是不能写进去的。上临床之前要具备一定的知识量，上临床后，通过实际的操作来弥补原有的知识量。这不是凭空而想，得动脑子，原则的问题不能出错，包括很多方面的问诊、调研、化验、用药等方面的经验，要有付出，要有'闻鸡起舞'的苦练，积攒经验，失误率才会降低。有些病症的情况书本上是没有的，就是外国的书也没有记载，因为中国有自己的实际情况，有些人养狗不喂狗粮，胡来，那样就会加生出来好多病，你今天明白了这个问题，明天又会有一个新的问题等着弄明白呢，所以我很强调临床的重要。"

求真的技术就是在这样的炉火中不断地淬火，磨砺，打造，小动物皮肤病的科研技术终于走向了今日的成熟。面对成就，林教授谦虚地说："实际上皮肤病国外比我们高的人太多了，我从来不认为自己是个专家，在国内我也不敢说自己怎么着，只是说我确实在做。不但研究我也在做门诊，在门诊的病例中发现问题，寻找病因，给出治疗建议，解决书本上就是国外的书中也没有记载的治疗手段。学无止境，科研的脚步永远不会停止，兽医的水平要持续提高，这才是这个行业发展的方向和未来。"

20世纪90年代初期，林德贵不仅在北京农业大学动物医院做临床老师，还利用业余时间，利用已经掌握的小动物诊疗技术，到北京伴侣动物医院做了一份兼职，扩展视野，从多角度入手填补自己的技术囊袋。他很坦诚地说："在那个年代，只靠工资养家糊口是不够的，谁不希望自己的家庭过得好一些呢。利用自己的技术，一方面服务社会，另一方面也为自己的生活，二者兼得，何乐而不为呢。也是因为那时没有科研压力，上完课精力也旺盛，做完学校的事情后，就可以放任做自己的事情了。"

那个时期，私家动物医院是不分科的，要求兽医技术的全面性。不管是外科、内科、皮肤科、眼科、牙科等，坐堂医生都得会看。"因为诊断条件受限制，缺少诊断设备，兽药也没有那么多，我们什么病都看，外科手术也给做。因此压力蛮大，也很担心由于自己的失误，砸了人家动物医院的牌子。但是，正是因为有了那段经历和磨炼，获得的体会也是最深的，比起现在的毕业生，我们这一代人的技术是全面的。"多年后的今天，林教授回忆起当年的这段经历仍不释怀，感慨颇深。

求精——中国小动物诊疗技术再登新台阶

当年，在给予小动物诊疗的动物医院里，是没有专科兽医的。创业初期，条件简陋，技术也薄弱，专司小动物的兽医少之又少，因此坐堂动物医院的兽医是全科医生，并还兼职护士和司药，真正是眉毛胡子一把抓，又当"爹"来又当"妈"。

专科兽医的出现，是在进入21世纪之后。

以林德贵教授所言，小动物诊疗技术发展到 2000 年时，中国农业大学动物医院的门诊量多了起来，有 80％的病例是转诊过来的，再不分诊就难以应付了。再有一个促使专科兽医出水的原因是：此时段在中国农业大学兽医系，小动物的课程已随时代的变化唱主角了，并且开始培养这方面的研究生。研究生不同于本科生，他要搞科研，搞专项研究，要在某一个领域内有所突破。作为中国农业大学兽医系，其任务就是教学，通过教学平台培养人才，解决实际问题；作为兽医系的老师，要根据临床，提出课题，放手学生去临床病例搞研究。"比如：当年对诊治小动物患白内障的问题，兽医生就束手无策。而兽医系的老师对白内障问题有兴趣，那么，他带的研究生就会根据老师的意图，结合临床病例，查找白内障的病因，探究其到底是什么原因怎么形成的。然后确定手术方案。一个老师可以带出六、七个研究生，他们就都学会了做白内障手术的技术，他们在这个方面有了大的提高。白内障问题解决了，不再像过去说的有多么多么难似的。再比如，我做皮肤病的研究，我带的学生就都应该掌握这个技术。他们毕业后，分散到各地的动物医院，发挥着他们的优势，这是放射性地技术提高。在这中间，老师给的是思路，学生会把老师某方面的研究深入下去，老师也会通过研究生的临床科研，更加细化、加深巩固。在这个过程中，老师不光指导学生，学生也提高了老师。专项的提高，带动医院技术水平的提高，这是中国农业大学动物医院的特色。还有一个特点，就是我们占据天时地利的条件，对外交流比较多，国外兽医来中国，肯定要来我们学校进行技术交流，这样，我们学习的机会就更多一些，专项技术的研究进展就快。所以说，小动物诊疗技术的发展是有一个过程的，发展到这个地步，就要随行就市，培养新的技术人才，这是我们中国农业大学的责任。"林德贵教授向我们这样介绍了专科兽医在中国农业大学出台的情况。

也正是由于中国农业大学动物医院的特殊优势和集体的力量，他们一直坚持分科门诊，也正是由于董悦农、潘庆山、何静荣、施振声等教师们的出色工作，使得中国农业大学教学动物医院的分科门诊成为了其他动物医院的楷模。

另外，在 2000 年以后，在民间动物医院，也有专科兽医经营着具有自己特色的动物医院，例如：北京伴侣动物医院刘朗理事长的牙科诊治；北京爱康动物医院院长刘欣的皮肤病诊治；北京爱康动物医院院长张志红的心脏病诊治；北京芭比堂动物医院董轶的眼科诊治等，都是有特色的门诊。

这些宠物医师是在做了多年的全科医生以后，逐渐对某一科目产生兴趣，随之深化探讨其技术的。再者，随着小动物诊疗与国际交往的日益频繁，让他们看到了欧美国家先进的小动物诊疗技术，他们不惜财力，全部自费到欧美国家的动物医院，向专家学习专科技术。学成回国，先进的技术加速了北京小动物诊疗技术的提高，成为了行业的"带头羊"，为中国小动物诊疗的技术发展续写了新的篇章。

　　来自两个渠道的小动物兽医专家，汇成一股力量，活跃在各个动物医院里，将落后于世界小动物诊疗技术 40 年的中国的小动物诊疗技术拉近了 20 年。"蒙着来"的时代已经过去，信息畅通，风云际会，21 世纪的小动物诊疗技术的现代化已经来临。

　　千里长堤需要积跬步，登高远望才知天外天。

　　面对这样快速发展的局面，林教授说："中国小动物诊疗技术发展到比较正规的程度，应该是在 2005 年以后的 5 年到 7 年的时间，是平均水平，不是某个人的技术如何好。我希望年轻的兽医要把眼光放远，扎实基本功，不要觉得在北京做得如何好我就怎样好了。当然北京代表中国了。但是，要站在全球的高度来审视，我们还是发展中的国家，发展的只是稍微快了点。凡是热爱这个职业并且有责任心的人，真觉得形势很紧迫，有种来不及喘息的感觉。对于小动物诊疗技术越做越明白的今天，就不会觉得自己做的很不错了，因为越是深入下去，越觉得与世界小动物诊疗技术的差距，越觉得要做的事情很多，越觉得要做事情的人手不够。小动物诊疗技术的发展，需要的是一代人踩着一代人的基础往上走的，我真的盼望中国农业大学年轻的老师成长起来超过我们。"

　　采访结束，走出中国农业大学动物医院的大门，雨丝正浓，回首望去，三层白色的小楼在烟雨朦胧中，时时传出犬的吠叫，猫儿的"喵"声，在这此起彼伏的生命中，该会走出多少引领中国小动物诊疗技术走向世界先进的小动物诊疗技术的人才呢？20 年的距离，即遥远又咫尺，厚重的责任，年轻的兽医师们做好准备了吗？这可是一个"令人很紧迫，来不及喘息的时代"！

2012 年寒冬

远去的鼓角争鸣　带不走曾经的岁月

——记北京小动物诊疗行业协会刘朗博士

刘春玲

　　我做事喜欢凭着一股热情，因为我喜欢狗，喜欢与人们交流，所以我非常喜欢我的职业。我希望人们能够尊重兽医，我也希望通过我的努力，能改变一些事情，让人们重新认识兽医，通过我们一代人的努力，能够使兽医的社会地位得以提高。

——刘朗

29 年前，当中国百姓还不知晓有给猫、狗看病的医生时，京城第一家"段大夫犬猫诊疗所"诞生；28 年前，当中国城镇百姓还束缚在饲养小动物是资产阶级生活方式的思想意识中时，北京日报第一次闪亮刊出广告：北京农业大学兽医院开办小动物门诊。谁也没有料到，在中国改革开放的春风沐浴下，经过十余年炉火的锻造，由这两颗嫩芽繁衍出了一株气势恢宏的中国小动物诊疗行业的大树，在中国这块小动物诊疗干渴龟裂的土地上开了花，结了果。

"十年铸剑"，春华秋实。从无到有，从弱到强，走出国门，跻身世界，成绩斐然，在北京小动物诊疗行业发展的历史画卷中，挥毫泼墨者，谁人也？

"北京小动物诊疗行业近几年发展得很快，北京宠物医师大会参会人员一年比一年多，年轻的兽医学习热情高涨，小动物诊疗水平日渐提高。这个行业有后生刘朗带着'折腾'，是我们老一辈兽医的欣慰。"这是在 2010 年 7 月采访中国小动物诊疗的奠基者高得仪教授时，他用"折腾"二字诠释了一个"年轻人"对行业的奉献。

"您要好好写写我们的理事长刘朗，北京的小动物诊疗行业，如果没有他的日夜操劳、奔走，我们做宠物医生的，恐怕至今还是一盘散沙，只保全自己有饭吃的状况不会改变，我们的诊疗技术不会提高得这样快。"这是在 2011 年 5 月 11 日，在北京小动物诊疗行业协会组织参观玛氏宠物食品公司时一位女宠物医生对行业的领头人发出的感慨。

"北京小动物诊疗行业协会理事长刘朗，对北京宠物诊疗行业的发展做出了很大的贡献，其功不可没。"这是在 2012 年 12 月，笔者在写中国农业大学动物医学院系主任林德贵教授的报道时，他一再强调在写他的文章中一定要写上这句话。

"北京小动物诊疗行业协会的发展，是与很多人的参与和奉献有关系的，在这里面理事长刘朗是一马当先，贡献最多，无论是过去还是现在，他都付出了很多的时间和精力。"这是中国农业大学动物医学院临床系夏兆飞教授的真诚坦言。

2011 年 1 月 19 日晚，北京市畜牧兽医总站的会议室，正在召开北京小动物诊疗行业协会 2010 年总结大会。理事长刘朗做 2010 年协会工作总结及修改协会章程的报告。声音平缓有力而又时时不忘调侃一两句，为的是解除远道而来又工作了一天的参会会员们的劳累，活跃会场气氛。营造者，苦心也；众，听其声不辨其容，竟不会知晓他们的理事长正发着 39℃ 高烧，正承受着头昏脑涨的苦痛。然而，苍白倦怠的面容被一种激情掩盖，高烧下的泪眼散发出的是力量的光芒……这是笔者亲临现场，耳听目见。

开拓者的足迹，深印在大地上，不会被雨打风吹去。

快乐的音符不快乐

穿越时空，回看历史，扑朔迷离的曾经岁月，带不走的是刘朗那份刻骨铭心的记忆。

1986年，我国的大学毕业生还是由国家统一分配工作的年代。这一年，刘朗从北京农业大学（后更名为中国农业大学）兽医专业毕业了。不尽如人意的分配，他来到了北京市药材公司养鹿场，做鹿场兽医。这对于极度喜欢小动物的刘朗来说，毕业后，没有做成小动物临床的兽医是一件非常遗憾的事。那时，兽医专业毕业的年轻人，首选是政府部门，做公务员；其次是国营事业单位；再次是外企；再其次是选一些国有企业，做临床兽医是最后的选择。虽然做临床兽医是最低等的选择，但是对刘朗来说，没有贵贱之分，在他只有魂牵梦绕的向往——做小动物的临床兽医。

这个念想由来已久。那是在以"阶级斗争为纲"的20世纪60年代初，刘朗出生在一个不是贫农、工人成分的家庭，从第一声哭啼就背上了出身不好的阶级烙印，及至童年，又赶上"文化大革命"，家庭成分是划清"好、坏"人的分水岭，他命中注定不能是"根红苗正"，这也就注定了他儿时的玩伴儿受限，结交童友的圈子只限定在"右派"分子和"五一六"分子的子女中。运动的批斗，给了她母亲精神上极度的伤害，稍有风吹草动，便如惊弓之鸟，惊恐万分，随时会被拉去批斗的场面让人不寒而栗。在这美丑不分、善恶不辨的年代，受伤害者不仅是大人，连同懵懂的孩子也受其牵连背面做人。年幼的刘朗，虽然有哥哥姐姐的庇护，但是强大的政治环流也让他小小的年纪学会了"韬晦"，关闭了心灵上对外交往的窗户。封闭的世界很是孤独，对一个孩童来说是残酷的，他说："我小的时候，出身不好，比较闭塞、孤独，羞于交流，直到上高中与人说话都会脸红。我最喜欢的是饲养小动物，蛇、鸟、鸽子、鸡、刺猬等我都饲养过，我与他们很亲近，跟它们在一起玩儿，我可以不顾忌地跟它们说心里话，可以充分地交流，诉说我高兴的事或是难过的事，它们似乎能听懂我的话，会随着我的情绪互动，只有这时我才会很开心，我和它们能够很自然地交融在一起，因为它们是完全信赖我的。"在小动物的陪伴生活中长大的刘朗，对小动物的爱怜情有独钟，也就是从那时起，朦胧中生出做一名兽医的想法。其想法很单纯，因为他非常喜欢小狗，但是当年城镇居民是禁止养狗的，如果做兽医，大概不会受限制，他热切地憧憬着。

1981年高中毕业，学习成绩优异的刘朗，如愿以偿，考取了北京农业大学兽医系攻读兽医专业。但那时的课程表里全是大动物，没有小动物，遗憾伴随着他学习大动物的诊疗，直至毕业。

还是在上大学时发生的一件事，让他埋在心中做小动物兽医的火花着实跳动了一下。那是在 1984 年，北京农业大学兽医院在完成了从给大动物诊疗转型给小动物诊疗的变革之后，由于地理位置偏僻，病例不多见，兽医院处在风雨飘摇中。为了扭转业务量少的局面，北京农业大学兽医院发起宣传攻势，力图走出困境，完成"凤凰涅槃"式的蜕变。此时正在兽医专业读大学的刘朗和同学张纯恒，看到这种情况，想到利用广告，或可起到宣传作用。二人热情高涨，说干就干，使用蜡纸刻板，快速油印出关于北京农业大学兽医院给予小动物诊疗的广告，走上街头，从北京农业大学的西门起，每隔十米左右就粘贴一张广告，一直粘贴到海淀区中关村的三角地（现在的海淀图书馆）。看着那一路走来的给予小动物诊疗的广告，犹如一份份胜仗喜报，让二人兴奋不已，满心欢喜。电话里向兽医院的冯士强老师汇报战绩。然而，电话里传来的声音，如同一瓢凉水将正在兴头上的两个小伙儿浇了个透心儿凉。原来是他们前脚贴，后脚就有海淀区市容监察大队人员按图索骥，照广告上的电话直接找到兽医院，要求把粘贴的小广告全部"下架"，并还要擦洗的不留痕迹。两个小伙子贴广告时舍得花力气舍得用糨糊，贴得紧密无缝，揭下时可就费老鼻子劲儿了，尽管不甘心情愿，也无法抗拒市容规定，只得和老师们一起撕下一张张精心设计的给予小动物诊疗的小广告。

这"昙花一现"给予小动物诊疗的广告，来时风风火火，去时销声匿迹，无留半点踪影，这让刘朗很不爽、也很无奈。然而，更大的无奈是毕业的分配。

20 世纪 80 年代中期，是北京小动物诊疗的冒头之年，在校学习兽医专业的大学生面对的是大动物诊疗，小动物诊疗还是处于"冰山上的来客"，新鲜稀有。给予小动物诊疗的动物医院也是凤毛麟角。这让喜欢养小动物，喜欢狗的刘朗，毕业后，不可能有动物医院招收他去做小动物的临床兽医，这份渴望只能继续埋藏心中。

和谐的音符不和谐

北京市药材公司养鹿场，是刘朗人生路程的祈福点，在这里，他路遇终身伴侣朝鲜族姑娘李贞玉，共同喜爱小动物的天性，促成了他们喜结连理，也促成了刘朗整整 20 多年的愿望得以实现。

这是发生在 20 世纪 80 年代末、90 年代初期的事，国人突破国家关于城镇居民禁养犬政策的束缚。中国的改革开放，复苏了一部分狂热的个体户，他们在与苏联的贸易中，带回了在中国几乎绝迹的北京犬，受到爱犬人士的追捧，欢呼雀跃，一时间大街小巷，狗狗若市。由此应运而生的给予小动物诊疗的动物医院如春风拂地，遍地开花。

这个大好的形势给了刘朗一把火，点燃了心中久已期盼的火种。1993 年，他和太太李贞玉双双辞职，将工作后的全部积蓄，投向了开办动物医院的欢声笑语中。"可以这样说，我们是北京第一家成规模的私营动物医院，我们开办初期，正是赶上这个行业发展的契机，又与北京农业大学的老师合作，而我本人又是北京农业大学的毕业生，可以说人脉关系畅通。三个因素决定了我创办的这个动物医院健康的根基。当时，在北京提起伴侣动物医院应该说没有人不知道。虽然在那个年代动物医院的设备很简陋，一个听诊器、一支温度计、一些简单的手术器械就可以开办动物医院了。但是，从总体上来看，小动物诊疗还是处于上升的趋势，也是摸索经验的时期。"刘朗带有兴奋情感地回忆了这段小动物临床初期的景象。

先于国家政策发展起来的小动物诊疗，在没有规章的制约下，一哄而起的私家动物医院和从事小动物临床的兽医，完全的是按照自己的意愿，自行其是，各行其路，无人干预，日子倒也平平静静。这个时期的刘朗，处在这样的"和平"时期，满脑子装的都是小动物的诊疗，满心都是喜悦。幼时的梦想，如今实现，还能有什么可以替代这令人兴奋的事呢？

然而，"树欲静而风不止"。

随着养狗人与不养狗人，兽医与饲养主人之间暴发的尖锐矛盾（这其中不乏没有兽医资历的人也来浑水摸鱼），打破了这一池春水。1994年年底，一道《北京市严格限制养犬规定》的严令，由北京市公安局、北京市限制养犬办公室牵头，会同农业、工商部门联合执法，不但严厉的管制了养犬人，同时也严厉的管制了动物医院的开办，也更加严厉的管制了从事临床的兽医。

刘朗的动物医院也不是"世外桃源"，在规避行业的大浪潮中，这朵小小的浪花也就被卷没了。为了生存，他不得不再次掩盖心中的"沙漠绿洲"，暂谋他业，让太太李贞玉独守动物医院，等待来日的方长。

嘈杂音符后的觉醒

从巅峰到谷底，从振奋到沮丧，刘朗经历了大起大落之后，面对小动物诊疗业出现的问题陷入了沉思。虽然那时他在做一份能够解决肚皮温饱的销售工作，但是不能泯灭的是小动物诊疗行业如何东山再起。他介绍说："1995年，北京市施行严格限制养犬规定后，我们的这个行业遭到了重创。但是令人伤心的不仅是重创后的劫杀，而是我们兽医之间的内讧。记得当时有一个与我关系不错的公安部门的人对我说：你们兽医之间不团结，就像狗咬狗。这句话听来让我非常不舒服。"

怎么说呢，当初大家乘势开办动物医院之时，都认为做这个行业非常好，只要有兽医技术就能赚到饭吃，也不存在竞争，也不存在尔虞我诈，大家尚能和平相处。然而，到了1995年，在实行严管政策的重压下，这支稚嫩的队伍犹如一盘散沙，大风刮过的瞬间，土崩瓦解，支离破碎。本来就处于社会底层的兽医就没有话语的权利，因此，也就没有部门会为兽医维权，听取兽医的声音。没有风浪尚可依存，一旦遇有风浪的侵袭便乱了方寸，大家都想明哲保身，为了自己活下去的微薄收入，出现了"同行是冤家""窝里斗"的混乱状态，相互攻击，相互告状。只要有人"报案"，四管部门就会出动人马查封动物医院。"人穷志短"的劣性发展到了极端。最终的结果，没有一家私人动物医院堂而皇之地走在1995年之后的岁月里，就是当初颇有实力的北京伴侣动物医院也没能逃脱关门歇业的命运。

如何将这盘散沙凝聚在一起，让做小动物诊疗的兽医拧成一股绳，朝着一个地方使劲儿，在发展中的北京小动物诊疗行业中挺直腰、站住脚。"身在曹营心在汉"的刘朗，虽然在做销售的行当，但是兽医之间"狗咬狗"的说词不能让他释怀，根深蒂固对兽医看不起的传统观念让他痛彻心骨，这是他在厄运中的沉重思考。

2000年前后，是北京小动物诊疗行业发展的一个翻身期。这期间，国家对于开办动物医院的规章逐渐走入正规，经过严格的审查，符合规定的私家动物医院仍可挂牌营业。形势的好转，给了想做这一行的兽医看到了光明前景。但是，此时的北京小动物诊疗行业还是一队羽翼尚嫩的"雏鸟"，风平浪静尚可依存，倘若再遇狂风暴雨，严冬寒风，还未形成气候的"雏鸟"，能够再次接受电闪雷鸣的袭击吗？这是刘朗深思的结论："要使这个行业健康地发展起来，不再出现'狗咬狗'的现象，我思考得最多的是行业必须要有人出头露面，将大家组织起来，成立一个组织，共同发展，避免动物医院之间恶性竞争，把所有内部之间的诋毁、攻击都消纳在组织的范围内。"是的，谁可以担当起重任，让北京小动物诊疗行业羽翼丰满、列队有序地在中国小动物诊疗行业的这片蓝天中搏击长空呢！

重音符下的浩然之气

"我认为我有这个能力，我能够把大家组织起来，凝聚在一起，做好这个行业。第一，我有人脉关系，因为我是北京农业大学的毕业生，与那里的老师们相处的关系非常不错，我的动物医院开办时又与他们很多人合作过，沟通起来比一般人更容易些。第二，我的师兄弟们在一些政府部门都担负着主要位置的工作职能，我与他们的沟通也不困难。第三个条件最有力，是我早已解决了与人交流就脸红的窘态，从上大学起，我就在改变着自己，克服了从前和别人交往就有恐惧感的弱点，因为要做临床兽医，我就必须要学会与人打交道，我做到了。2002年前后，我思考最多的是我们能不能借鉴国外的一种方式，弄一个小动物兽医师协会，将做这个行业的兽医齐聚在一起，谋求共同发展。当时我们还请了美国玛氏食品公司为我们穿针引线，联系国外的一些兽医协会，把国外兽医协会的一些章程翻译成中文我们大家一起学习。在看过有关章程之后，我当时就决定跟几位老师商量成立一个行业协会。"这是在北京小动物诊疗行业经过跌宕起伏的转弯时刻，刘朗深思熟虑后向同行们射出的一颗信号弹，炸裂的火种爆燃了中国农业大学动物医院、北京伴侣动物医院、北京爱康动物医院、北京博爱动物医院、北京芭比堂动物医院、北京市朝阳区兽医站动物医院、北京观赏动物医院等，他们共同携手，在 2000 年，组建了北京乃至中国小动物诊疗行业第一个民间组织——"北京市动物医院院长联谊会"。这是北京小动物诊疗行业协会最早期的雏形。联谊会的宗旨是：避免恶性竞争，维护共同利益，求得有序发展。

　　最初的联谊会活动的形式比较简单，因为是自发的民间组织，没有经费来源，每月召开一次会议，只能是轮流做东。当初大家是闭关自守，互不通气，甚而为敌。如今大家坐在一起成为朋友，共同商讨动物医院在发展中出现的问题、商讨国家政策法规、商讨诊疗技术的难题，商讨减少动物医院之间的摩擦。此时此刻的北京小动物诊疗呈现出一派融融的景象。2000 年，在北京小动物诊疗行业发展的历史中，是应该永远记住的年份，它真实地记录了行业在经过风雨磨砺之后重振旗鼓的状况。

　　时间指针快速拨到 2002 年，两年的时间，这一自发的群众组织还没有引起北京市政府的关注，联谊会还想再扩展一些活动内容就显得力量太单薄，由于是轮流做东，大家在一起也显得有些松散。觥筹交错、酒酣耳热，可以让大家和谐相处，但是要使行业发展的健康快速，再更上一层楼，显然力度不够，力量不足。任重而道远的抱负，让刘朗常是辗转不眠，分析思考行业未来的前景发展。他说："后来我就想，我们兽医的这些事情应该让有关政府部门重视，要是有政府的支持，做事才更牢靠，才更有号召力和权威性。虽然有政府部门参与，我们的言行或可受到一些约束，但是这么做的优点是会使我们做起事来更得心应手些，行业发展的也会更快些。我当时的这个思路是对的，我现在依然认为我的这个想法是对的。2002 年，我开始与北京市畜牧兽医总站联系，将我们联谊会开展的活动作了汇报，并将我们想开展兽医继续教育、请不同的老师来讲课等活动也一一作了说明。要想开展上述活动，动物医院院长联谊会受职能的局限，显然力不从心，因此还谈了我想要成立一个行业协会的想法，并且希望能得到北京市畜牧兽医总站领导的支持。时任站长祝俊杰也是我的师兄，祝俊杰先生在听过我的汇报后，对我的想法给予了很大的支持。"这是刘朗经过认真地分析后，射出的第二颗子弹，爆热的火焰燃烧在北京市 30 多家动物医院院长、农业部兽医诊断所中心专家、中国农业大学临床系教授、北京市农学院动物科学技术系领导、教授、北京农业职业学院牧医系的领导、教授和北京市畜牧兽医总站的领导之中，经过共同商会，研究磋商，终于在 2002 年 7 月，成立了"北京小动物兽医师协会筹备委员会"（北京小动物诊疗行业协会最初的名称）。北京市畜牧兽医总站站长祝俊杰任筹委会理事长，中国农业大学动物医学院的副教授夏兆飞、潘庆山任副理事长、刘朗任常务理事。由此开来，北京小动物诊疗真正是登上了一个新台阶，迈出了行业有序发展的第一步。

至此，刘朗的愿望初步实现，虽然由于资历等问题他在协会只做了配角，然而，那颗为中国兽医提高社会地位，为将中国小动物诊疗推向世界的宏大心愿激励着他的浩然之气。"我的性格爱出风头，所以协会工作一直是我占据主动。"这"爱出风头"的性格深深地植根在刘朗对行业发展的极大热情中，激情勃发，他以"夸父逐日"般的意志，忘我地工作着，奔走着……

跳跃出的华美音符

夏兆飞，中国农业大学动物医学院教授、北京小动物诊疗兽医师协会筹委会初创时期的第二任理事长，在中国小动物诊疗行业的发展中，他冲破世俗观念，果敢地挑起这副重担，面对有人说："小夏，你为什么要和这帮临床兽医在一起混啊，这帮临床兽医的素质多低啊。""你觉得临床兽医素质低，那么，你跟宠物主人打交道，宠物主人的素质就很高吗？你要跟不同的宠物主人打交道，宠物主人并不都是高素质的人啊，你能跟他们打交道。为什么不能跟临床兽医打交道呢。再说，临床兽医也是我们的同行，为什么要同行自戕呢。""动人春色不须多"。夏兆飞这不多的几句落地有声之语，表现出了他对中国小动物诊疗行业发展的信心和对同行临床兽医的尊重。采访时谈到这个细节，刘朗眼睛里闪耀出的是灼热的谢意之光，话语深沉："从某种意义上来讲，夏老师跟我们接触，做一些交流，我是非常感激的，就是到后来我当了协会理事长，对于夏老师当初的做法和说法，我依然不会忘记。"

在我国，临床兽医是处于社会的底层。学兽医的大学毕业生，做临床兽医会被认为是"低能"，因此，毕业生中只会有 10% 的人做临床兽医，而做临床兽医又会被曾经一起学习毕业走入政府机关的人看不起。夏兆飞的言行击破了人们对临床兽医持偏见的看法，与临床兽医刘朗们一道，把北京小动物兽医师协会筹委会的工作打理得井井有条，各项工作有条不紊的开展。"这段时间，夏兆飞做统帅，我做具体工作执行。"刘朗语速轻快地表述着二人合作的情况。

在北京小动物兽医协会筹委会成立的第二年，即 2003 年，在中国小动物诊疗行业正蹒跚上路之时，由供应商提供的一个消息震动了行业，这就是在泰国曼谷即将举行的第 28 届世界小动物兽医师大会（WSAVA）会议。这是一个通往世界小动物诊疗的桥梁，这也是掀开中国与世界小动物兽医师交流的历史一页，如何抓住机遇，让我们的临床兽医走出国门，呼吸到世界小动物诊疗的新鲜空气呢！

中国的兽医地位低下，也就决定着他们的收入微薄，在 2003 年时，刚刚翻过身来做这个行业的兽医，可以说是囊中羞涩，让参会者每人从腰包里掏出 10000 元参会，几乎是难、难、难。怎么办？难倒了参会的临床兽医，却没有难倒他们的副理事长刘朗（此时刘朗由北京小动物兽医师协会筹委会常务理事升任副理事长）。在辅助夏兆飞理事长工作的前提下，他发挥出自己的潜在能量。在协会内，刘朗负责的是和供应商之间的合作，那么，何不利用这个有利的条件试试看，让他们赞助我们的临床兽医完成参会的心愿呢？"我当时就四处化缘，召集供应商开会，与其商量赞助我们 30 多个临床兽医去泰国参会。10 月份开会，我们从 5、6 月份就开始组织。我请多家供应商一起开会，分别让他们认人头，就是说，一个供应商赞助几个人，都是谁，让他们认准不出纰漏。"繁杂的工作，所有的会议联系，包括会议文件的中文翻译，反反复复，因为没有秘书，这一切的工作都是刘朗亲历亲为。也正是通过这次组会，让他的"外交"才能极好的发挥了出来，让许多人认识了刘朗，也让刘朗认识了许多人，由此奠定了他做这个行业领袖的基础。

2003 年 10 月，曼谷大会，中国第一次组团，有 40 余人出席了 WSAVA 会议。这样庞大的团体，格外引人注目，它让世界小动物兽医师协会认识了中国北京也有这样一个行业协会，将会走进他们的行列。"我通过美国希尔斯公司的牵头，跟 WSAVA 主席 DR. WAGA 进行了交流，表达了我们的诉求，WSAVA 主席 DR. WAGA 接受我们的邀请同意来中国访问，商议 2004 年我们加入世界小动物兽医师协会等事宜。"这也是让刘朗颇感自豪的一件事。

2004 年，北京小动物兽医师协会筹委会向 WSAVA 提出申请。

2005 年，是北京小动物诊疗行业协会走向世界的标志年，这一年，北京小动物兽医协会筹委会被世界小动物兽医师协会接纳为团体会员单位。至此，代表中国的北京小动物诊疗站在了世界小动物诊疗的舞台上，虽然我们的小动物临床还不成熟，但是有世界小动物兽医师协会的帮助，我们的临床兽医是有能力奋发拼搏、追赶上世界先进的小动物诊疗技术的。尔后，由刘朗出想法与专业设计师结合，为协会设计了具有中国太极味道的猫狗圆形的标识图案，并在国家商标局进行了注册。

2003 年的曼谷之行，2005 年的"入会"，彰显出了北京小动物兽医师协会筹委会的大家风范，小门小户，不成气候的北京小动物诊疗的时代结束了。

2005 年，北京小动物兽医师协会筹委会借鉴美国西部兽医师大会的模式，举办了北京第一届临床兽医技术研讨会（北京宠物医师大会的曾用名），在北京胜利饭店举行，虽然规模没有现在这样大，参会者只 100 多人，供应商也少有赞助，但是这次会议的实际意义是：在中国小动物诊疗的历史上，第一次成功举办的小动物临床兽医大会，是以小动物临床兽医为主角发起的，会议内容完全是小动物临床技术的讲座。在以前有过的会议，都是由中国畜牧兽医学会举办，内容是以学术研究为主题。

这次大会的成功出炉，收到了很好的效果，协会进行了会后总结，定准会议名称，并决定每年的金秋九月，在北京召开宠物医师大会，会议邀请世界小动物诊疗的专家和学者及国内的专家来授课。可喜的是，以刘朗为代表的中国小动物临床的兽医，在2006年也开始组建了自己的专家团队，终于登上大雅之堂（在这之前，临床兽医是没有资格走上三尺讲台的），在宠物医师大会上向参会的各地小动物临床兽医讲述临床的技术，为提高中国小动物临床兽医的社会地位增砖添瓦。

每年召开的宠物医师大会，最终成为了协会重中之重的工作，每年的这个时期，都是刘朗最忙碌的工作日，无论是会议的选址，还是供应商的赞助，无论是邀请世界小动物诊疗专家来华讲座，还是邀请国内有关部门专家领导参会，无论是评选杰出兽医工作者还是课程安排等，刘朗都是首当其冲，倾心尽力，事无巨细，面面俱到。因为这是中国小动物临床兽医一年一度的盛会，其魅力四射祖国各地区从事小动物临床的兽医，来不得半点马虎。

2006年7月1日，北京宠物医师协会筹委会（前名为北京小动物兽医师协会筹委会）在刘朗的倡导下，发出免费为流浪动物开展绝育手术公益活动的倡议书，刘朗为此制定了《流浪动物免费绝育手术单》和一系列实施细则。此项公益活动，是应北京市政府治理流浪猫而展开的（因为发情期的猫乱撒尿，叫声似小孩子嚎哭，扰民）。刘朗将这个事情在动物医院院长联谊会上提出建议，每家医院免费做10只流浪动物的绝育手术可行，一呼百应，大家都同意了。做了一年以后，出现了一些问题。公益活动如果没有得到政府部门物质的支持，很难走得很远，尤其是以自负盈亏经营的小动物医院更是如此。针对这个情况，刘朗就有关问题和政府部门协商，政府部门认为这是一件好事，应该做下去，但实际问题也要实际对待。共商的结果是由有关部门的领导向北京市政府申请拨款，按每只流浪猫绝育手术90元补助。这项活动坚持到今天，已经为近7万只流浪动物做了绝育手术。刘朗说："这个活动，当初我发起，后又以政府财政拨款坚持了下来。可以这样说，这项活动不管是在中国，还是在国际上都可作为一个典范，一个行业协会组织和政府部门及救助流浪动物组织相互协作的模式，这项公益活动做得是非常成功的。"

2009年11月，在泰国曼谷召开的亚洲小动物兽医师协会联盟（FASAVA）大会上，由北京小动物诊疗行业协会理事长刘朗，副理事长施振声、夏兆飞，政府代表薛水玲等申办2014年在北京举办FASAVA大会的举办权。施振声在大会上用英语向各国代表详细介绍北京准备 2014 年举办 FASAVA 会议的具体情况，回答各国代表的提问。最后经过 FASAVA 常务理事一致通过，FASAVA 主席 Dr. ROGER 先生宣布北京小动物诊疗行业协会申办成功。全场的热烈掌声送给了中国，燃烧的火光送给了北京小动物诊疗行业协会。

凯旋的音符不休眠

"我这个人可能有点霸道，我认为对的我就直接做，虽然我不是理事长，但是我做的工作有可能超越了我这个副理事长的权限。当年因为出身不好，要想实现自己的愿望，我们就要憋着一股劲儿，要比别人付出更多的努力才有可能达到。这大概也是我做事比较偏执、性格比较强势的原因。之前我们处在不被人尊重的地位，之后我做任何事情，都追求做到最好，就要做的要让人尊敬。"这段话道出了刘朗在苦涩的特殊环境中修炼出的自强不息的性格。也正是这种特有的"偏执"性格，决定了北京小动物诊疗行业协会特立独行的命运。

事情发生在 2004 年以后，协会的工作是红红火火，一片繁荣的景象，引起了其他协会组织的瞩目，他们希望与北京小动物诊疗行业协会合作，齐聚发展。第一个希望合作的是北京畜牧兽医学会下面的小动物分会，他们认为这些做小动物临床的兽医人品不错，何况这又是一个新兴行业，很有发展前景，合并在一起一同共事，可以增加研究的课题和理论。但是，占据北京畜牧兽医学会这个领域的是一些老先生，他们是搞科研的，是权威人士，在学术界的声望都很高。刘朗与他们交谈后，发现这些老先生不了解小动物临床这个行业，认为接受他们的领导不大合适，叛逆偏执的性格决定了他的选择，他断然拒绝了与这些学者的合作。接下来，又有领导认为，北京要成立北京畜牧业协会，北京小动物诊疗行业协会在这个协会下面挂一个宠物医师分会也就可以了，而在这之前，还有中国畜牧业协会也希望北京小动物诊疗行业协会在他们的下面成立一个兽医分会等，但这些建议都被刘朗否定了。

为什么有关领导都希望北京小动物诊疗行业协会与其他有关协会攒在一起，挂靠在某一协会下面而不能独立存在呢？这里有一个原因，因为在当年，北京市民政局规定，所有行业的团体组织都必须要有一个挂靠单位，没有挂靠单位是不被承认的。北京小动物诊疗行业协会在当时的处境中，也不能超脱出这个规定而独立成行。

虽然有这样多的"说客"游说，虽然有这样的实际情况存在，都没能撼动刘朗"我一直梦想成立一个独立协会"的想法。他认为，北京的小动物诊疗是一个新兴的行业，是由一群热爱小动物的临床兽医自发组织起来的民间组织，这个行业专业性很强，因为专业很强的特殊性，决定了这个专业有较强的自我封闭性和独立性，而很专业的小动物诊疗技术也决定了跨入这个门槛的不易性。因为这样的特性，就决定了北京小动物诊疗行业不能依赖于其他任何协会的领导，也不能挂靠其他非专业组织机构的名下，不同行业的技术也就不存在相容性，让非专业人士来指点"迷津"，有可能就会葬送了刚刚兴起的北京小动物诊疗行业的前景。为此，他得罪了当时的很多领导。2008年3月2日，北京市民政局终于审发由北京市农业局主管、刘朗为法定代表人的"北京小动物诊疗行业协会"成立的"社会团体法人登记证书"。至此，"北京小动物诊疗行业协会"终于以独立法人的身份，与其他协会并驾齐驱，落户在北京的这块土地上。在当时的中国，这是唯一的一个省市级宠物诊疗行业的协会，落户在了北京市农业局的"账簿中"。

"春风得意马蹄疾"。北京成为了中国小动物诊疗的领头羊，随着2005年北京小动物兽医师协会正式加入世界小动物兽医师协会，并每年组织全国的兽医参加WSAVA会议，北京的小动物诊疗行业真正成为了中国小动物诊疗行业的龙头典范。

此时的刘朗，责无旁贷，被有关部门的领导任命为"北京小动物诊疗行业协会理事长"。当谈到被任命理事长一职时，刘朗谈到这样一个细节，他说："协会成立时我担当第一任理事长，我是受命而不是选拔。为什么这样说呢？因为无论是从资历还是从学历来讲，担当此职的更应该是高校老师。但是，当时北京市畜牧兽医总站的领导认为，担当行业协会理事长的人，首先要有自己的动物医院，因为他只靠这个吃饭，他会肯为这个行业做事，也能够代表这个行业做事。同时北京农业局的领导也认为，能够代表这个行业利益的更应该是临床兽医。这个基调定下了，而我一直在做行业的事情并对行业的发展也有自己的主见，领导就说：做这个行业的理事长就是你。这样，我是直接受政府指派，在当时也是受到了一些阻力，但是，随着工作的开展，也就化开了。"

一晃四年，换届选举，很多临床兽医参加选举大会，他们充分行使自己的权利，选举出自己信赖的理事长。最后选举结果，刘朗以他对行业工作的贡献和对行业的古道热肠，被大家高票选举通过，又再次责无旁贷地继续做行业的领头人——北京小动物诊疗行业协会理事长。

慧眼识珠，伯乐识千里马。当年的一道任命，可说是高瞻远瞩，为中国小动物诊疗行业快速走向世界先进小动物诊疗的行列选准了人才；如今，延续这道"任命"的人，已为众兽医认可，一如从前，马不停蹄地奔走于行业的前行之中。

1934年，鲁迅在《中国人失掉自信力了吗》一文中说过这样一段话："我们从古以来，就有埋头苦干的人，有拼命硬干的人，有为民请命的人，有舍身求法的人，……这就是中国的脊梁。"北京小动物诊疗行业协会理事长刘朗，亦可称其为行业的"脊梁",他在用心、用力支撑着中国的小动物诊疗行业发展的这片蓝天。在他那里,凯旋的音符永远都不会休眠,他总是在"路上"……

鉴于刘朗对行业的贡献,在 2006 年和 2007 年的"北京宠物医师大会"上,他两次获得北京市畜牧兽医总站和北京小动物诊疗行业协会授予的"兽医行业突出贡献奖"。2013 年 10 月,在桂林召开的中国兽医大会上,他被授予"中国杰出兽医奖",农业部副部长于康震先生亲自颁发奖状。这个称号的获得,是对刘朗多年来一直致力于兽医公益活动的肯定。这个荣誉的取得不仅仅是刘朗个人的荣誉,也是全国临床兽医的荣誉。因为在获评的"中国杰出兽医"中,刘朗是唯一一个具有执业兽医资格证书的民间兽医。这代表了中国政府对临床兽医的认可,也代表了临床兽医社会地位和政治地位的提高。

笔者曰:历史的画卷,并不因为时间的流去而被尘封,书写历史的人也不会因为时间的磨蚀而被人们忘却,在北京小动物诊疗行业发展的历史中,还有许多像刘朗一样做出贡献的人,同为行业脊梁,同辉煌、同闪烁。时光虽已远去,"带不走的是那一串串熟悉的姓名。"

不平凡的履历

刘朗:北京小动物诊疗行业协会理事长

1981 年

9 月,考入北京农业大学(后更名为中国农业大学)兽医系,学习兽医专业。

1986 年

7 月,毕业于北京农业大学兽医专业,获学士学位。

8 月,分配到北京市药材公司养鹿场任鹿场兽医。

1992 年

10 月,辞去公职。

1993 年

2 月,创办北京伴侣动物医院,任副院长,从事小动物临床工作。

1995—1999 年

突遇严管政策,动物医院举步维艰,迫于生计,改做他行,谋销售营生。

2000 年

"三证"审发,云开日出,动物医院走出泥泞。回归就业,依然做酷爱的小动物临床至今。

2002 年

参与筹办北京小动物兽医师协会（BJSAVA）工作。同年 7 月，在成立的"北京小动物兽医师协会筹备委员会"中任常务理事，主抓与供应商的联络工作。

2003 年

任北京小动物兽医师协会筹备委员会副理事长。

率队组团全国临床兽医参加世界小动物兽医师协会（WSAVA）泰国会议。这是中国第一次以小动物临床兽医组团的形式参加 WSAVA 会议，让世界兽医界人士认识了中国小动物临床兽医的存在，引起了 WSAVA 的高度重视。

2004 年

再次组团全国临床兽医参加 WSAVA 希腊会议，并在同年向 WSAVA 提出入会申请。

4 月，获中国农业大学动物医学院临床兽医硕士学位。

8—10 月，赴德国柏林自由大学动物医院考察学习。

2005 年

率队组团全国临床兽医参加 WSAVA 墨西哥会议，并以 BJSAVA 团体会员身份加入 WSAVA。

由刘朗构思并与专业设计师配合，设计了猫狗图案圆形的协会标识，并在国家商标局进行了注册。

担任中国畜牧业协会犬业分会常务理事，负责中国纯种犬注册电子芯片等兽医相关事务的工作。

参与筹办首届北京宠物医师大会。这是中国兽医历史上第一次针对小动物兽医临床继续教育开展的技术交流活动。

率临床兽医代表团赴台湾地区参加兽医交流会议，并因此与各界人士建立了广泛的联系，为未来的合作奠定了基础。也是在此次会议上，刘朗作为发起人之一，参与筹建亚洲小动物兽医师协会联盟（FASAVA）。

2006 年

组团全国临床兽医参加 WSAVA 捷克会议。

担任中国畜牧兽医学会小动物医学分会常务理事，负责北京地区的会员管理工作。

任北京畜牧业协会常务理事，负责兽医相关事务。

被农业部兽医诊断中心聘任为高级兽医师。

率队组团北京临床兽医参加美国兽医协会（AVMA）夏威夷会议，并在美国接受小动物临床牙科操作的培训。

参与筹办第二届北京宠物医师大会，积累了宝贵的办会经验。在此次会议上，鉴于刘朗长期致力于临床兽医事业的发展和建设，获得北京市畜牧兽医总站颁发的"兽医行业突出贡献奖"。

参与创办美联众合动物医院联盟机构，并担任执行董事职务。该联盟的出现，在中国小动物临床发展阶段具有划时代意义，由此带动了中国局部地区小动物临床技术向专科领域的发展。

同年，发起针对流浪猫所开展的免费绝育手术的社会公益活动，至今已开展了13年。13年来，联合北京众多的动物医院，累计为流浪猫做绝育手术7万只，折合奉献1 400万元人民币。此项活动得到了北京市畜牧兽医总站的支持并在其努力之下得到了市政府财政资金的支持，从而保证了该活动能持久地开展。这种民间动物救助团体与专业兽医协会以及政府主管部门参与的形式也得到了国际社会的肯定。

2007年

组团北方地区小动物兽医师参加WSAVA澳大利亚会议。

参与筹办第三届北京宠物医师大会，由于大会的专业操作，从而使得北京宠物医师大会成为国内小动物临床的最具影响力的会议。此次会上，再次获得北京宠物医师协会颁发的"兽医行业突出贡献奖。"

2008年

3月2日，在北京市畜牧兽医总站领导多年的支持下，在众多协会发起人的努力下，由北京市农业局主管，刘朗为法人代表的"北京小动物诊疗行业协会"获得北京市民政局批准，正式成立，刘朗担任首届北京小动物诊疗行业协会理事长。

组团北方地区小动物兽医师参加WSAVA爱尔兰会议。

率队组团参加世界皮肤病大会香港会议。

率队组团赴台湾参加两岸三地兽医交流。

参与筹办第四届北京宠物医师大会，并在此次大会成功的基础上决定筹办FASAVA会议在北京的召开。

2009年

4月，获得中国农业大学动物医学院临床兽医博士学位。

10月，担任中国兽医协会理事，并参与中国兽医协会宠物诊疗分会的筹备工作，并在成立后担任副会长职务。

作为北京农业职业学院的外聘教师受聘客座教授。

参与筹办第五届北京宠物医师大会。

率队组团北方临床兽医参加FASAVA泰国会议，并成功申办2014年

FASAVA 会议在北京举办。

2010 年

2 月，组建北京市重大动物疫情应急志愿者支队并担任支队长。任职期间，组织应急志愿者支队，开展重大动物疫情的专业知识培训和演练活动，为我市城市安全运行和突发事件的应对提供了有力保障。

5 月，作为西北政法大学动物保护法研究所的外聘教师，被聘为兼职研究员。

组织参与北京市畜牧兽医总站、国际爱护动物基金会、北京小动物诊疗行业协会三方协作的"伴侣动物绝育手术接力赛"公益活动。

6 月，组织参与北京市畜牧兽医总站、首都爱护动物协会、北京小动物诊疗行业协会三方共同发起的"公园流浪猫绝育手术"公益活动。此次公益活动也是通过政府组织引导，民间组织、行业协会、专业人士共同参与，企业资助的社会合作模式，解决了宠物无序繁衍的问题，为有效控制狂犬病及流浪动物流行性疾病提供了有效保障。

7 月，积极参与动物福利法规建设，作为兽医界代表参加"中国动物保护与管理法制建设国际研讨会"，此次会议促成了《中国反虐待动物法》草案的形成。并由此获得中国社科院法学研究所授予"中国动物保护与管理法制促进奖"。

9 月，组织第六届北京宠物医师大会，参会人员超过了 1200 人，成为中国小动物临床历史上最盛大的一次小动物兽医师的盛会。

12 月，加入中国民主同盟，成为民主党派成员。

2011 年

6 月，参与《动物福利评价通则标准》的制定工作，该标准的制定在中国动物保护历史上具有划时代的意义。在中国还没有形成动物福利规定之前，该标准将对动物福利的落实和法规的制定起到很好的借鉴作用。

7 月，参与由首都爱护动物协会牵头的 67 家中国动保组织"呼吁取消美国西部牛仔竞技展演"的新闻发布会，并在会上代表中国兽医界全体同仁对虐待动物的一切行为进行了谴责。

经过北京市高级专业技术资格评审委员会评审，获得高级兽医师职称资格。

9 月，携手日本东京都兽医协会村中志朗会长、台北市兽医师公会杨静宇理事长、上海市畜牧兽医学会小动物医学分会陈鹏峰理事长共同创办中日兽医师交流网，推动亚洲兽医在学术、技术方面的发展，对中国大陆兽医事业的进步起到了推动作用。

组织第七届北京宠物医院大会，参会人数达到 2000 人，从而使得北京的兽医会更具规模，更有号召力。

10 月，组团参加世界小动物兽医师大会韩国会议，并在此次会议上选举为亚太地区继续教育负责人。

11 月，组团参加两岸兽医交流会，并在大会上做专题讲座。

12 月，在西安参加"洋县犬只管理模式启动仪式暨专家论证会"，并参与该项目相关内容的起草和修订工作。作为洋县犬只管理模式课题组成员，主持相关论题的讨论。

2012 年

4 月，组团参加世界小动物兽医师协会英国会议。

5 月，北京小动物诊疗行业协会会员代表大会选举换届，再次当选第二届北京小动物诊疗行业协会理事长。

6 月，受聘北京农学院学位委员会兽医硕士学科硕士研究生指导教师。

9 月，组织第八届北京宠物医师大会。

12 月，作为北京小动物诊疗行业协会代表积极参与组织"整治非法制售狗肉产品与保障食品安全法治研讨会"的召开，并作为主持人在大会上发言。

2013 年

1 月，参加中国台湾地区举办的亚洲兽医大会，在大会上代表中国大陆地区兽医协会发表讲话。

3 月，组织参加世界小动物兽医协会新西兰会议，在此次会议上，当选为选举委员会委员。

参加 FASAVA 理事会，并被亚洲小动物兽医协会联盟推举为备选主席。

5 月，担任北京市中等农业职业技能大赛评委。

组织北京市重大动植物疫情应急志愿者支队参加北京市"5·12 汶川地震"纪念活动。

6 月，参与其他基金组织的助残犬启动活动。

接待宾夕法尼亚大学兽医学院院长一行，商谈未来在兽医教育方面的合作。

参与组织"抵制玉林狗肉节"的新闻发布会，告知动保组织如何有效地运用法律开展动物救助工作。

在成都参加农业部兽医局主办的"执业兽医法"的立法研讨会，就临床执业兽医所面临的问题和存在的法律空白进行了阐述。

在长沙参与亚洲动物基金会主办的"中国伴侣动物研讨会"，并在现场解答了动物救助组织在动物检疫方面存在的认知偏差。

7 月，接待世界小动物兽医师协会疫苗指导委员会主席一行，并协助该委员会完成了针对临床兽医、高校教师、政府官员的一系列调查和研讨活动。

8月，参与北京市人大法制办开展的"北京市动物防疫条例"修改活动，并就动物诊疗过程中所涉及的细节进行了充分探讨。

9月，组织WSAVA继续教育在沈阳的举办，这是WSAVA在中国开展的继续教育在中国内地的延伸。

参与组织第九届北京宠物医院大会，会议盛况空前，得到了赞助商和学员的一致好评。

组织召开FASAVA理事会，针对FASAVA目前存在的问题和章程的修订进行了卓有成效的讨论。

> 完稿于2013年9月4日
> 定稿于2013年11月，北京

一路走来，执着探索

——访中国农业大学动物医学院夏兆飞教授

刘春玲

在诊室里，他是给小动物们治疗疾病的临床宠物医师。

在教学中，他是给学生们讲述小动物诊疗知识的教授。

在行业里，他是推动北京小动物诊疗行业发展的领导。

夏兆飞，中国农业大学动物医学院临床兽医系副系主任、北京小动物诊疗行业协会副理事长。20年来，他一直孜孜不倦地学习钻研小动物临床诊疗技术，不断创出新佳绩；他满腔热情地筹谋于行业的发展中，与他的志士同仁共同支撑起了北京小动物诊疗这片蓝天。

开创的两个第一

1999年，20世纪末普通的一年。然而，在中国小动物诊疗行业的发展史上，它却是不平凡的一年。就在这一年，以时任中国农业大学临床兽医系系主任、动物医院院长的夏兆飞为团长，中国农业大学董悦农、潘庆山，北京伴侣动物医院院长李贞玉为团员的中国小动物诊疗代表团走出国门，出访加拿大，考察发达国家的小动物诊疗技术和动物医院的管理及设施等。

夏兆飞谈起这次出访的初衷时说："在我国，小动物诊疗的技术发源地在咱们北京，在咱们中国农业大学的动物医院。我当时任中国农业大学临床兽医系系主任、动物医院院长，这个'排头兵'的'样板'，时常会让我感到担子的沉重。动物医院应该具备什么样的设置，从业人员小动物诊疗技术如何提高，在没有前人经验可参考、没有成熟的技术资料可循的情况下，我与我的同行们共同商议，决定走出去，到国外去看看人家的情况是怎样的。通过中国畜牧兽医学会的联系，我们到加拿大去实地考察学习。他们对动物医院的设施和诊疗的技术等方面都有着非常严格的要求，这给了我们许多启示，给了我们许多宏观的认识。回国后，我们即刻着手装修中国农业大学的动物医院，首先从医院的硬件上进行改观，如诊疗室、化验室、手术室，医疗设备的添置等，让我们的动物医院率先引领起来。"

对加拿大动物医院的考察，无疑是开创了我国小动物诊疗与国外小动物诊疗互通的新篇章，给中国从事小动物诊疗的兽医师们打开了眼界，开阔了思路，无论是对国内小动物医院的创建和诊疗技术的提高都有着非凡的历史意义。这是国内第一次正式以"中国小动物诊疗行业代表团"的名义组团出访。

2001年，在中国小动物诊疗的发展史上，同样也是应当记住的一年。

这一年，北京正酝酿筹备成立北京小动物兽医师协会（BJSAVA），夏兆飞是筹委会负责人之一。也就在这一年，他应邀到加拿大的温哥华，参加世界小动物兽医师大会（WSAVA）。这是有史以来，中国大陆第一次有小动物兽医参加国际会议，受到组委会的高度重视。夏兆飞说："大会组委会在会议期间，连续找我谈了两次，关于准备来中国做小动物兽医师继续教育的事情。我很兴奋，这对于我们中国从事小动物诊疗的兽医师来说，是一件求之不得的幸运之事。我当即同意并代表北京小动物兽医师协会筹委会接受了他们的建议。因此在会议上，就明确了由世界小动物兽医师协会（WSAVA）帮助中国开展这项工作的决定。这对正在起步的中国小动物诊疗行业来说，确实是振奋鼓舞，起到了积极的促进作用。2002年世界小动物兽医师协会就派了专家来北京讲课。"

春风化雨，登高远望。这"两个第一次的外事活动"，奠定了中国的小动物诊疗技术向世界先进的小动物诊疗技术学习交流的基础，而奠定这个基础的，是以夏兆飞等为代表的一代年轻的中国兽医师们。

刻下的时光轨迹

2003年，第28届世界小动物兽医师会议在泰国曼谷召开。以夏兆飞为团长、刘朗为领队的中国代表团40余人出席了这次会议。这次会议，给了世界小动物兽医了解中国小动物兽医的机会，同时也给了中国小动物兽医了解世界小动物兽医的机会，二者相辅相成。这次会议，通过协商达成了一个协议：由世界小动物兽医协会（WSAVA）邀请国际上的专家每年来中国讲课；北京小动物兽医师协会筹委会（BJSAVA）每年组织国内兽医师出去参观学习，了解发达国家在宠物诊疗上的发展状况，考察学习国外的动物医院，向国际看齐，与国际接轨。会后，世界小动物兽医师协会（WSAVA）主席 Dr. WAGA 和负责亚洲继续教育的 Dr. ROGER，与北京小动物兽医师协会筹委会负责人夏兆飞、刘朗、潘庆山、施振声等人商谈在国内开展宠物医师继续教育及北京小动物兽医师协会（BJSAVA）加入世界小动物兽医师协会（WSAVA）的问题。同时正式邀请世界小动物兽医师协会（WSAVA）主席 2004 年来北京访问。这次会议，使北京的小动物兽医师协会（BJSAVA）真正与世界小动物兽医师协会建立了友好合作的关系。夏兆飞这时任北京小动物兽医师协会（BJSAVA）筹委会理事长，他向我们介绍了这次会议的盛况和意义。从而我们也了解到，这次组成庞大的代表团，出席世界小动物兽医师大会是前所未有的。它标志着中国宠物诊疗业的发展进入了一个划时代的飞跃，标志着中国宠物诊疗业的崛起和发展，引起了世界兽医界的重视，让他们看到了在中国发展宠物诊疗业的前景是广阔的。

因此，2005 年，在墨西哥的 WSAVA 会议上，世界小动物兽医师协会（WSAVA）正式批准北京小动物兽医师协会（BJSAVA）入会。由此，北京小动物诊疗业（BJSAVA）占据了世界小动物诊疗业一席之地。"这是令人欣慰的事，当时我们为北京小动物兽医师协会设计了犬猫相拥，具有我们中国太极味道的圆形标识图案，并制定了协会的章程。自此，北京小动物诊疗行业的发展进入了良性的循环。"说到这里，夏兆飞的语言有些激动，眼睛里流露出睿智的光芒，自信的笑意。

回过头来，夏兆飞又向我们谈起了当年北京小动物诊疗行业创业时期的点点滴滴。2002 年 7 月，在北京市畜牧兽医总站站长祝俊杰和办公室主任郭亚明的支持下，首先成立了"北京小动物兽医师协会（BJSAVA）筹备委员会"，祝俊杰任理事长，夏兆飞等任副理事长。为了加强宠物医院彼此了解，减少相互摩擦，避免恶性不正当竞争，维护共同利益，求得有序发展，同年 11 月 3 日，将"北京市动物医院院长联谊会"纳入协会管理。时任北京伴侣动物医院院长的刘朗担当这个联谊会的负责人，主抓这项工作。11 月 29 日，北京市畜牧兽医技术服务中心下发了《北京市宠物医院收费标准》，这是北京市宠物诊疗行业第一次共同协商制定的诊疗收费标准，至此各动物医院纳入了行业自律的轨道。在这之后，又成立了供应商联谊会及专家委员会。

2003 年，祝俊杰不再任北京小动物兽医师协会筹备委员会理事长，夏兆飞出任理事长。

2005 年，在行业发展史上也是要特别记住的一年。这就是首届"北京宠物医师大会"在北京的召开。这是一件对北京小动物诊疗行业乃至全国小动物诊疗行业的发展都具有历史意义的大会。

夏兆飞说："2005 年，我们（当时参加此次会议的有：董轶、刘毅、刘欣、屠洁、郭亚明和夏兆飞）去美国参加'西部兽医师大会（WVC）'，得到一些启示。回国后，我与协会其他负责人在一起商议，参照美国西部兽医师大会（WVC）的形式，我们也可以组织这样的会议，因为无论是对行业发展还是对兽医师诊疗技术的提高都是非常有帮助。但当时北京小动物兽医师协会还没有被批准，以什么名义组织会议呢？商量的结果是，借宠物医师这个名称组织会议，并且定为会议名称，因为这不隶属哪一个组织的管辖。为了突出地域性，将会议命名为'北京宠物医师大会'，前面冠以第×届，这个大会至今已召开七届，而且参会人数一届比一届多，成为推动这个行业发展的'重头戏'"。

关于"北京小动物诊疗行业协会（BJSAVA）"名称的演变过程，夏兆飞向我们介绍到：改革开放以来，国家富强发展，生活水平提高，政府政策宽松，人们饲养小动物的兴趣高涨，从而造就了动物医院如雨后春笋般开办起来，从事小动物诊疗的临床医生也多了起来，动物医院各自为战，从业人员良莠不齐。在这样的形势下，2002 年，在北京率先开办的几家动物医院的院长凑在一起商量，一致地认为应该有个协会组织，将这个行业统一起来管理，共同发展才会有成果。于是，参照"世界小动物兽医师协会（WSAVA）"的名称，最初定名为"北京小动物兽医师协会"，上报北京市民政局，希望得到批准。但一直没有批下来，后来有关部门对行业从业人员进行认证，为了区别从事经济动物诊疗的兽医和从事宠物诊疗的兽医，把该行业从业人员称之为"宠物医师"。因此协会更名为"北京宠物医师协会"。在现任北京市畜牧兽医总站站长韦海涛的关心和支持下，2008 年 3 月 2 日，北京市民政局正式批准时，根据政策的要求，又更名为"北京小动物诊疗行业协会"（BJSAVA），这个名字才正式定格了。但自始至终，该协会的英文名称及缩写都没有变过。在当时，这是全国唯一的正式认可的省市级小动物诊疗行业协会组织。

"众人拾柴火焰高"。夏兆飞虽然为行业的发展做出了自己应有的贡献，但在与他交谈时，他时时提起的是那些曾经给予协会支持的政府机构和与他同甘共苦的朋友、同事。他说："还有一位让我们不能忘记的，是当时的北京市畜牧兽医总站站长祝俊杰，他是协会最早的理事长，在这个行业的发展初期，他给予了协会极大的关注和支持，为推动行业的发展，他没少操心。记得在他的带领下，我们还专门为北京宠物医师编写了教材，他功不可没。只有大家的共同努力，行业的发展才会这样迅猛。"

岁月流逝，记忆犹存。听夏兆飞讲述行业曾经发生的一件件的故事，令我们心潮涌动。任何一个行业的发展，都要有开拓者执着、热情、敏捷的思考，积极的探索，才会将这个行业推向令人瞩目的高峰。

创建的全新科目

走进夏兆飞的办公室，夺人眼目的是书，所有的办公桌上几乎无"虚席"，二十多平方米的房间，充满了浓郁的书香气息。我们的话题也就此拉开。

夏兆飞说："北京宠物诊疗发展的过程就是我们学习探索查证的过程。在我们中国，过去没有人做过宠物的诊疗，我们国家的宠物诊疗真正做起来也就是二十多年的历史，国外的宠物诊疗早咱们国家几十年。但近年来，这个行业进步比较快，我们能够研究一些顶尖的东西，其主要是得益于对外的交流。你们看到我办公室的这些书，绝大多数是外文的。我看了许多国外关于小动物诊疗、动物医院管理等方面的书，看到有适合国内需要的，就把它们翻译过来，供广大的宠物医师在实际工作中应用，取其精华。这样做比我们自己摸索要快得多，少走弯路。我们还有一个很好的条件，就是中国农业大学的图书馆，存有大量的书籍，我们能够去那里查阅英文资料"。

夏兆飞，硕士、博士均毕业于中国农业大学动物医学院，毕业后留校，一直从事小动物临床的教学、科研和临床工作。多年的勤奋钻研，使他在学术上取得了丰硕的成果，发表学术论文几十篇，主编、主译、参编、参译著作达十几部。

2007年，夏兆飞在中国农业大学开设了"小动物临床营养学"课。这是他多年临床工作的经验总结，他说"譬如，犬得了心脏病，要少吃盐，但是怎样的食疗才可以达到利于犬的身体健康，利于它身体的恢复？这都是属于动物临床营养学的范畴。但在我们的教学中没有这一课，然而在临床实践中，确是很重要。"夏兆飞主讲的课程还有："兽医临床病理学""兽医临床治疗学""兽医临床诊断学"等。这些课之所以走上讲堂，很大程度上是为了适应宠物临床的发展需要，提高兽医毕业生临床的诊疗水平而开设的。"

这是一个做学问的人，而且是一位非常稳重、有着聪明才智、有着探索精神的学者。在小动物诊疗快速发展的今天，夏兆飞又扬起他前进路上的风帆，在今年他又开了一门"犬猫老年病专题课"，以适应目前大多数犬猫进入老年的需要。

通过参加国际会议，多次考察国外动物医院，他深深地感到动物医院管理的重要性。那天在采访时，夏兆飞从身边拿出一本英文的动物医院管理书籍，告诉我们说："我现在对动物医院的管理又有新的想法，正在看国外动物医院管理的发展历史，研究他们的经验，看到精彩的部分，我会翻译成中文，介绍给中国正准备创办动物医院的宠物医师们，因为动物医院的管理也是一门学问。"

写这篇文章时，正值春风依依，枯树枝头挂满绿苞，不久的一天，它就会枝叶繁茂，绿绿葱葱，装点世界。我们期待着，夏兆飞为中国的小动物诊疗行业发展留下更多的浓重而又辉耀的成就。

写于 2011 年仲春

修改于 2011 年冬

宠物医院的兴起

一道亮丽的彩虹
——访北京农学院动物科学技术学院副院长陈武教授

刘春玲

中国小动物的临床，我一直提倡走中西医结合的路。以我从事小动物临床多年的经验来看，我的这个想法没有过时，我的理念从没有改变过。我是做中西医结合研究、科研、教学工作的教授，在中国小动物诊疗的发展中，我有这个责任和义务，将中西医结合诊疗小动物疾病的技术更好地发挥、做好，使其带有中国特色的小动物诊疗技术，齐驱于世界先进的小动物诊疗技术之中，这是我许久以来的愿望。

——陈武教授

风和日丽，林木染绿，鸟语花香，迷人心醉，这一串的文字，不用解释就知道这是"杨柳依依"的春景。然而，在2013年的春季，对于北京农学院动物科学技术学院副院长、中西结合动物医学博士陈武教授来说，再怡人的春景也比不过他心中的春景怡人，这就是坐落在北京市昌平区回龙观龙锦园的"中西结合国际动物诊疗中心"。它的"开盘"出世，犹如夏日的一道彩虹，映红京城的西北隅。"赤橙黄绿青蓝紫"的绚烂彩练，飞舞在中国小动物诊疗发展的历史天空中，而这"操盘手"便是陈武教授，这是他心中多年来最希望的、最渴望的，如今得以实现，令他欢心、令他兴奋、令他鼓舞。2013年的春天，在陈武的心中，非比寻常。

记得，那天与陈教授电话预约采访时间，未等我完全表述清楚采访内容，他便兴致勃勃地向我介绍起这家中西结合国际动物诊疗中心的情况，并且一再邀请我前去参观。

2013年5月21日，我乘车前往北京农学院，来到陈教授集办公、教学、接待外国友人的"多功能"办公室。屋外墙壁醒目标牌："中国传统兽医学国际培训研究中心"。屋内现代化教学器材、书籍与教材及制作中药的工具，琳琅满目，空气中带有淡淡的中草药气息。

陈武教授，瘦高身材，白净脸膛，架副眼镜，睿智文雅，谈吐轻快，语气不愠不火。看得出，他的修养极好，书生气十足。见面第一句话，他就对我说，采访结束后，一定要去诊疗中心看看。我笑笑，动物医院我去过几家，基本上大同小异，因此也就没有太放在心上。因为"往事回顾"栏目的需求，我则是洗耳恭听他漫谈从事兽医、从事中兽医的偶然以及从事中西结合小动物临床科研工作的经历。听陈教授讲述那过去的事情，简直就像是在听一首恬静舒缓的叙事音乐，平静、婉转，就是跌宕处，也不见词语激荡，以至于采访归来，细品细琢，不知怎地，观摩过的那座现代化的"中西结合国际动物诊疗中心"，总是和陈教授的仪表仪容相叠一起，"衣冠楚楚"地在眼前映现，笔竟不知从何处走，踌躇不定……

思量来去，还是先从陈教授心仪的"中西结合国际动物诊疗中心"写起吧。

新燕啄春泥

那天采访结束，我们跟随陈教授来到了位于北京市昌平区回龙观龙锦园的"中西结合国际动物诊疗中心"。下得车来，抬眼望去，但见红砖墙落地，有色玻璃门窗镶嵌，一道白色装饰线，横跨屋檐，檐上方的红砖墙体，嵌挂着银灰色的中外两种文字牌匾，"中西结合国际动物诊疗中心（International animal medical center)"，在宽阔的大街面上，很是夺目抢眼。再看，门前两侧，绿草茵茵，赭色台阶，洁净照人。走进房门，窗明几净，地无灰尘，诊台、诊椅、诊床，木制雕花，古色温馨。洁白浴巾，铺就诊台，一兽一换，绝不污染。诊室之间，房门阻隔，无需动手，自动开关，卫生讲究，达到一流。先进的诊断设备、手术器具，干净整洁，错落有序，一尘不染。内墙嵌体，金属框架，棱角拐弯处，打磨的光滑舒适，无点瑕疵，置身其中，温润舒适。适逢饲主，带犬针灸，陈教授把针，狗狗乖巧，进针、醒针顺利。一条白色浴巾，四折叠起，枕于狗狗脖下，为防止头部钻入网床卡脖。饲主慨叹："这是享受局级待遇，我还没有享受过，你可老实点吧！"并对我说："前几日其他医生针灸，三、四个人都把不住它，连蹦带跳，进针费劲。今日见到陈教授把针，它可老实多了。"再问，家住京城东部通州区，经人介绍，自驾车来到京城西北，寻找名医，疗效显著，现已行走自如。余不禁赞曰：医德医术，馨香远播。我惊叹于京城有这样一流的动物医院，惊叹于京城拥有这样特色的"中西结合国际动物诊疗中心"。再观这里的医生，以陈教授为首，个个说话轻言轻语，热情和蔼，身穿白衣，打结领带，昭示着医生的干练整洁，这里的"人文"气之盛，亦过某些"人医"哉！难怪，陈武教授一再邀请我们来这里观看，原来是这样的与众不同，浓浓的中国传统的中兽医之技与浓浓的西洋医技是那样有机地合拢，我的确更加惊叹于诊疗中心的"掌舵人"——中西医结合动物医学博士、北京农学院陈武教授的用心良苦。眼科部主任夏楠医生告诉我说："医院的装修设计方案，环保材料的选购，装修技术的精湛要求，医用设备的购置等等，都是陈教授亲力亲为，陈教授是一个做事非常认真、非常仔细的人，以至于达到苛求。"我虽是第一次与陈教授面谈，对他弟子的评说，吾为恰当不过也。

这是在 2013 年的春天，在中国小动物诊疗的历史发展中，由宠福鑫动物医院有限公司投资，由陈武这只"新燕"总设计创建起的这第一家"中西结合国际动物诊疗中心"，啄出的"春泥"是永久地记录在了史中。我不敢说它有多么深远地意义，但可以这样说，在中国中兽医"墙里开花墙外香的"的窘况下，这道彩虹放射出的光芒，其能量是灼热的，明亮的。

伯乐识千里马，高师识有志者。在陈教授从事兽医的道路上，可说是有多个偶然机会，给他提供了命运中的巧合。在他每走出一步路的时候，都会有高师为他"指点江山"。也正是这几位高师，成就了陈武的兽医路，成就了他在小动物中西医结合临床上的事业，也成就了中国小动物诊疗行业拥有这样的优秀人才。

为生活，误入"歧途"成兽医

1981 年，15 岁的陈武即将初中毕业。在那个家境都不富裕的年代，作为家里的长子，学习成绩优异的他，只有选择能够早日就业的专业来继续完成进一步的学业。在无奈的选择中，数学老师建议他说：报考青海的湟源牧校学习兽医吧，这个学校不错，是个历史悠久的中等教育学校，而且这个专业的特点是能有肉吃。在计划经济的 20 世纪 80 年代，肉是按人头限量供应的，吃肉对于正在长身体还酷爱传统武术运动的半大男孩子陈武来说，其"诱惑"还真不小。陈武听从了老师的意见，考取了湟源牧校。三年后，1984 年他以年级第一的成绩中专毕业，手持恩师副校长董老师的推荐信，回到青海海北藏族自治州这片熟悉的土地，成为当地畜牧兽医研究所的一名小兽医。骑马下乡，蹲点研究。高寒缺氧，艰苦的牧区生活，给了他丰盛的收获，锻炼了他的意志，奠定了他做兽医临床的基础，也激发了他走出高原进一步学习兽医技术的愿望。

遇恩师，步入中兽医殿堂

1987 年，经过不懈的努力，陈武通过中国农学会出国人员考试，来到日本秋田营农大学校，本想到那里继续深造兽医学业。然而，事与愿违，这个学校是搞畜产的，陈武心里老大不乐意："自己学的是兽医，怎么能放弃改学其他专业呢。"可惜这个学校没有兽医专业，不甘心，不愿意，暂时也没有别的办法，只得硬着头皮学。正在陈武一筹莫展时，命运的光环降临，北京农业大学中兽医王清兰教授应邀到日本讲学，日本的兽医师会请陈武做翻译。看着台下黑压压的日本兽医师听众和那一双双紧盯针灸操作的热切期盼的眼神及个个的照相机镜头，陈武的心跳加快了，"天哪，中国还有这样让东洋人着迷的兽医技术，还能给日本人当老师，这太动人肺腑了。"这是天赐的良机，让一心想完成兽医学习的陈武抓住了。他问王教授，"您招研究生么？"王教授说："招"，陈武告诉王教授说："我决定回国报考您的研究生。"王教授连连说："好、好、好，欢迎、欢迎。"1989 年，在那个特殊的年代，当人们纷纷选择出国之际，陈武回国了，回来继续圆他的中兽医梦。考研，过来人都知道其艰辛，对陈武而言更是面临众多的考验。1990 年第一次考试，没有考中，王教授也没法兑现自己的承诺。认准的路一定要走下去，陈武离别妻女，中断了工作，从高原"定居"北京备考。当满头乌发丧失大半之际，考试成绩给了他最好的回报。1991 年，他以 370 多分的最高分成绩，成为报考人中的佼佼者，拜在了王清兰教授的门下，终于成为了王教授名副其实的中兽医研究生。可以这样说，在日本认识王清兰教授，是陈武命中的福星，用陈武的话说："做王教授的研究生，是我后来真正走上兽医道路的一个开端。后来也是在北京农业大学求学期间，常有日本兽医或学生到北京农业大学来学习，我常被拉去做翻译，在做翻译的过程中，我才开始接触到小动物临床，原来我在青海包括在日本，学习的对象都是大动物，马、牛、羊等。"

1994 年，陈武研究生毕业，在日本总理府学术会议成员（相当于我国的学部委员或院士）、麻布大学理事长高桥贡教授的斡旋下，他获得中国畜牧兽医学会派遣，1995 年又再次东渡日本，系统学习小动物临床，科目是小动物的外科和心血管疾病。陈武很是幸运，作为中兽医去日本系统学习小动物临床，这在中国小动物诊疗史中绝无仅有，就是到目前，由国家有关机构派出深造小动物临床还是很难的。这个机遇，如虎添翼，给了陈武释放能量的空间。

高桥贡教授，是陈武在北京农业大学学习中兽医时认识的。高桥贡先生也是陈武兽医旅途中的指路人，此事后话，这里暂不细说。

然而，此后更有令人兴奋的喜讯传来，1996 年，王清兰教授写信给陈武，告诉他中国农业大学中兽医的博士点批下来了，问他是否有兴趣继续学习。陈武得到这个信息，难以掩饰激动的心情，"这是中兽医的第一批博士啊，我肯定得上。"隔海速还，抓住机遇，他再次成为了王清兰教授的门徒，也由此奠定了他专攻小动物临床的学业，开始了他中西医结合小动物临床的研究之路。

读博士，陈武虽然是中兽医老师带的博士，但是研究的课题却是中西医结合的项目——中药对犬心血管系统的作用。王清兰教授根据陈武研究课题的需求，与日本有关方面联系，让他作为两国联合培养的博士，再次东渡"扶桑"，到那里的实验室去做科研。日本的小动物诊疗起源早，其技术水平高于中国，因此实验室的条件比之国内优越。陈武再次来到这里做项目，可以说是如鱼得水，无阻畅游。这次在日本学习，直接指导陈武学习的导师是高桥贡先生的大弟子若尾义人教授。

转眼，毕业在即，何去何从，陈武心里没底。他说："回国前，高桥贡先生请我到他的府邸做客，他问我回国的打算。我对他说我还没有想好，很可能回国去办个企业或者研究所。高桥贡教授对我说：根据日本兽医教育和小动物诊疗发展过程的情况来看，你还是去学校吧，到学校的研究室里，你能够把你学习到的东西发挥出来。再有，老师的地位还是有保障的，能够保障你的研究继续下去，你还需要培养更多的人才做这样的事情，中国的小动物诊疗是需要有你这样的老师的，如果你研究的东西只对一个企业，是有些可惜了。"语重心长的分析，来自的肺腑之言，为陈武指明了就业的方向。不知为什么，在写这一节时，鲁迅先生笔下那位"黑瘦、八字须，戴眼镜"的藤野先生的形象总是在眼前晃，"声音缓慢而很有顿挫的声调"也总在脑海里徘徊，尚不知这位高桥贡先生也是这般模样，也是这样的"声调"，推心置腹地与陈武细细分析今后就业的路。陈武最后听取了高桥贡先生的意见，说："我就听您的吧！"

抓机遇，中西结合修正果

北京是中国的政治文化中心，中西结合事业的发展也非北京莫属。1999年，北京农学院教中兽医课的老师退休已经两年了，其间中兽医的课程处于停滞状态。时任校长门常平教授，系主任穆祥教授慧眼识珠，将中国第一个中兽医学的博士陈武招到门下。1999年7月，陈武来到北京农学院报到，正是赶在这青黄不接的时候，由此，北京农学院中兽医的课程在陈武的主持下又重整旗鼓，复课了。陈武也从此扎根在了北京农学院，主讲"中兽医学""中西结合兽医临床技术"和"中兽医针灸及方剂学"等本科和研究生课程。2001年，在校领导的支持下，陈武申办了"中国传统兽医学国际培训研究中心"这块牌子，又开始了他"中国传统兽医学国际培训研究中心"留学进修人员的培训工作。在陈武教授的带领下，北京农学院中西结合诊治小动物的科研工作启动。同时，为了教学和临床，他还与北京观赏动物医院合作10年，在时任院长张玉忠倡导开办的中西医结合专家诊室里做临床。2011 年以后，繁重的科研、教学、管理工作让陈武难以抽出时间再跑到城里去坐诊。但是，中西结合诊治动物疾病的教学和临床不能放弃，这是陈武教授的理念，这也是他给自己定下的责任和义务，这也是当年导师们对他的谆谆教诲。同时，社会的需求，那些辗转到学校找上门来求诊的宠物和他们的主人也让陈武难以放弃。

2013 年春，历时一年的筹备，中国首家"中西结合国际动物诊疗中心"在离北京农学院不远的回龙观小区落成，在这一新的教学与临床的基地，来自海外学习兽医师和校内的研究生们领略着中兽医学的博大精深和中西结合的实践真谛，这里将成为中西结合小动物诊疗人才培养的摇篮。

陈武有这样一句至深之言："我的性格决定我对事物的态度，在没有认识这件事物之前便是一无认识，而一旦决定做这件事时，便会义无反顾地做下去，并且一定要做到最好。"正是这样韧劲性格的极致发挥，决定了他对中西结合兽医工作的韧性追求。

在采访中，陈教授从冰箱里拿出自己配制的中药对我们说："这是一副刚配制好的治疗肝肿瘤的中药。"说来话长，这是发生在两年前的事情，一位饲主的狗狗经西医诊断患了肝肿瘤，又因为狗狗有 10 余岁的高龄，且伴有严重心脏病，不能动手术切除。经人辗转介绍，找到了陈武教授，看过病情后，陈教授对饲主说："我不能保证能够治好，但是通过内服中药，可以让它减缓痛苦，或许会有好的效果。"两年的时间，既长又短，陈教授为其不间断地配置中成药，饲主也坚守医嘱，坚持喂药，两年后的现在，狗狗的肝肿瘤不但没有见长，反而缩小了许多，狗狗的精神状态蛮好，吃、喝、玩、跑不耽误。"中医对疾病的认识是宏观的，讲究的是机体阴阳的平衡，人和动物的身体本身就是一个天然的大药房，中兽医的责任就是开发这个大药房的工作，从中把药拿出来，进行调节机体自身的功能，从中达到防病、抗病的目的。与之西医相比，在抗生素不断产生耐药的情况下，中医就彰显出它的生命力了"。陈教授这样陈述自己多年科研的体会。接着他又说："我对西医也不陌生，西医的诊病方法我也很熟悉。西医是现代医学，它重视微观的，在疾病诊断方面，它有先进的医疗器械，可以清晰、准确地断病。西医对病菌和病毒的认识，有些是中医不能解决的，比如，外伤感染破伤风梭菌，当年我的老师高桥贡教授的母亲就因为房子着火，用脚踢了一根着火的木头，受了外伤，因感染破伤风去世了。后来西医研究出防治破伤风的类毒素和抗毒素，现在几乎没有因破伤风而死亡的了，这是西医的优处，在这方面西医是绝对先进的。作为中兽医也要学习现代小动物临床知识，用现代兽医学最先进的方法检查诊断疾病，判断适合治疗的方案。中西医各有各的优处，这也是我一直提倡走中西医结合的原因，多年来，我的这个理念从没有改变过。""精卫填海"，中国远古神话故事的精髓，在陈武教授这里得到了延伸，按既定的目标，坚毅不拔地做到底，是他这辈子不悔不倦的追求。

从学生到老师，从出国留学到在国内指导留学生，从中西结合诊室到中西结合国际诊疗中心，始终高举中西结合的旗帜，坚定不移地走中西结合的道路，建设一个中西结合的模范动物医院，为伴侣动物提供最高福利，为行业同仁打造国际舞台是陈武的理想。

随着中西结合国际动物诊疗中心的运营，中国传统兽医又多了一个向国际同行展示自身特色的舞台，成为宠物诊疗行业一道亮丽的彩虹。

鉴于陈武教授的特殊贡献，北京市畜牧兽医总站、北京小动物诊疗行业协会在 2008 年的"第四届北京宠物医师大会"上，授予陈武"兽医行业突出贡献奖"。

笔者曰：陈武兽医之路，喜遇王清兰、高桥贡两位教授，慧眼识真，点播成行，终成大器，挑起中国中西医结合小动物临床的大梁。不负师望，不悖师教，陈武也。

不忘本，深情回忆谢故人

在访谈北京小动物诊疗形成初期的状况时，陈教授讲述了这样两段鲜为人知的事，在此录下，以丰史料，以备后人记之。

20 世纪 90 年代初期，北京小动物诊疗刚刚兴起，而国外的小动物诊疗早已是如火如荼，我们与人家相差了有 40 年之距。据陈武教授说："无论是国外还是国内，在小动物诊疗发展的初期，似乎有一个规律，就是都会遇到犬瘟热、细小病毒等传染病的袭击。"因此，在 20 年前北京小动物诊疗兴起初期，面对这两种传染病为代表的病例，我国的兽医师可以说是面面相觑，多束手无策。北京农学院多次邀请日本小动物诊疗的专家来学校举办讲习班，这些日本老专家都经历过 20 世纪三四十年代日本小动物传染病比较严重的阶段，他们亲眼目睹，亲手操作，积累了一些经验，在讲座中，我们的兽医就向日本的专家请教、提问题，在治疗此类病的诊疗技术上，他们能够提供这方面的见解，在这个阶段曾经应邀到访的日本专家有加藤元、松川清、桥本晃、高桥贡、若尾义人等先生。

当小动物诊疗技术发展到一定阶段时，随着医疗保健水平的提高，传染病会逐渐减少。继之而来的老年病、运动机能障碍等疑难病，这些病例的出现，要求尖端诊断和治疗技术都需求增强。南毅生、菅沼常德、山根义久、太田亟慈、泉泽康晴、渡边俊文、高岛一昭、石田卓夫等一大批日本专家前来中国传经送宝。"对这些日本专家，尤其是在中国小动物临床发展的初级阶段，给予中国兽医的帮助，在中国小动物诊疗的发展中，还是不应该忘记的。"陈武教授说。

　　还有一件事，让陈武念念不忘的是，恩师王清兰教授在中国小动物诊疗的发展早期所做的工作，他说："在北京小动物诊疗发展的历史中，有两个人不能忘记，一个是我的导师王清兰教授，再一个是高得仪教授。王先生虽然不做小动物临床，但是，中国农业大学小动物的兴起跟他有着密切的关系。王教授当时是北京农业大学兽医院的副院长，对新兴的小动物临床有着深刻的认识，并给予了很大的支持。记得当年，王先生在北京农业大学的图书馆举办了第一期小动物临床新技术学习班，请来了日本和美国的专家授课，200多人挤满了图书馆报告厅，这在当年其规模是很大的。也就是在这样的学习班上，我参与翻译工作，认识了一些日本小动物诊疗的专家，开始了我做小动物临床的学习，调整了我所学的专业。"王清兰教授在20世纪90年代初期，组织举办的这期小动物临床新技术学习班，是中国小动物诊疗发展史中最早的一期学习班。

　　高得仪教授作为改革开放之后早期学习、教授小动物临床的专家，及早年任北京农业大学兽医院院长期间，对临床人才的培养和宠物医疗的发展是功不可没的。

　　在社会生活中，人们常常看到，那些虚心进取的、有成就的学者，总是敬畏师尊，不忘他人的贡献，从而受到广泛的赞誉，这是中华民族的传统美德。

2013年夏

追忆行业先驱段宝符

——访天泽万物动物医院廉莲院长

张斌劼

　　1984年10月的一天，在朝阳区和平里北街11区22楼103号段宝符先生家（图1），一个使用面积不过十几平方米的地方，"段大夫犬猫诊疗所"正式营业。这是北京第一家私人小动物诊所，它的营业标志着北京小动物诊疗行业正式走上了历史的舞台。

　　1918年生人的段宝符先生在年轻的时候由于家庭的关系去日本留学，原本是想学习人医的他却因机缘巧合学习了兽医并深深被这个行业所吸引，归国后在国民党军队任兽医官，为军马治病。1949年后，由于身怀兽医技术，他被请到一些牛场做兽医，"文化大革命"又被下放到南苑兽医站继续从事兽医

图1 "段大夫犬猫诊疗所"旧址

工作。退休后，从事了半辈子兽医工作的段先生放不下手上的兽医技术，想发挥余热。同时也是看到了小动物诊疗行业存在的价值，于是在1984年到朝阳区工商局申请门诊执照，在他的侄孙女廉莲的陪伴下开办了"段大夫犬猫诊疗所"（图2）。

图2 段宝符先生和廉莲女士在"段大夫犬猫诊疗所"留影

当时工商部门也不知道小动物门诊应属于哪个部门管理，加之段先生有国外的兽医文凭和长期的兽医经历，所以在 10 月份经过一些简单的手续就拿下了个体工商营业执照，这样的犬猫诊所在北京工商审批是第一个，也是在工商部门不太了解行业归属管理的情况下，开出唯一的一张营业执照。因而段宝符先生成为了中国执业兽医第一人，廉莲也成为中国第一个做小动物兽医助理的人，"段大夫犬猫诊疗所"也自然成为北京第一家私人小动物诊所，国内外很多媒体还因此采访了段先生。

诊所成立后，为了能有生意，他们骑着自行车趁着天黑贴一些小广告作为宣传，没想到效果还不错，开业才一周便有了生意，接下来在那个宠物业还没有兴起的年代里，"段大夫犬猫诊疗所"的生意做得虽算不上红红火火，但也是有声有色（图 3）。开业不久每天便能有 20～30 个病例，当时看病没有收费标准，只是象征性的收一些费用，甚至有时还要和顾客商量着来。每个动物诊病也就是收 3～5 元。许多大使馆外交人员的犬猫以及演艺界名人的犬猫都到段先生的诊所看过病。

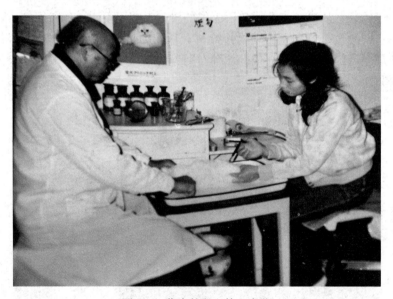

图 3　工作中的段宝符和廉莲

段先生做事非常严谨，在他行医的过程中不能做的坚决不做，像母猫绝育手术，因为当时的技术还达不到无菌要求他就坚决不做，只做公猫的去势手术和外科处理的操作。在用药环节，那时基本还是使用人的药物，段先生使用药物都是非常规矩，针剂按照体液生理需求来兑液。成药大多是研成粉末，段先生的学识非常渊博，而且有很丰富的临床用药经验，他强调个人技术是第一位的，动物主人不必问用的是什么药，值多少钱，药不值钱，值钱的是技术，这样的理念对现在的临床经营也十分有意义。当时很多价格便宜又非常有效的药却由于利润较低的因素已经不再生产。曾有税收部门前来诊所收税，段宝符先生引用国外的动物诊所的情况以及 1949 年前后的兽医诊所都是不收营业税，只收个人所得税的情况据理力争，使得税收部门也就只好只收段先生的个人所得税。

诊所开业初期主要是猫的病例，1988 年以后由于中苏贸易的原因很多人从国外带回来狗，使狗的病例渐渐多起来。当时最流行的宠物狗是西施和京巴。那个时候传染病还相对少，细小病毒较多，犬瘟少，但随着国外动物的引进使得很多传染病也相继出现。小动物最早的输液都是腹腔输液，也没有留置针。注射基本都是肌内注射，保定也是由动物主人帮忙，使用厚毛巾，挡住犬猫的抓咬。也许是犬猫诊所非常稀少的原因，当时的医患关系很好，基本没有什么医疗纠纷，更没有胡搅蛮缠的主人，当然也不需要什么打折促销。动物主人对兽医也非常的信任。当时中国还没有小动物方面的书籍，段先生在日本主修的就是小动物医学，又有一些日文的专业书籍，这一切对段先生小动物门诊的摸索起了非常大的作用。

1994 年由于段先生患上了帕金森综合征，"段大夫犬猫诊疗所"在小动物诊疗历史上留下浓墨重彩的一笔后画上了它的句号。

蹒 跚 上 路

——访冯士强老师

张斌劼

题记：随着社会的发展，经济的繁荣，小动物诊疗行业更是如白驹过隙般飞速地发展着。当我们习惯了这快速的生活，欣喜地享受着眼前的进步，一味地冲向前方，却从未留意是否偏离了最初的方向。朋友，请暂时停下脚步，转过身来看看前人走过的道路，回顾这段有些艰辛却无可替代的历史，调整步伐，为小动物诊疗事业开创更加美好的未来！

冬日的一天，在洒满温暖阳光的中国农业大学动物医院会议室里，北京小动物诊疗行业协会的刘朗理事长带我一同采访了冯士强老师。随着冯老师的讲述，我似乎跟随他看到了他记忆中的那个年代……

1985 年春，原本只为国家珍稀动物看病的北京动物园兽医院悄悄对外开放，成为北京第一家为小动物看病的诊疗机构，但不久就因猫科动物疫病的传播被园林管理部门勒令关闭了这项业务。

到过日本学习兽医，接触过当时日本小动物临床，在国民党军队做过军马兽医的段宝符先生在自己家中开办了一个家庭式的诊疗所——"段大夫犬猫诊疗所"，成为北京第一家专为小动物看病的诊疗所，由于在中国属于一个新鲜事物，所以当时国内外多家媒体纷纷为此采访了他。

与此同时，作为北京农业大学兽医院院长的胡广济老师、李凤亭老师和从药理教研组刚刚调到兽医院的冯士强老师也开始筹备颇具现代小动物医院雏形的小动物门诊室（图4）。

图4　小动物门诊室，从左向右依次为冯士强、马国达、戴庶

当时的北京农业大学兽医院位于现在中国农业大学西区正门的西南侧（现加油站的位置，图5），兽医院还主要是为大动物看病，小动物门诊仅借用了中兽医闲置的三间平房，配备了包括一张办公桌、一个诊疗台这些最基础的设备（图6）。看病主要靠手摸、眼看，所谓的辅助设备就是体温计和听诊器，而且早期从事小动物门诊的老师们其实并没有系统学习过小动物临床，也没有小动物诊疗的相关资料，只能在行医过程中通过看过的病例一点点的积累经

验，摸着石头过河。就是在这个门口只挂了很小的"小动物门诊室"牌子的地方，北京小动物诊疗行业便开始蹒跚上路了……

图 5　农大兽医院旧址，如今是加油站

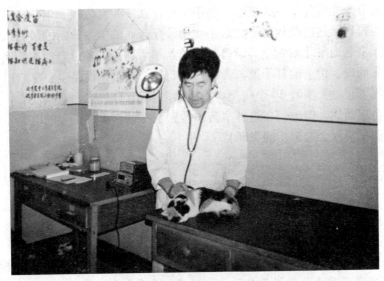

图 6　冯士强老师在为猫看病

　　在小动物门诊室成立初期，饲养宠物的人还很少，农大在当时又算是很偏僻的地方，更是鲜有人知。带宠物来看病的人大多是一些国外使馆人员、外交人员，偶尔才会有一个宠物主人带猫来看病，狗更是很长时间也见不到一只，也正因如此还曾有人大骂他们这是在为资产阶级服务。为了扭转业务量少的局面，农大兽医院开始发起宣传攻势。仗着小动物诊疗行业是新生事物，所以会偶尔在北京晚报上登一些宣传科学养宠物的小文章，慢慢扩大知名度，终于使北京农业大学兽医院在京城形成了一定影响。1987年冯士强老师接任兽医院院长，于1989年12月开始筹备在羊坊店开办北京农业大学兽医院伴侣动物门诊部。因为宠物诊疗行业是一个新生事物，冯士强老师当时跑遍了工商、税务、公安、兽医站却没地方肯受理小动物医院的开办，工商的办公人员还误把兽医听成了"寿衣"闹了个大笑话，最后没有办法只得写了个申请，在海淀区畜牧办盖了章，终于正式成立了北京最早的小动物门诊部。

随着时间的推移，北京饲养宠物的人渐渐多了起来，1991年养犬成为一种时尚，很多人从国外带犬饲养，在他们眼里养犬是一种身份的象征，还曾经有人以29万元的天价卖出一只白色京巴狗。但能为小动物看病的动物医院还是寥寥无几，诊疗技术和设备也没有很大的突破。在治疗动物疾病时输液还是采用腹腔输液的方式，之后过了很多年才开始在隐静脉输液，很长一段时间都不知道可以在前臂静脉输液。在治疗猫尿闭时也没有可用的猫导尿管，只能采取把金属针头磨钝后通尿。1985—1991年，北京农业大学兽医院是唯一一家能够拥有一些简单的化验设备的兽医院，当时担任化验员的安丽英老师会使用显微镜和分光光度计等一些仪器，靠手工操作做一些血常规、生化、粪便、尿液等常规检查，这已经代表了北京小动物诊疗行业的检测诊断的最高水平。

后来慕名而来北京农业大学兽医院的人越来越多，各位老师在兽医行业初期还没有助理、护士的日子里，看病、拿药甚至连防护设备也要靠自己亲手制作的情况下，一天要看30个病例，有时最多甚至可以达到50例左右，这其中的辛苦可想而知，但他们在这种辛苦中看到了小动物诊疗行业的前景，坚信着这个行业很快就会迎来质的飞跃！

采编感言：跟着什么走？

刘春玲

写下这个题目，不由得想起一句时髦语："跟着感觉走"。有一首流行歌曲唱道："跟着感觉走，紧抓住梦的手，脚步越来越轻越来越快活"。这是梦的追求，表达了梦中的自在。可是，大梦醒来，"希望"与"笑容"瞬间飘去，又将如何呢？

在现实生活中，如果仅仅靠着感觉行事，往往会半途而废。在经济社会中，一哄而起，一哄而散的跟风现象，人们已经看得很多了。

在我国小动物诊疗行业的成长历程中，笔者看到了令人兴奋的情形：科学的理性，像一条红线，贯穿于行业发展的全程。也就是说，这个行业是跟着理性走的。

只要观察一下行业发展的几个节点，就可清晰地看到这条红线。

30多年前，小动物诊疗在我国还是一块荒地，无人问津。谁会料到，有朝一日它会在中国的土地上扎根、发芽、开花、结果。

1981年，北京农业大学（现中国农业大学）兽医系创始人熊大仕教授有一段精辟的话，在当时可谓振聋发聩。他说："中国改革开放后，宠物业一定会发展的，犬、猫的诊疗一定会开展起来的，北京农业大学小动物诊疗这个专业是一定要搞的。"在改革开放初始，熊教授就捕捉到宠物业将要兴起的一道霞光，并从而断定，小动物的诊疗一定会在中国兴起，实属难能可贵。他果断地决定，派出从事大动物诊疗的高得仪老师到澳大利亚墨尔本大学兽医学院学习小动物诊疗，从而为中国小动物诊疗的开启播下了火种。

这颗火种，终于在1985年北京农业大学的兽医院点燃。

由于农业机械化替代大动物农耕，为耕田拉车的大动物诊病的北京农业大学兽医院失去了服务对象，似乎到了"山穷水尽"的境地。此时，却常有小动物来兽医院就诊。给小动物诊疗，当时还被看作是"为资产阶级服务"，兽医师们心存疑惧。然而，以北京农业大学兽医院工作的冯士强老师、李凤亭老师、董悦农老师等为代表的一代老兽医师认为，随着改革开放的深入，人们生活水平的提高，饲养宠物的市场也会不断扩展，为小动物做诊疗是医院发展的前途。他们冲破传统的偏见，毅然带领北京农业大学兽医院转型，给小动物诊疗。科学的理性，支撑着我国小动物诊疗业萌芽破土。

转折发生在1994年。鉴于养犬热出现的情况，北京市下发了《北京市严格限制养犬的规定》。宠物犬被严格限养，引发小动物诊疗业遭遇困境，陷入了谷底。动物医院纷纷倒闭，兽医师们纷纷"转业"。但是，一批年轻的兽医师们，在改革开放中形成了新的思维，发达国家宠物诊疗发展的情况打开了他们的眼界，他们坚信：中国的限养政策，顶多实行两三年，过后养犬业肯定会发展起来。因为宠物业的发展，标志着一个国家的经济状况和文明发展的程度。理智的火焰，给了他们坚守的热能。

预言中的是在2003年，北京市下发了新的养犬规定，解除限养。又一轮养犬热潮很快出现，小动物诊疗业也应声而起，真是"春风吹又生"。

小动物诊疗业的迅猛发展，是令人兴奋的。但行业的一批精英没有自我陶醉，孤芳自赏。他们更加关注的，是兴旺背后的危机。他们意识到，在个体经营、各自为战形式下，如果不守市场规则，任由恶性竞争，不讲诚信，就会使整个行业走上歧路，甚至带来毁灭。于是他们约定：成立自己的行业协会，统领同行们走健康有序的发展道路。"不自律无以成大器"，确定为发展理念，这是一个飞跃。

2002年成立了"北京小动物兽医师协会筹备委员会"。2008年3月2日，经北京市民政局批准，"北京小动物诊疗行业协会"正式成立。早在2005年，北京小动物兽医师协会筹委会（协会筹备期间的名称）就被世界小动物兽医师协会接纳为团体会员单位。

居民养宠物热情的持续，不断向诊疗提出新的更高的要求，推动小动物诊疗行业进入一个提升阶段。要提升，就要学习、交流、借鉴、创新。为此，行业开展了宠物医师再学习、再教育活动，从2005年开始举办"北京宠物医师大会"，至今已举办多届。2009年，在泰国曼谷召开的亚洲小动物兽医师大会上，北京小动物诊疗行业协会成功申办2014年亚洲小动物兽医师大会在北京举办。"山不厌高，水不厌深"，行不停步，学无止境。

从最初熊大仕教授的登高一呼，到冯士强老师、李凤亭老师、董悦农老师等兽医师们的果敢冲决，再到年轻兽医们的坚定信守、开拓创新，北京小动物诊疗行业终于走出困境，迎来朝阳。

思维之新，理性之智，是北京小动物诊疗业生机永续的血脉。其实，何止是一个行业，整个人类社会的文明进程，不就是从野蛮走向文明，走向理性的吗？

花开花落风吹去　雨打芭蕉绿更浓

——听北京伴侣动物医院院长李贞玉抚今追昔诉衷情

刘春玲

世上有些事如过眼云烟，在记忆中想留也留不住。而有些事却会在脑海的深处隐藏，想丢也丢不掉，成为永久的记忆，那是人生路遇的节点，会记一辈子的。

20年前，北京伴侣动物医院院长李贞玉，弃人医从兽医。20年后，谈起做宠物医生的坎坷经历，缠绕着她的是那抹不去、丢不掉的苦涩，常是泪水

"湿衣衫"。

记得第一次看到她流泪，是在 2010 年 10 月 13 日，我到北京伴侣动物医院去观摩。中午小憩，与她闲谈，没有主题，没有目的，话题随意。虽说是初次认识，不见拘谨，不见陌生，似是久别的朋友，一吐尘封往事，亦展岁月痕迹。

可以这样说，1995 年，是李贞玉做宠物医生的折戟之年。当 1994 年 12 月 1 日北京市政府下发《北京市严格限制养犬规定》后，首当其冲的是养犬人的迅速减少。再者是对开办的私家动物医院进行严格的查封制度，令她做梦也没有想到刚做宠物医生不过两年就遭遇到了嬗变。关掉，饭碗丢失；顶风而行，良心谴责。但是我知道她是坚持了下来的，很想听听她是怎样撑起那一叶小舟，行驶在风涌起的浪涛中，穿过雾霭走进阳光的讲述。话头就从这里聊起，才刚刚开个头，她的眼圈就有些红，再叙，泪水含眸，欲语哽咽。正待继续听下去时，忽然被一条从住院部跳出来的尺把长的小狗打断了。这是一条四条腿全部折断的小小狗，三条腿术后固定，一条腿还可以打弯，一跳一跳地。它可没有礼仪讲究，也不管是否合时宜，自由自在地在我们面前不客气地出恭。我还没来得及反应，李贞玉就快速地从衣兜里扯出纸收拾干净，顺势抱起小狗，向我诉说：这是一条因为断腿被主人遗弃在医院的小狗。边说边亲昵，慈母般地的疼爱之情溢满她的脸颊，温柔的目光替代了才刚的泪眼，语音轻缓、温润。小狗也似乎很懂贞玉的心思，竟乖巧地依偎在她的怀抱中，张开小嘴，舔舔她的手不肯离去。

没有想到，这次交谈竟这样结束了。但那双婆娑泪眼，那双慈眉善目，留给我极深的印象，这背后该隐藏着怎样的故事呢？归来说与我先生，先生说："这里一定有令人很伤感的事情，应该记录下来。"

机会眷顾我，也眷顾贞玉。"往事回顾"栏目终于有机会让李贞玉走进去，开解浸润心中的那段磨砺。但是，留存心底的不堪往事，竟让她拒绝了我的再次交谈。我很明白她不愿再次捅破那片伤疤，再次搅起碎石撞击心灵的痛点。但是我知道她是我国从事小动物诊疗资历比较早的女宠物医生，她经历过北京小动物诊疗发展的初期、低谷期以及蓬勃兴发期。经不住我的再次动员，她终于接受了我的意见，同意再提旧事。

2012 年岁末，冒着寒流，我来到北京伴侣动物医院，走进楼下的会客间。李贞玉早已在这里等待，满面笑容迎接了我们。因为早已约定，也就不客套，直入主题，打开了她弃人医从兽医的足音回忆。

"红娘"戴维——一条漂亮的拉萨犬

1987 年，学习中医的李贞玉毕业了。分配到北京中药三厂的医务室工作。

干净整洁的诊室，为数不多的就诊人员，让李贞玉的工作在不很紧张的情况下，谋划着未来的希望和理想。

而先来到北京中药三厂上班的北京农业大学兽医专业毕业的刘朗（现任北京小动物诊疗行业协会理事长），这时工作已近2年了。年轻人的心很快因为共同的爱好——喜欢小动物，走到了一起。用李贞玉的话说："这可能是机缘吧，因为我特别喜欢小动物，从小就喜欢养各种小动物，我的父母从来不反对，有时甚至还会拿来小动物给我饲养，而且我整个的家庭成员也都非常喜欢小动物。"正是这份天性喜爱小动物的不了情，将二人卷入了当年兴起的养犬热潮中。1990年，他们饲养了爱犬（拉萨犬），给它起名"戴维"。这是爱情的信物，这是传递感情的纽带，而戴维也不辱使命，牢牢地牵着两颗年轻人的心，最终将朝鲜族姑娘李贞玉和汉族小伙刘朗领进了婚姻的殿堂。也还是戴维的牵引，让他们萌动了"开办自己的动物医院"的想法。李贞玉说："那是在带戴维去北京农业大学羊坊店伴侣动物门诊部注射疫苗时，看到门诊部就诊小动物的火爆场面，我俩分析，觉得这个行业是个新兴的行业，发展起来应该还是不错的"。

年轻人，有一股子闯劲儿，认准了的事情就会坚决地做下去不回头。于是，在1993年，李贞玉、刘朗二人先后辞掉"铁饭碗"，追逐"下海"的浪潮，在北京市西城区安成胡同一个摩托车配件修理厂的院内租到两间平房，有55平方米大，开办了自己的动物医院，并命名"北京伴侣动物医院"。在操办的过程中，租房子，置办医院设备，都没有遇到太大的阻力，着实担心的是医院的营业执照是否能够顺利拿下。当一切准备就绪，只欠这"营业执照"的东风吹进时，令他们没有想到的是执照很快送达手中。真的是让人欢欣鼓舞，心气旺盛，按照自己的愿望，跟随改革开放的脚步，迈开双腿，张开双手，凭借技术，大展身手，自食其力，和乐陶陶。李贞玉有人医的基础，刘朗有大动物兽医的基础（在这之前，二人已经在北京农业大学羊坊店伴侣动物门诊部学习过小动物诊疗）；又有北京农业大学动物医学院的潘庆山、林德贵、夏兆飞、谯仕彦、王九峰等老师亲自坐诊，在医院开张时便显现出技术力量的厚实。

这个时期的李贞玉心情是愉快的，虽然工作不像在国企那般清静、省心，但是能够随心所愿做事，苦和累也就不在话下。年轻人，火热的心，精力也充沛，体力也好，而医院也是"宾客"往来，络绎不绝，经济收入显然高于国营企业，生意的兴旺，让小两口对未来的生活充满了希望和憧憬。

"孤舟"独守——渡过寂寞的寒冬

希望和憧憬的生活才刚刚开始，动物医院也从咿呀学语开始走向"少年期"。两年的路，虽然不很长，但是蓬勃的大好局面促生着这枝开在小动物诊疗初期的花朵也是生机勃勃，红红火火。然而，天有不测风云。使人措手不及的是，这朵初开的花朵还未尽情地怒放，就遭遇到了寒霜的袭击，花瓣凋零，花蕊灰暗，顽强的"生命"面临"熄火"，动物医院走入了死胡同——一纸公文，关门歇业。

这是发生在 1994 年 12 月 1 日北京市政府下发《北京市严格限制养犬规定》，1995 年正式施行后的事情。负责执行这道严令的是：北京市成立的限制养犬办公室和由公安机关牵头，会同农业、工商部门，几家联合执法，不仅严格查、审养犬畜主，管制不符合规定的养犬人，同时，连同开办的私家动物医院也一并严管。严格整顿动物医院，成为了当年规整小动物诊疗形成初始期的"重头戏"。这个时期所有的私家动物医院几乎无一幸免，全部被列为审核对象。原因，我在写过的稿件中已是很深入地讲过了，这里不再重提，只想说的是，当时对开办动物医院的条例确实有些过于严格。我们知道，在 1995 年之前，为防止狂犬病在人口密集的城市传播，我国对城市居民养狗的政策是禁养，对饲养其他小动物也还有"八不养"的规定。因此，在北京市里也只有"北京兽医诊断所"一家国营动物医院，私人开办的动物医院直到 1984 年才出现，属于新鲜事物。至于审批开办动物医院应该归属谁负责，没有明确的说法。因此，当时开办动物医院的兽医，只要持有单一的工商部门或是区畜牧兽医站的批文，就可开张营业了。

然而 1995 年之后，这样的批文变成了一纸空文，行不通了。因为新规定中，不管是 1995 年之前已经开办的动物医院还是新申请开办的动物医院都必须持有"三证"才可以开办。那么，我们且看这发"三证"的机关：据有关资料记载，2000 年之前，动物诊疗机构是由原北京市畜牧局、北京市公安局和北京市工商局三个部门共同审批管理。北京市畜牧兽医总站下设的兽医科负责发放《兽医卫生合格证》（后改为《动物防疫合格证》），公安部门发放《犬类经营许可证》，工商部门发放《企业法人营业执照》。三个部门对发放的证件都有严格的规定，因此，要想获取这"三证"，就得保证开办的动物医院必须完全符合"三证"的每一项要求，真的是很难很难，简直是"难于上青天"。

在这样的形势下，李贞玉、刘朗开办的动物医院只持有一证，这一证到此时就如同断线的风筝，没有了绳线的拉扯，随时会搁浅。李贞玉、刘朗都是规矩人，很明白没有规矩无以成方圆的道理，为获取新的营业执照，他们费尽心思，多次申请。从医院的占地规模到医院诊疗器械的置办；从坐诊兽医的诊疗技术水平到对环境卫生苛求的干净整洁，一一陈述，一一解释，但是，年审动物医院营业执照的申请，呈送之后如石沉大海没有了回音，坐以待毙的命运摆在了眼前。

这突遇的变故，措手不及。关掉动物医院，于心不甘，那是他们喜欢做的事情，那也是他们倾尽全部积蓄创办的动物医院。没有了动物医院，他们将面临着生活的窘迫，面临的是辛苦创办的"家业"遗失殆尽。如果是铤而走险，逆风而上，后果又该会怎样呢？进退两难。

李贞玉说："限养政策下发以后，动物医院的营业执照全部收回，不再复核下发，因为是限养，生意也清淡了许多。但是我们没有关掉动物医院，偷着开，黑着干。其实心里也很忐忑，也很担心。"这不按规矩出牌的后果，令李贞玉没有想到的是，一次次地查检、查抄，一次次地被"接到"有关的部门接受罚款，接受"再教育"。被拎来拎去的日子不好过，这让李贞玉的自尊心遭遇到极大的创伤，她深感做人的尊严被践踏了，仿佛水中的浮萍，失去了自主命运的操控权，任人摆布。这对于一个知识女性来说，实在是无可名状的哀痛。这也正是留在她心中抹不去的伤痕，这也是每每提起泪水"湿衣衫"的缘由。

看到太太这样的处境，刘朗的心里也很难过，同遭困苦，只有共同面对，寻找出路。于是刘朗就对李贞玉说："要不算了，咱们别干了。""不干这个，干什么呢？你学的是兽医专业，我也开始做这个兽医专业，咱们也不会别的技术活啊。"李贞玉说的是实情，二人拿手的就是小动物的诊疗技术，而况当时他们都已是30出头的人了，再重新打鼓另开炉灶，转行学他，恐怕是难以尽兴了。此时的李贞玉尽管心灵受到创伤，但她还是冷静地分析了二人的实际情况，认为只有继续做小动物诊疗才是他们的生活出路，转行有可能是死路一条。从李贞玉清秀的面容看去，眉宇间流露出的是温雅、善良、平和，与她做出的果敢决定似乎不大匹配。但接下来的语言，更让我震惊。"我相信共产党不会让咱俩饿死的，我也相信小动物诊疗的形势早晚有一天会好起来的。坚持做下去才会有希望。"透过这铿锵之语，让我看到了李贞玉不在须眉之下的坚韧性格和料事的远见高明。有如一溪缓流，跌落山涧，飞起水雾，在迷蒙中执着地找到通往河流的渠道，便一往直前地奔腾而去。李贞玉、刘朗，二人在那风雨遮市的日子里，一如那落涧溪水，锁定方向，置心澹定地做着问心无愧的事情。

一个人孤守动物医院，是难耐的寂寞，有时一整天都没有宾客光临。为了生存，李贞玉一人坚守，刘朗外出寻一些其他事情做。"要是我俩都干这个就没饭吃了。因为限养，几乎没有狗来看病，偶尔有个猫来诊病，我自己就可以了。一个月只有一、两千元的收入，还得进货，生意确实不景气，生活也拮据。"在那样的困境中，李贞玉没有退缩，"独驾孤舟"，她在等待那"冬天来了，春天还会远吗"的时光……

说到这里，还要提及一位曾经帮助他们渡过难关的人。这个人是刘朗的一个师弟，在有关部门任职，常能打听到查抄动物医院的时间信息，这个师弟很够哥们地为他们提供"小道消息",以避查抄风头。这也是让他们能够坚持下来的一个动力。这件事,听起来好像是遥远过去的一朵花絮,但患难之中的结交和仗义,让夫妻二人常念不忘。

"上帝"审发——继续航行的船票

坚守了将近 5 年的时间,李贞玉终于迎来了"雨打芭蕉绿更浓"的时刻。

先是 1999 年 1 月 19 日,迎来了第一个北京市工商局发给的"营业执照";2000 年 1 月 27 日又迎来了北京市公安局发给的经营"许可证";2001 年 9 月 3 日,又接到北京市农业局送达的"动物诊疗许可证"。"三证"在手,"护身符"保佑,李贞玉、刘朗二人终于扬眉吐气。李贞玉独守孤舟的日子终于结束,挺胸膛,笑扬眉,迎来曙光,"属于你,属于我"。

当我们谈到这一节时,李贞玉的语言是欢快的,轻松地。她告诉我说:"形势好转,我的预见得以实现,我终于可以不再被拎来拎去有失尊严的生活了。生意急遽好转,我们动物医院也随之进了一些医疗设备,如血球仪、吸入式麻醉机,并在一次美国的展销会上,我俩背回来一台急诊仪等,医院也从几十平方米的初始阶段扩展到 300 平方米。"

在谈到动物医院的规模时,李贞玉讲了这样一段往事,提起来也是会令读者心动的。她说:"当年我们是在平房开办的动物医院,房间里没有暖气,到了冬天,屋子里的热气就只靠一个蜂窝煤的炉子供暖,有时炉火灭了,屋子非常的冷,尤其是我一个人的时候,不但要忍受孤独的寂寞,还要对付冷气的侵扰。后来情况好转的时候,手术的病例也常有一些,我自己一个人,即是内科医生,又是外科手术医生。遇到冬季手术时,就遭罪了。因为我是学人医的,严格遵守着人医的消毒程序去做手的消毒工作,洗手、刷手指缝,然后消毒泡手,一套程序下来,我的双手都冻僵了,而平房的水管子是在院子里,很冷,但是没有办法。有时需要缓很长的时间才能恢复手的知觉,才能做手术。在没有病例的日子里,我坐在屋子里,常幻想着以后我们动物医院的发展,一定要有一个小楼,24 小时有热水,冬天有暖气,让我和来诊病的小动物都不再受冰冷的苦。"李贞玉的幻想,让我想起安徒生的童话故事——《卖火柴的女孩》,在又黑又冷的大年夜,孤独的小女孩走出家门,卖火柴赚钱。又冷又饿,没有人买她的火柴,小女孩蜷曲在一座房子的墙角下,在划燃的火柴苗中,实现着自己幻想中得到的东西,火苗灭去,一切皆空,那是贫穷生活造成的不幸。而李贞玉的幻想,是在火苗之外,是在现实中。虽然那时还身处逆境,但减不掉的是她做小动物诊疗医生的坚定信念,由信念而产生的幻想,终究是会有结果的。2007 年,这幻想终于实现,李贞玉终于有了带取暖设备、24 小时有热水供应的楼房动物医院,这就是坐落在北京市西城区新街口西里一区 3 号楼底商的北京伴侣动物医院，面积有 600 多平方米。

而此时的李贞玉也已获得了中国农业大学动物医学院内科硕士的学位。在她做兽医的人生历程中又添加了荣誉的篇章，同时改变了人医做兽医的尴尬局面。

冬去春来，一年又一年，唇亡齿寒的日子早已结束，如今的李贞玉从宠物医生的角色转换到医院的管理角色，以她工作的经历和经验，将动物医院管理得也是井井有条。

文章写到这里可以结束了，但是，回过头来，我们的结束语应该送给"红娘"戴维，关于它的情况在这里也要向读者做一个简单的交代。1990 年，戴维来到李贞玉和刘朗的身边，共同生活了三年。那时他们二人没有自己的独立住房，与人混搭，共租一套两居室住房，那位房客坚决不同意养狗，两家不能达成协议，公安局是不给上户口的，二人无法，将戴维送给要好的朋友。当他们有了自己的住房后，想领回戴维，但是，朋友的孩子与戴维已建立了深厚的感情，不能够分离。10 年后，戴维老了，生了致命的重病，才回到了他们的家中，二人心中无限悲伤与内疚。万幸的是，在它生命垂危的时刻，终于回到了自己主人的身边，虽然奄奄一息，但顽强的生命力支持它抗争。戴维在最后的时刻，享受了主人百般爱怜和最好的治疗。但是衰弱的生命已无可挽回。2008 年，戴维终于走完了 18 年的生命路程，离开了这个应该很熟悉的家，魂归大地。

戴维曾经带给李贞玉、刘朗的这份情、这份意，二人已深刻心中留存，不能忘记。正如一首歌曲中的唱词：消失在遥远银河的星辰，绝不会在银河中坠落，只是埋在心窝依然闪烁。老戴维已故去五年了，但在李贞玉、刘朗家中的墙壁上，至今依然挂着"戴维"的画像。"老戴维是功臣"。这句话，饱含了李贞玉太多的复杂情感，采访时，谈到戴维，她已又是泪水遮目。戴维是他们心中的"星辰"，永远都不会坠落。

为此，刘朗曾写过一篇纪念戴维生病时的散文，题名为《老戴维》。通篇文字，浸透情感。我是在 2011 年时读到的，读后令人感伤不已。

2013 年 2 月 3 日，农历腊月二十三，民俗称之为"小年"。这天，雪花纷飞，洋洋洒洒，银装裹世界，这是龙年最后的一场雪，也是龙年立春的前一天。"千树万树梨花开"的美景，不能吸引我置身其中，亲吻那雪花的冰凉，触摸那雪花的洁白。让我不能舍弃的是那键盘敲出的本文主人公的经历和眼泪……天黑幕降，出得门来，雪花早已飞去，只有湿滑的路在延伸。人生，又该有怎样的湿滑之路在前面等待呢？

路边的街灯发出耀眼的光亮，让我忽然记起刊载这篇文章的时间，正是芳菲落尽的阳历 6 月，而这不正是我喜的那风吹雨打"绿肥红瘦"的景象吗！

北京伴侣动物医院的变迁

北京伴侣动物医院，1993 年，诞生于北京市西城区官园桥东北侧的安成胡同 32 号，原北京市摩托车配件厂院内，两间平房，有 55 平方米大。这是它第一声"啼哭"的地方，主人是院长李贞玉、刘朗。来坐堂的兽医有北京农业大学动物医学院的潘庆山、林德贵、夏兆飞、谯仕彦、王九峰老师。与当时其他私人动物医院相比，北京伴侣动物医院以占地面积的绝对优势堪称第一，医疗手术器械置备的齐全，兽医诊疗技术力量的雄厚，在当时都是无可比拟的，在北京同行中，有许多方面，北京伴侣动物医院是走在前面的。如：1994 年，北京伴侣动物医院迎来了第一个助理（护士），开了私家动物医院有专做兽医助理的先河；同时也开了用一次性针头、针管注射的先河，从源头保证小动物不交叉感染，而且采取的是静脉注射、输液，不搞腹腔注射、输液。

1995 年下半年，易址。北京市西城区官园桥东南侧，秀洁胡同 5 号是北京伴侣动物医院的第二个"家"，占地面积减少，只保留了近 40 平方米，仍旧是平房。突遇严管政策，生意落地，门庭清冷，猫狗无声。一声令下，封门卷包，所用人员，全部走掉。男主人刘朗，头脑机智，拿下了"伴侣动物保健品商店"的执照，女主人李贞玉不丢本行，依旧操持，为零星而来的小动物们诊病。用刘朗的话说："我们是打了个擦边球，以这个'伴侣动物保健品商店'的名义，将小动物诊疗悄悄地做到了 2000 年。"这个擦边球打得好，一杆打到了云开日出的 2000 年，最终修成"正果"，换来的是齐全的继续执业的证件。这让北京伴侣动物医院鹤立于北京私家动物医院之群，成为了在走过 1995 年的困境后，唯一保持下来的私人动物医院。

2000 年，第三次易址，又回到官园桥东北侧。北京市西城区鱼雁胡同甲六号是北京伴侣动物医院的第三个"家"，占地面积扩展到 160 平方米之多。这里是福地，也是福音，福地带来了好的生意，福音唱和的是兽医和畜主、猫和狗的交响曲。随着业务量的日益增长，医院又扩到 300 平方米。购进血球仪、吸入式麻醉机、美国生产的急诊仪。

2007 年，第四次易址，也是李贞玉曾经梦想的愿望。北京市西城区新街口西里一区 3 号楼底商是北京伴侣动物医院的第四个"家"，占地面积有 600 平方米。无论是医院科室的设置，还是医疗设备的添置，无论是医院的硬件设施，还是医生、护士的配置，都"鸟枪换炮"了。拥有研究生学历的宠物医生和本科学历的护理人员，共有 42 名；拥有了在北京市动物医院里第一台内分泌仪、第一台血凝仪和进口的牙科操作台及诊治牙科的全套"武器"，同时还置办有一台动物专用的干式生化仪和一台 X 线机，两台吸入式麻醉机。北京伴侣动物医院终于在李贞玉、刘朗的打理下，振翅腾飞了。

完稿于 2013 年农历正月初四

掷地有声话当年

——访原农业部科学技术司对外交流部王静兰老师

刘春玲

一个冬日的清晨，"往事回顾"专栏编辑组走访了原农业部科学技术司对外交流部的王静兰老师。我们走进她的家门，两只可爱的小狗，争抢着跑过来迎接。在采访的过程中，一只乖乖地卧在王老师的脚边，另一只却兴奋的晃来晃去，时不时的和我们打个招呼，又时不时地找王老师撒撒娇，给我们的访谈增添了无限的乐趣。

采访归来，坐在办公室里，静静地翻看采访记录。王静兰老师那火辣辣的语言，那干练率直的性格，再次撩拨起笔者的心绪，竟不自禁地站起来，默念王老师那酣畅淋漓的谈话。北京小动物诊疗行业发展初期的画面，一幅幅清晰地浮现在眼前……

王静兰，这个 1950 年高中毕业的年轻姑娘，不顾家里的一再反对，执意报考河北农业大学兽医专业。只因为从小对动物的喜爱，立志做一个为动物们诊病的兽医师。那时候，女孩子学兽医的非常少，她所在的班上，加上她就只有两个女生，即使这样，也不能改变她的初衷。四年后毕业，王静兰被分配到农业部科学技术司对外交流部。没有做成兽医，却做了行政工作，但对于动物的感情和热爱的韧劲儿，仍旧在她的骨子里不能抹去，她时刻关心着发生在动物们身上的事情。

由于工作的需要，王老师有机会经常出国考察，与国外的同行进行学术交流。让她记忆深刻的是，1975 年到美国的动物医院考察，看到动物安乐死使用的药物，非常惊异。因为该药对安乐死的动物非常安全，而且没有痛苦。当时在中国，还没有这个概念，即便是对病重的动物实施安乐死，也是非常不愉快的。在她考察结束后，回国时特别带了几瓶 500 毫升规格的药物，送给了动物园兽医院两瓶，后来又给了北京农业大学兽医院（后更名为中国农业大学动物医院）两瓶。

在美国考察期间，王老师还看到了他们兽医行业的发展，相比较，中国兽医行业的发展是非常落后的。回国后，她极力倡导北京农业大学兽医系，争取开办小动物门诊，开办实验动物专业，并游说农业部领导，申请项目资金，最终得到支持。1985年，北京农业大学终于开办了实验动物专业，并于当年招收了第一批此专业的大学生。可以说，王老师提议开办的实验动物专业，是真正意义上最早开始接触小动物的专业。因为动物实验，基本上是以小动物为研究对象的，而那时的兽医专业课程是学习大动物的。

后来，这个实验动物专业，由于种种原因不存在了。王老师惋惜地说："这么重要的事，咱们兽医没弄好，被人医弄好了。"但王老师积极创办动物实验专业功不可没。在小动物诊疗发展的朦胧时期，实验动物专业的建立，为小动物的诊疗做了基础工作。因此，业内很多人称赞王老师，对中国实验动物、尤其是小动物的实验，对其疾病的诊断是做了基础工作的，其贡献在我国是无人可比的。

学兽医出身的王老师，虽然做了许多年的行政工作，但对小动物的关爱矢志不移。在20世纪90年代初期，随着国家改革开放的深入扩大，人们观念的改变，形成了饲养北京犬等小动物的热潮。

王老师看到这个行业的发展前景，萌发了开办小动物门诊部的愿望。1991年，她与北京中日友好医院的实验动物中心合作，开办了"樱花小动物保健中心"。在北京市畜牧兽医总站办理了诊疗许可证，而当时还没有办理工商执照的规定。

王静兰老师与北京农业大学兽医学院的张中直老师、卢正兴老师及从北京市畜牧兽医总站退休的老兽医杜长泰先生一起，以技术入股的形式在樱花小动物保健中心工作。当时的北京农业大学老师林德贵和张珂卿都在这里做过临床兽医。

由于与中日医院实验动物中心在合作方面意见不一，一年后，王静兰和张中直及卢正兴老师退出樱花小动物保健中心。后由杜长泰、陈长清、陈旺等人继续经营。不久，由于人们对人的医院容纳动物医院有很多不利等舆论的因素，最终关张。

1994年，王静兰和卢正兴、杜常泰、张中直老师，租借农业部下属的欧共体公司一块地，建立了"良友宠物技术服务部"。当时租地的时间是到2002年。但在经营的当中，与租地单位出现了房产摩擦。"良友宠物技术服务部"是否能生存？这官司打到了法院。王静兰老师与之对簿公堂，据理力争，为了行业的发展，小动物诊疗的继续生存，她不惜代价，终于赢得了法院的支持，将"良友宠物技术服务部"开办到租地期限，2002年，"良友宠物技术服务部"关门了。在这之前，王老师还协助过天津、上海有关部门开办了小动物门诊。

在回忆当年创办动物医院的事儿时，王老师激动地说："开了一年（指樱花小动物保健中心），天天查你，查处方，你说谁跟你弄这个麻烦呢，你说这人格都没有了，谁还拿你那点药。后来我们干脆就不收费了，当然也就见不到钱了，医院还能办下去吗？只好关掉了。"说到这儿，王老师非常惋惜地说："自己这一生就喜爱动物，总想做点实事，但没一件事能办成功过。"这就是小动物诊疗历史发展的曲折之路。

对于当年农业执法人员到动物医院查抄药品的问题，尽管不合理，没有法律依据，但处在当时的情况，动物医院的医生们只有保持沉默。只有王静兰老师敢站出来说话，让政府执法部门拿出相应的法律处罚条例，否则，就不能随意侵权。"当时能敢出来说话的，就是您。"王静兰老师面对赞扬笑了起来，说："那是我应该做的，因为我是学兽医的，又因为我做过行政工作，我知道该怎样做。"

但随后王老师接着说："这种做法绝对不对，但不能怪人家，只能怪咱们兽医宣传不够，地位太低。一些政府部门也存在误区，也认为兽医比社会上其他行业低一个层次，社会上多数人对兽医太不了解，这也是与人们本身的认识有关系。为什么发达国家兽医地位那么高？为什么美国的兽医地位那么高？咱们国家的兽医地位为什么这么低？这主要是要看社会、政府对兽医怎么看。你做人医，人的药，没有动物实验行么？你养牲畜没有兽医行么？你吃肉不检疫行么？不管你吃什么肉，包括鱼、水产都在内，全都需要兽医去检疫。有些人认为，兽医就是治病的，治病还是最下一等，三六九等，实际上不是那么回事。兽医的地位需要提高，兽医的职业道德也要提高，只有咱们自己水平达到了，才能赢得别人的尊敬。"

这掷地有声的话语，见证了这个行业的发展；这出自肺腑的声音，是对社会不重视兽医地位的呐喊，同时又对兽医自身的职业道德提高，寄予了深切的希望。

采编感言：江山代有才人出

刘春玲

"往事回顾"专栏刊出的两篇通讯，讲的是师徒俩人。一个是在宠物医师界被大家交口称赞的老前辈王静兰老师，一个是在小动物诊疗上卓有专长的中年宠物医师陈长清。

笔者在采访陈长清时得知，他是王静兰老师倡导中国农业大学创办实验动物专业后，第一批录取的大学生。毕业后，他又追随王静兰老师到"樱花小动物保健中心"、"良友宠物技术服务部"做临床宠物医生。在这期间，他不仅从老兽医师那里学到了小动物诊疗的技术，还在老兽医师身上学到了高尚的兽医品德。

透过师徒二人的事迹，我们可以看出当今小动物诊疗行业的人才格局。

中国的小动物诊疗发源于20世纪80年代中期。由于人们对小动物的喜爱，掀起了养宠物的热潮，小动物诊疗应运而生，到城里动物医院看病的大动物随之退出。一批老兽医师乘势转型，开创了小动物诊疗的先河。他们虽然没有给小动物诊病的经验，但他们有给大动物诊病的扎实的基本功，将以往的经验，化用在小动物诊疗上。他们是开路的先锋，带领着他们的学生、徒弟一起拼搏。他们又是老师，"传道、授业、解惑"，随时将取得的成功经验传授给学生和徒弟。随着时间的推移，他们逐渐淡出了这个"历史舞台"。老教授高得仪老师曾说："中国小动物诊疗的发展和进取要靠年轻的一代兽医。在小动物诊疗行业发展的进程中，我做的仅仅是铺路的工作。"

当年的那一代年轻的宠物医师，在大学里他们没有赶上学习小动物诊疗的课程，但他们是思想解放、敢作敢为的一代青年人。他们不但承袭了老一辈兽医诊疗的经验，还勇敢地走出国门，到小动物诊疗技术发达的国家去进修，带回先进的诊疗技术。同时，他们又邀请国外的专家来中国进行讲座、交流，给中国小动物的诊疗带来了明媚的春天，带来了新的理念，在小动物诊疗的专科上，如：牙科、眼科、心脏科、外科、皮肤科、肿瘤及稀有动物的诊治等，都获得了突破性的进展，推动了中国的小动物诊疗技术快速发展，形成今日的蓬勃之势。如今，他们是这一行业的领军人物，是专家型人才。但他们已人到中年，在他们的肩上也同样承担着继往开来的重任。

更年轻的一代宠物医师，已崭露头角，他们正走在前辈人开出的通衢大道上，带着新的希望，带着新的祈盼，到小动物诊疗先进的西方国家去留学，他们将会带来更精细的、更科学的、更先进的诊疗技术，将中国的小动物诊疗推向世界先进之行列。正如中国农业大学动物医学院临床医学系主任林德贵所说："十多年以后我们退休，从国外学成归来的学生，他们的起步就和国外的兽医是一个水平，我现在就甘愿做这个梯子，让学生们比我们更优秀。"

清朝诗人赵翼有诗曰："江山代有才人出，各领风骚数百年。"这是站在一个广阔的社会时代的角度上说的。对于一个行业来说，也是这样的。每一个时代必然要造就一批人才，来适应这个社会的需要，形成一个长江后浪推前浪的人才格局。

"指穷于为薪，火传也，不知其尽也。"薪火相传，代代不息。

三 点 一 线

——访高级兽医师张焱

刘春玲

三点一线，是几何中的一个名词，不用解释，便知其意。引申出来，指某些人的生活轨迹。本文在这里引用，却是另有发挥。转借其意，概述北京小动物诊疗行业协会监事长张焱走过的近 20 年的小动物诊疗之路。如将视觉在广阔的延伸一些，从其经历中还可以窥测到北京小动物诊疗行业发展的历史演变过程，正应了那句"窥一斑而知全豹"的古语精言。

视 点

1839 年，法国人路易·达盖尔发明了摄影，记录人类社会活动的工具有了新的突破。启用照片展现曾经发生过的事情，的确是不凡之举，丰富的镜头影像，更能够唤起人们对往事清晰的回忆。然而，它还是有局限性，这是因为摄影爱好者对于曾经发生过的事情不可能全部亲历，面面俱到，也会留下些许遗憾。历史是活在历史的典籍里，更是生活在世世代代的传承和记忆里。口述历史是留存历史的好方法，通过当事人亲身经历的叙说，再配以照片，二者相得益彰，留给后人的将是一份味道醇厚的珍贵资料，更加耐人细琢。

不久前，笔者采访了北京小动物诊疗行业协会监事长、高级兽医师张焱，听他讲述亲历过的小动物诊疗业的起源，亲眼目睹行业发展时期的艰难，不禁令人心潮翻涌。他快捷的语速，沉稳细致的回顾，将我们的视点拉回到了 20 世纪 90 年代初期的情境。回放他当年从业之初的镜头，依然是历历眼前。

20 世纪 90 年代初，正兴起国有企业办"三产"的浪潮，"多种经营，多元开发"的经营战略，成为了国企解决企业员工子女就业压力的途径。1992 年，北京动植物检疫局也借这风潮之势，开办了具有官方色彩的北京观赏动物医院。张焱介绍说："我是 1983 年毕业于北京农业大学兽医系的，分配到北京动植物检疫局工作。记得开办动物医院之初，北京动植物检疫局将局里办公楼的一楼，东北角的一间半房子（有 20 多平方米）作为动物医院的门诊室，当时的条件很简陋，也没有建院经验，也真不知道动物医院应该是怎样的规模。当时医院就置办了几张办公桌，两个装药的柜子及各种针剂。关于医疗器械，也就是听诊器、体温计、注射器等。手术用具也就是能够给猫做绝育手术的简单器械，如手术刀、剪子、镊子、医用手套之类，其他再无置办，动物医院就这样开张营业了。大学里，我学的是兽医，又是农大毕业的，为此，当时的科领导让我再回到母校的动物医院去学习小动物诊疗。熟门熟路，我师从过潘庆山老师，学习小动物的绝育手术和母猫的剖腹产手术。学习了大概有两个星期，我就回到我们的医院，开始了我做宠物医生的职业生涯。创办动物医院，这在当时是一个新生的事物，前景如何？能否创收？无人知晓，无人可测。医院创办之初，并不被大家看好。"

　　一段美妙的胡琴乐曲从这里拉响，铿锵委婉，激昂落玉，主宰动物医院的兽医们，能否唱出音色优美流畅的"西皮流水"，还是唱出一波三折的"二黄慢板"。积极倡导者心底无数，坐堂兽医者该如何开展诊疗工作，用当时很时髦的一句话，积极"创收"呢？有这样一段细节很是令人回味。张焱说："动物医院当时很需要置一台双开门电冰箱，用来储存药物。我就去找会计合计这件事，大概需要两、三千块钱。会计一听要这么多钱，马上问，能赚回来吗？我说放心，顺利的话，一两个月就可以赚回来，最迟不超过半年。会计说：'张焱你就吹吧！'最后还是老局长根据实际情况支持了我，冰箱买回来，老局长并没有过问能否将钱赚回来的事，只是说需要就买。结果是，动物医院的生意红火，病例繁多，兽医们尽职尽责，不到半个月的时间，买冰箱的钱就赚回来了。"

　　令人刮目，令人弹冠，一路顺风，动物医院与当时其他单位官办的公司相比，经济收益颇丰，一年以后，年终工作总结，动物医院一年半的时间赚到了18万元，这在当时可是一笔不菲的收入。

　　这样的大好势头，让管理者的视点更加放大，动物医院由开始的四个人增加到五、六个人，房子也扩展到了8~9间。动物医院真正是红红火火办起来了。似乎在不经意间，北京的小动物诊疗在这里悄然兴起，作为一个行业的雏形，也在这悄然中孕育。

节　点

　　事物的发展，并不总都是以人们美好的愿望出发，一路高歌猛进。经常会有一些始料未及的事情发生，好像在与人们开玩笑。就像是夏日的晴空，突然飞来一片乌云，遮天蔽日，电闪雷鸣，风雨哗然，行走路人，躲之不及，是前行？是后退？"节点"的妙处正在此，如何抉择，一道难题。正沉浸在丰收的喜悦里、品尝着收获成果的动物医院里的兽医师们，此时尚不知风雨即将来临。

　　事情发生在1994年，在北京市多名人大代表提出议案要求加强养犬管理的情况下，北京市人大常委会审议通过了《北京市严格限制养犬规定》，1995年5月1日正式实施。

　　这个规定的实质意义，就是在城区严格限制养犬。这个规定的下发，对于热热闹闹的养犬大潮来说，像似浇下了一盆冷水，大家的热情极速降到冰点。养犬人的犬只似乎在一夜之间消失殆尽，无踪影。动物医院顿时秋风掠过叶飘零，失尽傍依无主张。

面对跌入谷底的生意，无钱可赚，无利可图，是留还是关？转折的"节点"怎么掌握？前进一步海阔天空，后退半步将一事无成。

走过那场风雨的张焱说："1995 年，由于执行限养规定，我们医院也走在了举棋不定的关口。当时医院就剩下四五个兽医支撑着门面，生意冷落，无钱可赚。我们的局长就问我：'张焱，你看咱们这医院还能开下去吗？咱们这几间房子还不如出租了呢。'我说：'局长你的这个想法我很能理解，作为局长您肯定是要往经济效益方面想，但是，您想想看，分析一下形势，这个限养的规定只是临时的，以后随着经济的发展，肯定还会火起来的。您看看人家英国、美国、加拿大，国富力强，越是富，宠物诊疗行业越是发达，它说明了一个国家的经济状况和文明发展的程度。'局长说：'你看咱们国家在这个方面还能不能发展起来啊？'我说：'行，我看行，您听我的，严格限养政策顶多是两三年的事，过后肯定会发展起来的。'局长听从了我的建议，对我说：'那行，听你的，咱们就再撑一下。'在局长的支持下，动物医院保留了下来，就是一楼西头的那几间房子。现在还在做化验室用。"

张焱，不是高大勇猛之人，声音亦不高亢，但其对事态的发展确有着清醒的认识，骨子里含有北京平谷人的那股韧劲，认准了的事情，便一往无前地追求，显现出他做人做事特有的咬劲。

但在回忆这一段时期发生过的事情时，张焱有些伤感地说："由于这个制度的严格执行，当时有许多家动物医院关门了，也有许多兽医转行做其他工作了。坚持下来的，现在有些成就了，改行的人就很难再出道了。我们是支撑下来了。"

有资料记载，北京的动物医院经过 1995 年的严格整顿之后，仅存 8 家。当年保留下来的火种，燃烧到了 2003 年。

亮 点

峰回路转，柳暗花明，张焱所料，终成事实。2003 年，北京市政府在1995 年严格限制养犬规定的基础上，进一步放开了养犬的政策。2003 年 9 月，由北京市人大常委会表决通过了《北京市养犬管理规定》，并于当年 10 月 15 日起实行。这个规定的下发，对于喜爱养犬的人来说，是梦醒时分乐陶陶；对于坚持下来的动物医院来说，不啻为高山流水，落地有声；对于北京的小动物诊疗行业来说，也正是"春风吹又生"。

乘东风之势，北京动物医院的发展迅速升温，动物医院拔地而起，大学里毕业的兽医也纷纷落户各个动物医院，诊疗技术大大提高。为进一步提高诊断疾病的准确性，各动物医院的医疗设备也随之添加。张焱介绍说："动物医院设备的购置也是有一个发展过程的，有许多医疗设备是在学习、参观、对比之后添置的。记得在1992年，我去澳大利亚昆士兰大学进修动物疾病临床诊疗与检疫，看到了人家动物医院的规模。2002年，我又去到加拿大温哥华动物医院，学习小动物诊疗及小动物老年病的诊疗。不比不知道，一比吓一跳，这一跳不是小跳，而是大跳。与人家相比，我们的差距不是一两年，而是四五十年，无论是诊疗技术，还是医疗设备都相距甚远。回来后，学习人家的样子，我们医院也逐渐购进了X线机、B超、生化仪器等设备。但是非常遗憾的是，CT机器的购置，我们目前还没有能力买进，因为二三百万元的价格的确不菲，如果国家不给投入，只凭借动物医院的利润很难实现，这也是我们国家动物医院目前与国外动物医院最大的差距。"谈到这里，张焱流露出些许遗憾。

古语云："岁寒，然后知松柏之后凋。"在听过张焱的述说后，我们清晰地看到了动物医院在北京乃至在全国的发展历程，而在这条充满艰辛的道路上，诞生出来的北京小动物诊疗行业经受风雨洗练的发展历程。我们更清晰地看到：坚守，乃是动物医院发展的动力；坚守，更是北京小动物诊疗行业发展的根基。其"亮点"正在此也。

视点——节点——亮点，三点一条线，或是直线联结，或是曲线联结，不管它是怎样的连接，只是坚定地沿着主线走下去，成功之巅总会眷顾坚守者。

用这几何上的名词来描述北京小动物诊疗行业的发展之路不亦适乎！

人物小传

张焱，北京市平谷区人。1978年高中毕业，填报高考志愿，因了老师的一句劝阻——"以后兽医肯定吃香"，将极喜物理、电力学的张焱忽悠地报考了北京农业大学兽医系，结果一举中第，第一批录取。"尽管不乐意，也得去啊。"就这样，兽医系多了一个毛头小伙。1983年，张焱毕业，分配到北京动植物检疫局工作。问他有无后悔，曰："不后悔"。问他这辈子做宠物医生可否动摇过？答曰："不曾有过其他念想，做的时间越久越喜欢。"假使在1995年，动物医院进退维谷之时，张焱借此改行也理所当然。所幸眼界放远，料事准头，稳如松柏，不肯动摇。虽未在某一科目有所专长，然全科医技不浅。2008年，北京市畜牧兽医总站、北京小动物诊疗行业协会授予他"兽医行业特殊贡献奖"，北京小动物诊疗行业协会的监事长也由他担任。事无巨细，人无完人，张焱只普通一人，业绩也不轰动，只一点，能坚持下来，走到今日，也属不易。

笔者曰：观其行，可记之。

写于 2011 年冬季

一份追赶时代机遇的报告

——访原北京动植物检疫局动检处处长、
原北京观赏动物医院院长张玉忠

刘春玲

来龙去脉

1991 年冬天，在国家动植物出入境检验检疫局的办公室里，一份来自北京动植物检疫局开办动物医院的报告，静静地搁置在办公桌上，它在等待权威人士的落笔"会签"。几日过去，由于它破天荒地的报告内容，等来的是"不归我们管"的批语。原因是：国家动植物出入境检验检疫局只管检疫，不负责批办动物医院，应该找有关兽医管理部门或是当地的工商行政主管部门。庆幸的很，这份报告没有被"PASS"。特殊的使命，它被辗转到了北京市畜牧兽医站，时任站长看到报告内容，也很无奈。给予的结论是：我们只管各区兽医站，没有权限负责审批北京动植物检疫局的这份报告。尔后支招，可找农业部畜牧兽医司问问看。公文还未流转，写报告的人与时任农业部畜牧兽医司的老司长陈耀春先生较为熟悉，就先将报告的内容说与这位老司长听，老司长也认为是一件可以行得通的事情，因为国家当时有政策，国家机关可以利用自己的技术之长，开办第三产业，为技术服务，为社会服务。但是涉及报告人所叙的事情，确不能够给予明确的答复。这是一件新产生的职能工作，涉及由谁主管、由谁审批，应该走怎样的工作程序等等问题，在没有明确专门司其职机构管理的情况下，没有人能够说得很清楚。最后给出的结论是：先干着，以后再说。

老司长发了话，底气足也。但是不按规矩做事，心里没底，于是乎起草报告的人还是很认真地按照程序办事，又重新起草了一份申请报告，递交农业部畜牧兽医司，以期得到有文字的正式批复。这份报告以简洁、明确的语言，再次向上级领导机关叙述北京动植物检疫局开办动物医院的必要性和时尚性。因为有领导的前言，后续的工作很快见分晓，司领导批示："你们的想法很好，利用你们的技术为社会服务是可以的，但是建议你们将'北京观赏动物总医院'的'总'字去掉，可改为'北京观赏动物医院'"。至此，这份不同凡响的报告，尘埃落定，生效。

一纸批文，令满堂欢喜，"北京观赏动物医院"的匾牌终于挂在了北京市北三环中路的北京动植物检疫局的门脸上。这一牌匾的出现，昭示着北京市自中华人民共和国成立以来，第一家公办动物医院正式对外营业了。

上述发生在1991年年底到1992年年初的事情，正是处在北京小动物诊疗形成的初期。在那个年代，开办以小动物为主要服务对象的动物医院，是改革开放后在城市中的新兴产物。无论是公办的还是私办的动物医院，真的是没有人晓得谁是真正的批办机关，谁又是真正掌握政策法规的人。因此，在实际运作起来，非常繁琐，本文开头所述这份北京动植物检疫局开办动物医院多路周转的报告，就很有代表性，与今日开办动物医院的法规条例和审批机关相比，这份报告的审批程序显然是不完备的，但是，在当年这也算是相当正规的审批手续了。

那么，是谁承担了北京动植物检疫局开办动物医院的跑路人呢？又是谁不辞辛苦游说，争取"名正言顺"地开办动物医院呢？

2013年2月26日，一个冬阳温暖的日子，我再次走进北京观赏动物医院，走访了原北京动植物检疫局动检处处长、原北京观赏动物医院院长张玉忠先生。正是他当年写下的这份北京动植物检疫局开办动物医院的报告，搅动了"官办"小动物诊疗医院这一池春水，也正是他不挠不倦地执着追赶，奏响了北京观赏动物医院正式开业的一曲凯歌。

提起当年创办动物医院的过程，张玉忠话语绵延，不急不躁，不愠不火，缓缓道来，从最初的起源、想法到具体的实施，清晰地展现了北京观赏动物医院初创时期的境况。

20世纪80年代初期，北京动物检疫站（后更名为北京动植物检疫局），在只有赖明程先生（已去世）一人当家的情况下，张玉忠从北京门头沟区兽医站调往这里工作，任务只有一个，就是负责北京市的动物检疫。1986年，北京动物检疫站与北京植物检验所合并，称谓是：北京动植物检疫所。1992年，更名为：北京动植物检疫局。不管机构怎样变化，负责北京市动物检疫的职能没有变，负责检疫外国人饲养猫、犬进出境的检疫职能也没有变。在没有兴起小动物诊疗的年代，这项职能工作并没有引起当事人创办动物医院的意念。因为那时国人还没有兴起饲养犬的热潮。然而到了20世纪80年代末、90年代初期，饲养小动物之风在城镇飞速发展，跟潮而行的私家动物医院纷纷挂牌营业。而公办给予小动物诊疗的动物医院却还是寥寥几家。那个年代曾经有规定，外国人饲养的小动物只能到指定的两家国有动物医院诊病。而北京动植物检疫局的工作职能，经常会引起前来给小动物做检疫的外国人的问话："你们只管检疫，我们的小动物要是有病了你们看不看？我的小动物身体不舒服了，我们到哪里去看病？你们不能给诊病吗？"作为北京动植物检疫局的检疫工作人员只有指点通往北京农业大学动物医院和北京动物总医院的具体路线。又因为北京动植物检疫局的大门，正对着北京市北三环主路，占据着优势的地理位置，也常会有寻常百姓带着生病的小动物直闯入工作人员办公室，认定了这么大的单位，哪能没有兽医坐堂？

可以这样说，北京观赏动物医院诞生之前，其要求开办动物医院的舆论是在饲养小动物的畜主们的呼声中萌芽的，也正巧顺应了那个改革年代的时势。

"观众"的呼声，唤醒了让这些兽医系毕业后搞检疫工作人员的心思：开办以诊治外国人饲养的小动物为主（此阶段外国人饲养的伴侣动物比较多）的动物医院，一方面为畜主服务；另一方面，也还可以在经济上获得收入，并且也符合国家的政策，再者说，做与人方便也于己有利的事情，何乐而不为呢！

当时主管动物检疫工作的北京动植物检疫局动物保护科科长张玉忠，认真听取大家意见，有人说：北京动植物检疫局开办动物医院具有"天时地利"的条件，要技术有技术，要人员有人员，要设备有设备，其实就是差一个名分，也就是挂牌子的问题。也还有人说：开办动物医院，也是来做动物检疫的外国人的要求。我们都是搞兽医出身的，做起来应该没有问题。办动物医院，也符合中央允许国营单位搞"三产"的政策。"经过认真地商讨、分析，达成共识，创办动物医院可实施操作。酝酿成熟，我便与局领导沟通。局领导很支持，我就着手写创办动物医院的报告。没有想到，这份递交的报告，几经辗转，才得以批复。"张先生在平和委婉地讲述中。

1992年9月25日，北京动植物检疫局手持"上方宝剑"，又经缜密的筹备和人员的选定，最终以赖明程为院长（原北京观赏动物医院第一任院长）、张玉忠为名誉院长的"北京观赏动物医院"正式挂牌，开张营业了。

创业守业

北京观赏动物医院能够走到今天这般红火，其间也曾经历过两次变动，去留也曾经有过争议。第一次是在1995年，北京市施行严格限制养犬规定后遇到的一点小麻烦。张先生介绍说："1995年，北京市施行严格限制养犬政策之后，我们医院也受了点影响，医院的收入与开业时期相比，有下降趋势，当时局领导也提出这个问题。但是，我们医院当初创办时定下的主要服务对象，是以对外国人饲养的小动物诊治为主，市民来了也欢迎。因此，在诊治国外小动物的生意上，基本没有受到多大影响，就是国内的病例相比较少了一些。"这是北京观赏动物医院能够坚持走下来的一个主要原因。其次它还有一个能够支撑着北京观赏动物医院继续走下去的硬件条件，这就是当生意不大兴盛时，动物医院兽医的饭碗仍然不会盆空钵穷。张先生接着说："医院在创办之初，我就与局领导商定了医院的福利待遇，不管生意业务量多少，在动物医院做临床兽医的工资、福利待遇与局里的工作人员一样，一切不变。又因为医院始终没有独立，临床兽医的身份还是检疫人员的身份，做兽医只是增加了服务内容。而医院就设在局里，一个楼道，不过是东西之分，东面为医院，西面仍然是检疫局的实验室，当生意冷落时，他们就回来做实验，一个楼道，来回一串游也闲不着。因为吃官饭，不影响个人收入，这也是我们北京观赏动物医院能够坚持办下来的主要原因。一两年的时间，困难很快过去，医院又开始盈利了。"北京观赏动物医院在名誉院长张玉忠上调下协的斡旋中，不慌腔，不走板，不但顺利通过年检关，还稳稳当当地走出了困境关。

第二次是在1998年的机构改革中，北京观赏动物医院走进了前途未卜的境地。因为北京动植物检疫局、北京商检局、北京卫检局进行"三检"合并，合并后成为"北京出入境检验检疫局"。北京动植物检疫局不存在了，原挂在名下的北京观赏动物医院是否还保留？众说纷纭，各抒己见。纠其原因，也很实际，有的临床兽医在考虑，三检合并后是怎样的情况，心中没底，谁走公务员？谁走事业单位？动物医院是企业管理，原本走的是国家正式工作人员的在编编制，如果划归企业，在待遇差别、工资级别、将来的离退休及劳保等等，究竟会是怎样的？在变革当中，谁也弄不清楚自己的命运将由谁主沉浮。人心浮动，有人不再想干下去了。张玉忠说："当时三检的领导小组也提出了这个问题，因为'三产'，不只是动物医院，对外服务在事业单位里还有其他机构，比如：开办的洗衣店、理发店、超市等。经过多次研究，又根据人员的实际情况，会议决定：这些做服务性质的工作人员，还是走事业单位的编制，一切待遇不变，就是离退休后，工资、福利也不变。而动物医院兽医的收入依然保留老动检局定的待遇，医院还要扩大，并要求他们好好规划。"定心丸吃下，军心稳定，粮草现成，动物医院在保持原有的面积上，又扩充了更大的面积。采访中得知，当年张玉忠做三检合并筹备办公室工作人员时，考虑到动物医院将来还要继续办下去，便积极争取，将现有的这座三层小楼全部划归动物医院管理。至此，占地面积1000余平方米的北京观赏动物医院矗立在北京市北三环中路的街面上。北京观赏动物医院终于走出泥泞，迸射出的火花，点燃在北京小动物诊疗行业兴发之时。得以这样的结果，尚不知张先生是否也曾写下过争取房屋的报告，是否也经过层层审批，才最终落定。倘有此报告，是否可与上述开办动物医院的报告媲美呢！

我们说，北京小动物诊疗形成的初期，经历过章法缺失的年代，开办专诊小动物疾病的动物医院也是经历过无章法的年代。以1995年为界，在这之前，基本上是属于"无政府"状态，在这之后，又受到严格规定的限制，不管是公办动物医院还是私办动物医院，都必须面对。他们一同走过了1995年北京市施行严格限制养犬规定的特殊年代。然而不同的是，严格的规定，让私家动物医院没有了立锥之地，几近绝境，生意的萧条，让开办私家动物医院的兽医丢失饭碗，束手无策。作为公办的动物医院，由于先天条件的优厚，不受开办动物医院严格规定的束缚，没有后顾之忧，虽然生意锐减，但是有"官饭"的供给，动物医院的气势犹存不减。在私家动物医院纷纷关闭的情况下，公办动物医院在此时此刻的小动物诊疗发展进程的大舞台中，唱了主角。以私家动物医院发展的小动物诊疗在此时此刻黯然落幕了。我们通过北京观赏动物医院便可略知其他公办动物医院的情况，历史形成，无可厚非。

然而，1995年过后的三四年，居民饲养小动物的形势好转。私家动物医院在经历了严格的审查后，绝地逢生，悄然运作。2000年前后，其发展的趋势已是意气风发。此时公办动物医院却遇到了机构改革，人员待遇及归属问题的难题。小动物诊疗在机构改革的公办动物医院里遇到了关口。然而快速地整合，领导层果断的决定，挽救了动物医院的生存。

正所谓"大有大的难处，小有小的困境"。不管是公办、还是私办动物医院，在经历了不同阶段、不同内容的洗礼后，奋发崛起，两条线决定着两种性质的动物医院，在北京小动物诊疗行业的发展中，最终拧成一股绳，汇成一条河，奔腾汹涌，向着先进的世界小动物诊疗的洪流奔去。

没有句号

在做了多年动物医院名誉院长后的2000年5月，张玉忠正式调任北京观赏动物医院出任院长。在这之前，三检合并后，他任北京动植物检疫局动检处处长。在这次正式调入动物医院时，他是连同职级一起调了过来，北京观赏动物医院由此定为处级单位。张玉忠说："在局领导的支持下，我来后，医院陆续又添置了血液分析仪、生化仪、X线机、洗牙设备等。同时还规划了医院的科室设置，重新装修了医院，又增加了一些人员，当时有30多人。"经过张玉忠先生对动物医院的全面"盘点"后，北京观赏动物医院的三层小楼焕然一新，以它优越的地理位置，吸引着众多动物主人的眼球，畜主们为自己心爱的宠物寻找到了温暖的"家"，北京观赏动物医院火起来了。

2000年5月，张玉忠不仅担当了动物医院的院长，2003年年初他还担任了北京小动物兽医师协会筹委会（后在2008年被北京市民政局正式批准成立北京小动物诊疗行业协会）组织的由北京市30来家动物医院联合成立的动物医院院长联谊会第一任会长，每月召开会议一次，召集大家商讨行业的事情，研究国家的政策法规。北京动物医院院长联谊会，是北京小动物诊疗行业协会早期开展活动的一种变通方式。

2003年3月，张玉忠先生退居二线，结束了他十余年专职医院的行政工作，开始了他专职临床宠物医生的行当。张先生说："由此，我才开始真正地当大夫，做临床，学习小动物诊疗的技术。虽然我多年做的是动物检疫和行政工作，但是大学兽医系毕业后，经过部队两年的锻炼，我就到了北京门头沟良种试验场做兽医，猪病、鸡病都诊治过，防疫也做过，因此在学习小动物诊疗上也不陌生。"采访时，我看到在张先生诊室的墙壁上，挂着两幅锦旗，一幅是："除病痛 医术高明 保健康 医德高尚"；另一幅是："医术高超断病情 宠物有了新生命"。时至今日，张先生已退休近10年，做宠物诊疗"这不陌生的技术"，让他乐此不疲，换来的是饲养动物主人的信任和赞美。10余年来，北京观赏动物医院已换了几任院长，但"老院长"，仍旧是北京观赏动物医院员工们对张玉忠亲切的称呼。

张先生小传

张玉忠，北京门头沟人，1945年出生。1969年毕业于北京劳动大学（后更名为北京农学院）兽医系。1970年到北京4663部队锻炼。1972年，回到老家门头沟的良种试验场做兽医。1976年，任门头沟兽医站副站长，主抓畜禽防疫。1980年，调往北京动物检疫站做北京市的动物检疫工作，后任检疫科科长，北京动植物出入境动物检疫处处长。2000年，任北京观赏动物医院院长，2003年卸任，2005年退休。在北京小动物诊疗行业的发展中，竭其能，尽其力，主导了北京观赏动物医院的创办。倘若当初定夺犹豫，陷入"搞检疫的，办什么医院"的理论之说，北京观赏动物医院如今不复存在。然而，车轮滚滚，时代前进，北京观赏动物医院所幸，遇执鞭人张玉忠，断案明了，医院得以挂牌。虽中途遇困，细则细分，坚持不懈，借"三检"合并之机，非减动物医院，反而扩充医院到1000平方米。2000年，由名誉院长转为正式院长，添置设备，培养人才，扩充业务，严于律己，只为医院的发展、只为协调临床兽医等事务而工作，不与医院的经济有往来，不搞灰色收入，只取局里公务员工资一份，尽余力而不取动物医院收益也。做北京市30来家动物医院院长联谊会第一任会长，是这个行业发展的开拓者。北京畜牧兽医总站、北京小动物诊疗行业协会在2010年的"第六届北京宠物医师大会"上，授予张玉忠先生"兽医终身成就奖"。

笔者曰：老骥之功，后人不晓，老骥淡然，功绩不表。吾等幸遇，一一记之，奔波身影，当留存行业史中。

宠物医院的审批程序

记录：渐行渐远的往事
——访原北京市公安局治安管理总队犬类管理处副处长黄志民

刘春玲

2010年的夏季，我被邀请做《宠物医师》杂志"往事回顾"栏目的编辑。初次接触编写北京小动物诊疗行业发展历程的工作，对行业内的人和事都是陌生的，新鲜的。

黄志民的名字，是我出任编辑后，在一次采访中听人提到的。初，以为是一位老兽医师，再听，是公安人士，甚觉奇怪。这小动物诊疗业能与公安机关有何关联，又能有什么说道呢？所以采访黄志民，我迟迟未作主张。

2011年7月5日下午，一个潮湿闷热的日子，北京小动物诊疗行业协会理事长刘朗通知我和编辑部的张斌劼采访黄志民，巧的是与我第一次听到他名字的时间正好是一年。

当我们带着满身的汗水，如约来到黄志民的办公室见到他时，他未穿警服，一身便装。人很爽快，语音厚重，切入正题，言谈很有分寸，常会岔开主题而言他。但他对北京城区养犬的"禁""限""管"三个阶段的发展过程，了如指掌；对小动物诊疗的起源、发展和整顿过程，深有感触。交谈中，我明白了公安部门与小动物诊疗业的渊源关系，解开了多日的疑惑。

1977—1994年城区禁养犬——小动物诊疗业萌芽阶段

黄志民，原北京市公安局治安管理总队犬类管理处副处长。1983年到北京市公安局工作。1993年，开始介入犬类管理工作（因为当时还没有正式成立犬类管理科室）。1995 年，北京市公安局成立了"养犬管理处"。多年来，他一直未离开过这个工作岗位。出于对本职业的热爱，他不断地研究北京市区养犬的历史发展情况，并且独有见地。我们在此记录的是他研究的北京市民养犬由"禁"到"限"再到"管"三个阶段的情况。这个时期，也正是我国小动物诊疗业萌芽、整顿和发展的阶段。

看到上述的小标题，读者或许会认为北京市禁止养犬的政策，只是在 1977 年才实行，那么，之前是否可以养犬呢？黄志民说："1977 年以前，说政府没有对犬类进行管理，是不客观的，养犬管理工作应该说政府一直都在做，不过早期并不作为社会治安问题来对待，只是单一的以预防狂犬病为目的来进行管理。实际上在中华人民共和国成立之后，政府就有过令，当时公安部队在管，城里不能养犬。那时候政府对犬管理得很严格，我小时候在城区基本上看不到一只犬，不光是犬，当时还有个'八不养'政策，即猪、马、牛、羊、鸡、鸭、鹅、兔，在城里都是不准养的。"

那么，1977 年，市政府为什么又再次下令禁止养犬呢？

黄志民再次强调说："1977—1994 年，是城区禁止养犬的阶段。这个时期正是处在改革开放初期，各行各业正在逐步走上正轨，养犬管理也逐步受到政府和社会的重视。在经济得到全面恢复和快速发展的情况下，维护城市环境卫生、预防狂犬病传播，成为当时养犬管理的重点工作。"

城区禁止养犬，主要是预防狂犬病，当时受国家经济情况的限制，预防狂犬病疫苗的供应很紧张。禁养也是当时预防狂犬病而采取的迫不得已的手段。随着改革开放，人民群众生活质量的提高，在 20 世纪 80 年代，一部分人特别是一些名流、影星等等，开始在城区内饲养宠物犬。黄志民说："城市人不顾政府禁令，偷养犬的时间应该是在 80 年代中末期。从学术探讨上讲，高峰应该是在 1989 年，因为在这之前，养犬的问题，还不是社会热点。我有个调查，在 1989 年之前，北京狂犬病死亡病例很少。而在这一年，患上狂犬病导致死亡的多达 20 多例，城区养犬的数量迅速增加。因此，在 80 年代末期、90 年代初期，在城区内形成了养宠物犬的热潮。"

这是一种研究结论。另外一种研究则认为：城市养犬时髦的兴起，应该追溯到 20 世纪 70 年代末期。中国改变了国策，坚持"以经济建设为中心，"坚持"改革开放"。单一的计划经济模式逐步瓦解，个体经营逐渐发展壮大。随着国门的大开，个体经营者异常地活跃在与外国人做生意的交往上，而犬的交易首先出现在这个群体中。我们不妨引用理事长刘朗在《追忆北京市小动物诊疗行业发展史》一文中的记述："随着中国的改革开放，一部分人开始早期与苏联易货贸易，很多人随后从苏联带回在我们这里已经绝种的北京犬。"这里要注意的是"绝种"二字。在改革开放初期的中国，人们对从国外带回来的一切东西都倍感新鲜、时尚。因此，"绝种的北京犬"初露北京的交易市场，便成为了当时人们的喜爱。

其次，我们还可以从另一个方面看禁养时期促使犬在都市里落户的原因，这就是巨大的经济利益，驱使着一部分人铤而走险，冒国家之禁令不顾，悄然"地下"买卖。我们在刘朗的文章里还可以看到这样的述说："由于商家的炒作，一只北京犬可卖到29万元。"中国农业大学动物医院高级兽医师董悦农在回忆这段历史时也说到："当时一只白京巴可卖到20万元至30万元，一只普通的狮子犬可卖到2 000元至4 000元，一只纯种公犬配种一次，费用是1 000元至2 000元。"黄志民同时也谈到："物以稀为贵，一只京巴犬最高卖到过30多万元，一般的犬也得万八千的一只。"从这些回忆中，我们清楚地看到，真正推动城区平民百姓养犬潮流的人，正是这些个体经营者。一人为之，众人追之，一时间，名犬落户大款名流、部分都市居民的家中。20世纪80年代末90年代初期，养犬的热潮以不可阻挡之势悄悄地蔓延开来，城区多年不见一只犬的时代，随着改革开放的深化和人们生活方式的改变而结束了。虽然这个时段还是处在禁养犬的时期。

城区人养犬的时代就这样悄没声息地来临了，随之带来的是人们还未意识到的严重问题，就是狂犬病的预防。这在采访董悦农时，他还说到这样一个情况："随着中国和苏联贸易的扩大，当时戏称中国的倒爷，每次由俄罗斯偷带幼犬回来。同时把我国以前没有的犬瘟、细小病毒等一并也带了回来"。

这时间，出现在交易犬和养犬中的病犬，成为了人们焦急而无奈的事。而此时小动物的诊疗还是一块干涸的土地，耕耘的人极少。虽然在1984年，北京出现了第一个个体经营的动物医院，即"段大夫犬猫诊疗所"（见《宠物医师》杂志2010年第二期）；虽然有北京农业大学兽医院（后更名为中国农业大学动物医院）1985年最早在北京日报刊登广告，北京农业大学兽医医院开始开办小动物门诊；虽然有1989年12月22日，北京晚报刊登了北京农业大学羊坊店伴侣动物门诊部开业的消息。但对于日益增长的饲养犬数和交易中产生的病犬来说，等于是杯水车薪。"在羊坊店伴侣动物门诊部，每天一个兽医要看将近40个病例，有时甚至都没有吃饭和上厕所的时间，许多经历过来的医生，现在想想还心有余悸。"刘朗在他编写的行业发展史中是这样描述当时仅有的几家动物医院的火爆情况。也正是因为这样的势头，使得人们意识到做兽医的，可以利用自身的技术挣钱。

开办动物医院，此时也就成为了时髦的风尚，破茧而出的小动物诊疗业，羽翼尚嫩。我们虽然没有看到过这个时期对于动物医院数字的统计，但在采访中听老兽医们讲大概有20来家。创业初期，由谁来完成开办动物医院的手续尚不明确，北京工商部门在不了解行业归属的情况下，为段宝符开出过唯一的一张营业执照。而北京市海淀区畜牧兽医站也为北京农业大学羊坊店伴侣动物门诊部的开办盖上公章而促使其正式营业。因为主管者尚不明确，有些动物医院在没有开办执照的情况下，也乘势而起纷纷开办。而从事动物医生的人也是鱼龙混珠，并不全都是兽医出身，由于技术参差不齐从而引发了一些社会矛盾。这是发生在1993—1995年间的事情，也就在这段时期，公安机关在严厉禁止民众养犬的同时，开始介入了整顿动物医院的工作，为什么？在下一节里我们做具体的介绍。

我们先撇开宠物医生的身份，也撇开动物医院开办的是否符合手续，也不管他们是起步在什么样的水平线上，在这里我只想说的是，这个时期诞生的动物医院，其意义在于填补我国小动物诊疗的空白，结束了在我国长达30多年（1949年中华人民共和国成立之后）没有小动物诊疗的历史。这些人是行业的捷足先登者，是行业的开拓者，其作为是要记录下来的，这就是历史发展的本来面目。任何一个新生行业在其诞生之初，都会有枝枝芽芽纵横交错，这是发展中不可避免的现象。

1995—2003年城区限养犬——小动物诊疗业整顿阶段

在上一节里谈到，城区养犬的潮流以不可阻挡之势迅速蔓延，政府该采取怎样的措施？是引导，还是继续"禁"。黄志民对我们说："由于社会经济条件的逐步好转，一部分市民开始饲养小型观赏犬。1994年，在北京市多名人大代表提出议案要求加强养犬管理的情况下，北京市人大在充分调研的基础上，制定了《北京市严格限制养犬规定》，1995年5月1日正式实施"。

由禁养到限养，这是一个突破，因此说，这个"规定"的实施，意味着城镇居民可以在合法的情况下堂而皇之地养犬了。这个规定的出台，就此改写了中国城市不可以养宠物犬的历史，结束了长达40多年城区居民养犬的禁令。虽然这个规定还有经济杠杆、养犬品种、养犬人等严格的限制条件，但是，只要是符合养犬规定，犬就可以被人们饲养，这也是社会的进步。

因为是限养，就要严格管理，对不符合规定养犬的，严格依法查处。黄志民介绍说：在当时"明确了公安机关为养犬管理工作的主管机关，成立了'养犬管理处'，设定了一些收费制度和处罚措施，如：高额收费、犬的总量控制、犬只强制健康检查和强制免疫等制度。"据有关资料统计，1995年，北京注册的犬不足1万条。因为高额的养犬登记费用确实令一些收入低的养犬人群望洋兴叹。因此在20世纪90年代初期出现的饲养犬热，到此时，一度出现了相对而言的冷落期。

回过头来，我们再看看当时动物医院发展的情况。上一节里我们讲到，在20世纪90年代初期，养犬热促生着动物医院的纷纷开业，同时也促生出了许多从事小动物诊疗的兽医。然而我们知道，在 20 世纪 80 年代中期以前，我们国家的农业大学兽医系里是不设小动物诊疗课程的，80 年代后期，小动物诊疗也是逐渐走入农业院校兽医系的。当时开办动物医院的宠物医生，并不全都是兽医专业毕业的兽医师，有些则来源于社会上的各类角色，如有的是做犬生意的人，有的是养犬的人，甚至有的人看到这个行业可以赚钱，从其他行业改行做宠物医生。当时开办的动物医院也是五花八门，具备房子开办动物医院，不具备房子也照样开办，如有的动物医院开在自家的饭堂里，餐桌上铺一张报纸就是宠物的诊台，报纸揭去，就是饭桌。宠物用药就放在家中的冰箱里。用黄志民副处长的话说："当初，这个行业刚刚兴起时，没有料到突然间就很快地发展起来了，动物医院一开始，不规范，为追求利益，有些人利欲熏心，受利益驱使，甚至有些人为了追求利润而不遵守职业道德的事情常有发生。应该说有大概五分之一的人不是兽医出身却做了动物医院的医生。按照当时北京市动物诊疗及兽医执业条件的标准，这时期开办的大部分动物医院都不合标准。"当泥沙与珍珠搅成一团时，真与假混杂难以相分，这对刚刚诞生的小动物诊疗业来说，确实产生了负面的影响，而符合开办手续的动物医院也由此蒙上了不合格的面纱。也就在此时段，公安机关与北京的小动物诊疗业开始了工作上的接触，一个是依法为资质合格的动物医院办理相关手续，规范经营活动，另一个是严厉查处非法动物医院，以维护养犬人的合法权益，保证预防狂犬病工作的正常开展。狂犬病的预防，是一项严峻的工作。

1993 年、1994 年由北京市公安局牵头组织农业、工商、卫生等部门，对动物医院开始进行全面的整顿。"当时，北京市农业局治理整顿动物医院的力量相对还很薄弱，公安局作为养犬管理的主管机关协助农业部门加大了对动物医院的查处力度，该停的停，该关的关，该整改发执照的发执照。1995 年，北京市公安局与北京市农业局联合发文，下发过从事犬类经营审批的管理办法。现在看来这是非常必要的，如果没有当年那么严管，宠物医院今天不会发展得这样规矩，起码当时我们严格把关，把违规的、简陋的、不符合防疫要求的动物医院都给清除掉了。"黄志民的这个说法，是有资料记载的，在 2000 年以前，北京市公安局、区（县）限养办核发《犬类经营许可证》，北京市畜牧局、区（县）畜牧局核发《兽医卫生合格证》。只有获得这两证，才可以开办动物医院，而创办动物医院的初期，大部分都不符合开办动物医院的标准。因此，在经过严厉的整顿下，北京市的动物医院和上面所述的严格限制养犬的情形一样，都冷落了许多，到 1995 年仅保留了极少数的几家动物医院。此时动物医院的生意是一落千丈，一些从事小动物诊疗的兽医的生活遇到了困难。我们在采访一些曾经经历过那个时代的兽医师时，当谈起这段往事的时候，我们仍然会感到他们悲楚的心绪。

"一声歌尽路迢迢"。

2003年至今城区管理养犬——小动物诊疗业健康发展阶段

2003年，对于中国的养犬人来说，对于中国的小动物诊疗业来说，应该是福祉的一年。因为北京市政府在1995年严格限制养犬规定的基础上，进一步放开了养犬的政策。2003年9月，由北京市人大常委会表决通过了《北京市养犬管理规定》，并于当年10月15日起实行。这个规定的下发，好似一道融雪剂，将近十年来严格限制养犬的冰冻融化了。正像黄志民说的那样："1995年以后，养犬成为一种精神文明、生活方式、生活品位的提升。从达官贵人，社会名流养犬，逐渐演变成了老年人精神寄托、中年人休闲方式、年轻人张扬个性的表现。每个阶层的老百姓都想养犬，犬的数量就多了，像原来养犬的高额费用就不能被普通市民所接受，诸多的社会矛盾也应运而生，匿养犬的情况也突出了，使得管理难度越来越大，社会各方面对该法规实施状况的批评意见越来越多。2002年，我们又协助市人大和市政府，在1995年限养法规的基础上，研究制定了养犬管理规定，工作的方针是'严格管理，限管结合'。"之后，就有了2003年《北京市养犬管理规定》的下发。这个规定的出台，彰显出了养犬潮流的变迁。

饲养宠物的热潮带动了小动物诊疗业的急速发展。2003年，我国大学培养出来的年轻宠物医师崭露头角，在老一代兽医师的带领下，诊疗技术有了很大的提高。而此时开办动物医院的审批权已由公安局转到了专业部门——北京市农业局。黄志民说："开办动物医院的手续，2000年以后我们公安局就把权力转交了，是在北京市政府精简审批时就给了北京市农业局。"至此，只要手续齐全，具备开办动物医院的条件，均由北京市农业局批准，发放《动物诊疗许可证》。

而今，北京小动物诊疗行业发展势头迅猛，我们仅从两个数字就可以断定。1995年，动物医院仅存8家，这8家动物医院，经过风雨的磨砺，完成了蝉壳的蜕变，羽翼丰满，引领着北京小动物诊疗业一路走来。到2000年发展到30多家。到了2008年的3月2日，北京市民政局批准"北京小动物诊疗行业协会"成立时，动物医院已发展到了251家，从事宠物诊疗的医师有993人。全部具备大专以上学历，部分宠物医师有着兽医硕士研究生学历。

渐行渐远的往事记录到这里就画上句号了。最后，我们用黄志民的一段话来做本篇的结束语，他说："宠物诊疗行业之所以有今天的健康发展，也得益于上世纪90年代中期的那次整顿而换来了整个行业的规范。现在看来，当时对于我市饲养的20万只犬来说，这种管理确实是很严格的。小动物诊疗行业今后的发展，会逐步走上正规化、集团化，优质的诊疗技术和医疗设备雄厚的动物医院会越办越好，而小的资质差的、条件弱的动物医院则会随着潮流的发展自然淘汰，社会的发展就是一个循环往复的过程。"

写于 2011 年果实累累的秋季

采编感言：婴儿的第一声啼哭

刘春玲

婴儿的第一声啼哭，震撼人心。它宣告着一个新生命的诞生，预示着未来和希望。

破土于 20 世纪 80 年代中期的北京小动物诊疗业，亦如这新生婴儿的第一声啼哭，划破了中国小动物诊疗历史的长空，点燃了新兴行业崛起的星火。

然而，这第一声啼哭，还不是那么完美。亦如鲁迅先生所言："其实即使天才，在生下来的时候的第一声啼哭，也和平常的儿童一样，决不会就是一首好诗。"北京小动物诊疗行业在初创阶段，发出的第一声啼哭，也是这样，幼稚，不成熟，它还不是一首"好诗"。

的确，当人们还没有搞清楚开办动物医院的审批权在哪一级机关时，当有的人还把开办"兽医"院听成"寿衣"院时，北京的小动物诊疗业似乎在一夜之间就出现了人们的视线中。初创的动物医院，质量参差不齐，从事宠物医生的身份五花八门，其诊疗技术也良莠不齐，从而引发出种种医患矛盾。宠物诊疗机构引发的公共卫生等问题。所有发生的这一切，使得人们用疑惑的目光审视着这个"出生婴儿"。

其实，一个新行业在兴起时，存在一些不足或是不完善，这是很自然的现象。不能因为这"第一声啼哭"的幼稚，便不宽容，加以戕害，使其溺死于襁褓之中。但也不能放手不管，无规无矩，任其自生自灭。这个时候，社会能否包容及引导，显然是非常重要的。

1994 年 11 月 30 日，北京市人大常委会颁布《北京市严格限制养犬规定》。也就在那个时段，北京市畜牧兽医总站对已开办的动物医院进行调研之后，规定了北京市动物诊疗及兽医执业条件。这些规定很严格，很严厉，对一些不合标准开办的动物医院给予了坚决的取缔，对没有资质的宠物医师取消了行医资格。可以这样说，这两个规定对于规范行业还是有一定的促进作用。但因管理过于严厉，一度形成热潮的北京小动物诊疗行业发展出现了停滞。

令人欣慰的是，2003 年北京市人大常委会根据人们养犬渴望的增长，审议通过了《北京市养犬管理规定》。相对于 1994 年下发的限制养犬的规定宽松多了。此时开办动物医院的审批机关也由北京市公安机关转到了北京市农业管理部门。随着管理的规范，从事宠物诊疗的医生也具备了专业兽医学历，诊疗技术大步提高，北京小动物诊疗行业出现了新的生机。当年那稚嫩的"婴儿"，经过风雨的洗涤，终于将"第一声啼哭"演变成了响亮的歌声。2008 年 3 月 2 日，北京市民政局批准"北京小动物诊疗行业协会"成立。在当时，这是全国唯一批准的省市级一级小动物诊疗行业协会。至此，北京的小动物诊疗行业走上了健康的发展之路，并引领着全国各地的小动物诊疗行业健康地发展。

树不修何以成材，玉不雕何以成器。行业的发展，没有规矩无以成方圆；规矩过之，捆绑过严，也难于发展。按照行业发展的规律进行管理，使其土壤深厚肥沃，根深叶茂，日日壮大。

"不塞不流，不止不行。"潮起潮落皆自然。

青山遮不住　毕竟东流去

——访原北京畜牧兽医站站长刘荫桐

刘春玲

"咬定青山不放松，立根原在破岩中。千磨万击还坚劲，任尔东西南北风。"这是清朝"扬州八怪"之一郑板桥的一首咏竹诗，它形象地为我们描写出了竹子不畏艰难，顽强生长的性格。北京市小动物诊疗行业，从 20 世纪 80 年代的"破岩中"创业，走的是一条曲折坎坷的路。但是，正是有这样一批"咬定青山不放松"的动物医师们，"千磨万击还坚劲"，引领着这个行业一路走来，终于取得了今日的累累硕果。

为了回顾小动物诊疗行业的发展历程，笔者在北京小动物诊疗行业协会理事长刘朗的带领下，采访了原北京市畜牧兽医站站长刘荫桐先生。

刘荫桐先生 1962 年从山东农学院毕业，分配到北京市农林局。不久，被调到农林局和北京农业大学兽医系合作开办的兽医实验诊断室，做病理解剖和微生物检查的工作。那时的诊断室和兽医院是在一起的。在那个年代，到兽医院看病的动物大多是牛马，猪都很少见，根本就没有狗和猫等小动物前来就诊。就是狗的解剖，也都是在实验犬死后进行的。1965 年，刘荫桐先生离开这个诊断室，调任组建北京兽医门诊部。1978 年任北京市畜牧兽医站副站长，1982 年任站长，1998 年退休。

刘荫桐先生回忆说，我在任站长期间，工作是非常认真的，不管做什么事情，我都按当时的规定办。但有一件事确实没有真正的坚持原则，就是放弃了对一条狗的严打。那是在 20 世纪 80 年代，北京市成立过一个"北京市养犬办公室"，人们更习惯称之为"打狗办"。当时的北京市市长任此办公室主任，我也被安排在这个办公室工作。按当时的政策，是严格限制市民养狗的。但在实际工作中，发生了一件令我记忆深刻的事情。在石景山有一位独自生活的老太太，她无儿无女，只有一条狗和她相依为命。有群众举报，要求养犬办公室收走老太太的狗。办公室的人去她家收狗，老太太根本不让进屋门。后来我又亲自去现场了解情况，老太太坚定地说："要带走我的狗就先把我带走，如果打死这条狗，我也就不活了。"我还没遇到过这样坚定地与狗共命运的事。回来后，我把这个特殊情况向市长作了汇报。经过研究，市长指示不要强行办理，毕竟人命还是最重要的，从而也挽救了这只狗的性命。动物主人竟要用自己的生命来捍卫动物的生命，这件事情留在了刘荫桐先生的记忆中。还有一件令刘荫桐先生不能忘记的事。那是在他刚工作不久，有一只军犬来做病理解剖，这只军犬是解放战争时期的一个功臣，在战场上曾经救过一名团长的命。这只军犬去逝后，这名军人要求刘荫桐先生把解剖后狗的心脏留给他保存。这是动物用自己的生命做代价，挽救了人的生命，而军人时刻不忘军犬的救命之恩，将死去军犬的心脏留在身边，永远地陪伴自己。这两件人与动物之间的情感故事，使刘荫桐先生铭刻在心。

关于北京市养狗的历史，刘荫桐先生回忆说，真正兴起是在 20 世纪 90 年代。而早期的北京对外经营的兽医院也只有三家：即海淀区的北京农业大学兽医院、丰台区的解放军军事医学科学院兽医门诊部、朝阳区的大屯北京市兽医院。1984 年，曾经有过私人性质的小动物门诊部是段宝符先生开的，在当时并没有得到农业兽医主管部门批准，但段先生一直坚持，他应该是北京诊疗小动物疾病的第一人。其后，又有北京农学院及北京市动植物检疫局开办的动物医院，北京农业大学在羊坊店开办的小动物门诊部。随着动物医院纷纷开办，而农业兽医主管部门又没有可以借鉴的管理办法，所以当时由北京市畜牧兽医站特别组织工作人员下去调研。我本人也曾亲自到动物医院调研，我们在此基础上搞了一个"北京市开办动物医院的标准"，这个标准规定了很多条条框框，限制得非常严格。应该说当时几乎所有的动物医院都不合格，全都需要关张。这主要是因为当时的农业兽医主管部门领导思想非常保守，主题思想就是不希望开办民间动物医院。但是有些兽医迫于生计还是私下黑着干，而兽医主管部门的许多人员由于和临床兽医都是师兄弟关系，也就睁一只眼闭一只眼。后来农业兽医主管部门也曾审批了一些动物医院，但大多是有一些社会关系的人员，而绝大多数医院没有被审批，所以这也使得一些动物医院陷入绝望状况，以至于现在当许多人回忆过去那段艰难的日子时还几近哽咽。由于北京市农业兽医主管部门的管理过于严格，使动物医院举步维艰，经营非常困难。

提到这儿，刘荫桐先生给笔者一行说，我给你们说个笑话，1987年前后原农业部畜牧兽医司司长找我，他说："我想求你点事，有个人在西直门那边开了个宠物医院，希望请你帮帮忙给批个手续。"其实我知道那个动物医院，我就管那个的，我能不知道吗？但那里开动物医院是不合法的。离居民区有多远，这都有规定，不能扰民。但是面对部里的领导，又不好当面拒绝。我就说："你来吧，你看着合适我就同意。"他是农业部管这个的，能不能开他应该非常清楚。实际上我是不同意的，我说你这时候同意，我就给你发简报。所以当时我是违抗上级，得罪了部里的领导。

话说到这里，刘朗理事长笑道："实际上您刚才说农业部畜牧兽医司司长找您的事，就是为我的事"。

"是你吗？"

"是我。"

"你的动物医院在西直门那边？"

"对。"

"那看来咱俩还是冤家。"

"不是，不是，您管理的是这个。"

"我当时就是不同意，其实我也没见过你的面。"

"咱们是没有见过。"

"当时就一间房子吧？"

"您调研的时候到过我们医院，当时我见到您时，您告诉我必须关掉我的动物医院。您知道对于我们是什么概念吗？为了开办动物医院，我们两口子把所有的积蓄都投进去了，我们就靠那吃饭。说不批了，我们就失去了饭碗，我们两口子当时非常难过，非常绝望。"

"你这个年轻人就是有点悲观主义了，其实北京市好多动物医院都没有批。"

"后来也想开了"

"后来还继续干吧？"

"后来也有检查的，但大家都知道我们两口子靠这为生，所以都很关照我们。"

"这些我都知道，底下搞的事情我都知道，刚才我说了，睁一只眼合一只眼。"

1998年，刘荫桐先生退休后，也很关注动物医院的发展状况，曾经也与人商谈过开办动物医院的事情，但由于此时的动物医院已经不再是简单的耳听手摸，一只体温计，一个听诊器就能应付的时代了，开办起来相应的比较困难了，所以刘荫桐先生最终没有能够从事宠物诊疗。

回顾 20 年来小动物诊疗行业走过的路程，令人感慨万千。时代在发展，生活方式在改变，人们的观念也不断地在更新。宠物行业也日益受到社会的关注，小动物医院也如雨后春笋般发展起来。

"青山遮不住，毕竟东流去。"

艰 难 岁 月

——访原北京市畜牧兽医总站站长王世敏

刘春玲

在以往的采访中，每当触及到北京小动物诊疗形成初期，兽医创办私家动物医院一节时，有人情绪激昂，有人无奈叹息，有人困惑不解，更会有人泪水沾襟，无不为当时开办动物医院的艰辛而黯然伤怀。我常被当事者的语言打动，在写过的稿件中，涉及这一问题时，不免夹带一点个人的情感色彩。同情弱者是人之天性，笔者亦未能脱俗。然而，在后来的采访中，我也听到另一种艰难工作的诉说。那是在 2012 年的 12 月 18 日，由北京市畜牧兽医总站兽医行业发展科科长、北京小动物诊疗行业协会秘书长薛水玲引见，我采访到了原北京市畜牧兽医总站站长王世敏老先生，在当年的一段时间里，他正是掌管审批开办动物医院的人，听过他的讲述，也同样让我感觉到他落笔签字的沉重，也是"很难很难"。一方是强烈要求开办动物医院者，另一方是严格照章办事的管理者，在那个特殊的年份，二者演绎的一曲悲怆伤感的"变徵"之乐，时至今日仍然是刻骨铭心，令人扼腕，久不能平静。

一

1998 年，是北京市实行严格限制养犬的第三个年头，也是由公安机关牵头大力整顿动物医院的时段。曾任北京市兽医实验诊断所所长的王世敏在这个节骨眼儿上走马上任，担当起了北京市畜牧兽医总站站长一职，除去接续前任站长的工作之外，又续加了一个负责审批民间开办动物医院的工作职能。按照常理而言，这审批动物医院的事应该归属行政机关，而兽医总站站长的职责是主管具体业务工作的。采访中，薛科长告诉我们说："2000 年以前，我们兽医总站还是属于华都集团，当时是总站、兽医处合一办公，那时的站长权力很大，防疫、检验、监督一体化，而王站长正是在这个时期担任站长一职的，批办动物医院的手续他责无旁贷。"

新官上任一把火，这审批私家开办动物医院的火，如同其他工作一样火急急地来到了王世敏的面前。这是一项在城市居民养犬愈演愈烈的情况下诞生的新型工作职能，也是刻不容缓急需解决的课题。在1994年12月1日北京市政府下发的《北京市严格限制养犬规定》中，指定北京市畜牧兽医总站为开办动物医院的审批机关。依据这个规定，前任领导也制定了明确细化开办动物医院及执业兽医的条件，按说，王世敏只要按照规定做也无可厚非，但事实上，他在处理这样的事情上也是很难，很棘手。难点是：北京小动物诊疗兴起的初期，确实让做兽医的人看到了这个新兴行业有赚钱的机遇，凭借自己的技术，开出自己的一片天地，赚到第一桶金享受生活，这也符合我国改革开放的政策，没有疑议。然而实际存在的情况是，这桶金太诱人了，诱惑得不是做兽医的人也摩拳擦掌，跃跃欲试。开办动物医院成为了当时的一种时尚，执业兽医队伍鱼龙混杂。再说，开办动物医院的情况也确实存在一些问题，有条件上，没有条件也要上，有的人甚至利用自家的住房开起了动物医院，餐桌铺上报纸，便是诊台，撤去报纸，又是餐桌，医用冰箱与食用冰箱混用，可以说五花八门，各显身手。本来，在一个新行业兴起之初，有不规范的做法和行为也是常见的事，更何况北京小动物诊疗是出现在政策出台之先。而城市人养犬也是冲破国家禁令，在限养规定之前，完全以个人的意志掀起了养犬之风，且有不可阻挡之势。真正到限制养犬规定下发时，其规定已是滞后于养犬的形势了。而乘势开办起的私家动物医院，在限养政策出台之前也已经是轰轰烈烈地上马了，有的甚至没有营业执照就干起来了。

限养政策的下发，无论是对养犬人，还是对开办动物医院的人，一律实行严格管理，对不符合规定养犬的，严格依法查处。很明确地规定由公安机关为养犬管理工作的主管机关，并协助农业部门对违规的、简陋的、不符合防疫要求的动物医院全部给予停、关的查处。在采访中，我也听到过这样的说法，当时对个人开办的动物医院基本上采取全部取缔的政策，然后依据标准重新办理开办手续，获取经营执照。因为有了严格的条文规定，再获取新的营业执照就不那么容易了。首先是执业兽医资格的考试认证，要想开办动物医院，成为宠物医生，必须持有大学本科兽医学历，还要至少一年的从业经验，同时还要在北京市畜牧兽医总站学习一段时间，并通过北京市畜牧兽医总站组织的宠物医师资格考试，才可以行医。对开办的动物医院也同样是有着严格的规定，约束着混杂局面走向正规化。

在这样的背景下，王世敏审批开办动物医院的这支笔分量不轻，"王世敏"的名字又是何等的重要，没有他的最后签名，动物医院是难以"上市"的。这是得罪人的事情，完全按照规定，严丝合缝地条条对座，在当时的条件下，开办动物医院的兽医很难办到，不签，会怨声载道，招致骂名。过宽放松，又很担心不具备兽医技术的人钻了空子，再因动物医院选址不利，一旦疫病传开蔓延，这就是对人民身体健康的犯罪。当年狂犬病疫苗生产有限，对狂犬病的预防，也确实是一项严峻的工作。这个度该怎样把握？

工作一向严谨的王世敏，首先召集有关人员研究如何审批动物医院及宠物医生的资格考试等问题，依据实际情况，出台了一些文件和政策。最后决定，北京市畜牧兽医总站受北京市农业局的委托，组织兽医培训，组织对受训人员考试，只有获取培训证书合格的人才可以行医、才可以开办动物医院。这个考试也是很严格的。

对于申请开办动物医院的，王世敏派出兽医科和药政科两个科的人下去，实地调研，勘察实情，摸清开办动物医院的具体情况，严格按照出台的规定政策，逐条审核，逐条打钩。凡要求开办的动物医院，必须要全部符合条目中所有规定，有一条不符合标准，调研人员都不会打钩，王世敏都不会落笔签名，把握政策的度就在这里。王先生说："凡不符合标准的我是坚决不批，为什么要这样严格和坚决，主要是当时诊疗技术的不完备，不严格把关，不管学什么的都可以做宠物医生，如果允许这样做，一个是毁了人家的狗，再一个问题是弄不好动物疫病人畜共患，控制不住就很容易出问题。因此，开办动物医院，一个是人员把关，必须持有我站学习考试的兽医师资格证书；一个是选址把关，动物医院必须是一个单独的院子，开在居民楼下那是绝对不允许的。当时我就是本着这样的观点尽量严格，完全按照规定的条条审批。确实很难。"

话说到这里，我调侃地问到："王先生，当年没有人贿赂您网开一面吗？"

原本温文散漫的交谈，因我的问话，引得王世敏先生的表情不经意地严肃了起来，语音也透露出了一点点激动。"这里也有好些关系不错的，也有领导找我说情的，但是不合标准，我也是铁面硬汉，不会签字批准。因为没有不透风的墙，批了一个不合标准的，就会来一堆不合标准的，到那时就收不住了，一旦出了问题，就很难驾驭了。为此，我得罪了很多很多的人，中国农业大学的老师，甚至农业部里的人对我都有意见。记得有一次，遭遇到开办动物医院人的围攻，将我办公室的门锁打掉，将办公室的电话线拔掉，围在我的办公桌前，逼我签字。坚持原则，照章办事，我坚持按规定办，只要你做到符合标准，我就给你签字，不合标准，就是天王老子来说和，我也不会签这个字。"我注意到，王先生说这段话时体现出来的"很难很难"的味道是这样的浓烈，同时也看到了王先生在法规面前坚持不动摇的刚正性格。

怎么看这段时间发生的这些个事情呢？其实从整个行业发展来看，当年的严厉整顿和批办动物医院严格手续的把关，现在看来还是非常必要的，如果没有当年那么严管，宠物医院今天将不会发展得这样规矩，这样快速，这样光大。

反过来说，当年过于严格的规定，也确实束缚了一些真正拥有小动物诊疗技术人的手脚。因为当年兽医的收入受限，他们当中有相当一部分人没有能力租用那么合乎规定的房子，也没有能力聘请多名执业兽医和护理坐堂，更细致的医院内部设置也难以做到，因此，拥有的技术也只有窝藏心中。这个时期的大力整顿和严格的审批制度，也确实使在1994年严格限制养犬政策下发之前，热闹涌起的私家动物医院到1995年以后冷清了许多，私人动物医院基本关闭，有些从事小动物诊疗的兽医就此改行，北京小动物诊疗发展的脚步一度缓慢了下来。

然而，时过境迁，不管是从管理者的角度看当年，还是从被管理者的角度看当年，都亦如过眼烟云成为了过去时，孰是孰非已不显重要。以北京为代表的中国小动物诊疗如今已成腾飞之势走向了世界，从事小动物诊疗的兽医也已寻到自己的位置，为追寻一个目标，挥洒才智，戮力前行，尽力而为。这也就是事物发展的规律吧。

二

给小动物做免疫，现在有资质的动物医院都可以做，但在当年，这可是一项来不得半点马虎的工作。在采访王世敏老先生时，他介绍到："当年给犬做免疫的工作，北京市的免疫是由北京市兽医诊断所负责城四区免疫，各郊区县由兽医站负责免疫。免疫权没有下放，一直都掌握在我们的兽医系统里，为什么？因为当时宠物刚刚开始养，咱们的经验也不是特别多，如何保证兽医的质量和保证免疫的质量，使饲养的犬只能够真正健健康康的活着，对人没有影响，这是一项很重要的工作，这样做只会有更多的益处。后来随着兽医技术的提高，有资质的动物医院也开始做免疫了。当时我们兽医总站和公安局合作，到了该做免疫的时间，北京动物总医院（原北京市兽医诊断所）及各郊区县兽医站给狗做免疫，发免疫证后，公安局再给发养犬证。"

就是这个现在看来很容易办到的一件事，但在当年实际做起来，也还是有一些讲究的，技术的含金量还是不可低估的，也不是所有的兽医都可以做的。关于当年在免疫中发生的故事，王先生也做了风趣的讲述，在这里记录下来也是很有意思的。

事件回放到1995年，当时北京市兽医实验诊断所负责北京城区的小动物免疫工作。不但管国人，还包括外国人，凡在北京饲养的小动物都要给予免疫。有一件事情，王先生清晰地记得。那年，当公安局的同志和兽医实验诊断所的同志一道去北京郊区的顺义，给外国人居住的别墅区做免疫。对王先生刺激非常大的是一位外国人，他不相信我们中国兽医的免疫技术，不让碰到他的狗，他要去香港给他饲养的狗做免疫。这令王先生和公安局的人很尴尬，这是没有料到的事情。

性格鲤直的王世敏深感刺心，不服输的劲头油然而生。王世敏说："你不相信我们，我会找技术高超人来解决问题。"王先生打听到中国农业大学动物医院有一位从美国来的兽医李安熙博士，但是等到他去找人时，李博士已经回国了。虽然人去，线索未断，设法联系，李博士终于被王世敏请回了中国，来到北京动物总医院做兽医。王世敏给她的任务就是给外国人饲养的狗看病和免疫。后来又请到了加拿大的博士马德林，也是负责给外国人饲养的狗看病和免疫。强大的技术力量，令那些只相信香港免疫技术的外国人也不再拒绝北京动物总医院了。另外，王世敏还安排大学生做助手，让他们在实践中向李安熙、马德林二位兽医博士学习诊治小动物疾病的技术，以期提高中国兽医的技术水平，培养出优秀人才，扬眉吐气。

王世敏还记得当时影响最大的是西哈努克，他养了20多条狗，这在当年是外国人在中国养狗最多的一户。"我们经常去他家出诊，给他的狗看病，做免疫，西哈努克很满意，还给我们北京兽医院送了感谢奖牌。"这时段，王世敏任职北京市兽医院做兽医。

三

关于北京市1994年以前养狗的情况，王世敏先生也大概做了一点介绍，虽然是禁养时期，城市居民禁止养狗，但在城中的仓库重地也偶然会听到狗的吠叫。王先生说："北京百姓养狗的情况是这样，城里基本上是禁养，而北京郊区是放开的。早在20世纪六七十年代，在城里养狗的都是国有企业，为的是看家护院，比如，仓库重地等。这些狗都是在公安局上户口的，与人一样，在计划经济的年代，它们都是有粮票的狗，凭票供应狗吃的粮食，我印象当中每条狗每月发粮票50斤。记得，我们的食堂公布粮票的情况，第一个不是人的，而是狗粮50斤。再有一个情况是，大使馆是允许养狗的。这个时段在城区做狗的免疫只有北京市兽医院，这是当时北京城区唯一的一家动物医院。"

既然有养狗的，自然也就会有给狗医病的兽医，王先生说道："北京市兽医院是救治大动物的，马、骡为主，给狗看病基本没有。但是看仓库的狗有病了怎么办？兽医院的兽医都是全方位的，大、小动物都给看，也分内、外科和化验室。在诊治小动物疾病时，兽医主要是用听诊器听，采血做血象检验，凭经验做出初步诊断，如果觉得有问题也可以手术诊治，但宠物手术很少。兽医院有偏重治疗小动物的兽医，比如给外国人小动物诊病的医生。他们也是通过平时的积累经验和上学时学到教科书里关于实验动物的课程。像我们医院外宾治疗室的几个专门兽医，他们养个猫、狗，作为实验动物进行治疗，看效果如何，从中积累经验。"

当时，针对外国大使馆的生病狗，北京市兽医院开办了"北京小动物治疗室"，对外宾有规定，只能去小动物诊疗室，内外有别，中国人的狗只能去兽医院，不可混着来。

以上所述是一段小插曲，写在这里也算是禁养时期的新鲜事，可作为北京市自中华人民共和国成立以来城市养狗历史的一个补充，也映出了当时北京小动物诊疗在禁养时期的一个局部缩影。

人物小传

王世敏，山东人。5 岁来到北京定居。16 岁初中毕业，为支援农业生产，被分配到北京市农林科学院管辖的北京市兽医院做兽医，边干边学。提起当初怎么入了兽医这一行，他说："像我这个年龄的人，当年受到的正面教育很深，只要是祖国需要，干什么都行，一腔热血。"他最初做过用法国送给周恩来总理的贝尔修仑重辕马改良我国马匹品种的育种工作。做兽医是他的职业，五十年来从未改行。1976 年，为北京市的菜篮子工程所需，"北京市兽医院"改为"北京市兽医实验诊断所"。20 世纪 80 年代中期，王世敏任诊断所所长。70 年代末，该诊断所设"外宾小动物治疗室"。在此基础上，王世敏筹建了"北京动物总医院"。他一直供职在这里做兽医。期间，他完成了兽医技术的飞跃。那是在 1977—1980 年，他在北京大学的生物系学习毕业；1980—1985 年，他又完成了在北京农业大学兽医系的学习毕业。1998 年，他调往北京市畜牧兽医总站任站长。2000 年，调入华都集团任总畜牧兽医师，把关华都集团畜禽养殖安全，保证出口和上市肉类产品的质量，确保市民吃放心肉。2006 年退休，休息养生应该是他享受的生活，但在采访中，得知他一天也没有休息养生，至今仍然做华都集团的总畜牧兽医师，继续发挥着光和热。

想当年王先生是审批动物医院的最后签名人，尔后他又做华都集团畜禽养殖安全、保证出口和上市肉类产品质量的把关人。前后两件事，在他的工作历程中都是重中之重，前者是为了人与犬的健康而"画押"，后者是为人的健康而把关。

笔者曰：人一生虽然会遇到许多事情，但老来细细琢磨，经历有味道的事情又有多少呢？王世敏先生的工作经历不凡，其中的甜酸苦辣会给他留下不可磨灭的记忆。1995 年，他被评为北京市劳动模范；1997 年，他开始享受国务院政府特殊津贴，这是对他工作的最好肯定。

2013 年 1 月寒冬

创新的小动物诊疗技术

高脚凳的记忆

——访原中国农业大学动物医院化验室安丽英老师

刘春玲

采访安丽英老师原计划安排在 2011 年 11 月份，然而由于她腰病复发，只能卧床不能行走，几次电话联系，均不便接受采访。人虽未见，电话里传来的声音告诉我，安丽英老师是一位性格直率，十分健谈的老人。等到她能够拄杖行走时，时间已经过去了近两个月。

2012 年 1 月 10 日，正值北京的"三九"天，在凛凛的寒风中，我们敲开了安丽英老师的家门，开门的是安老师的老伴周先生，他热情地招呼我们走进宽大的客厅。书桌旁，扶杖而站的安丽英老师，满面笑容，我们似是老朋友相见。

眼前的安老师，腰背微驼，一副有色眼镜挡住了眼睛的光亮，致使我们的对话，只有语言、语气和手势的交流，遗憾的是少有眼神的互动。

从交谈中，我得知安丽英老师是 1961 年考进北京农业大学（后更名为中国农业大学）兽医系的，学习的科目是动物生理生化专业。1966 年毕业，分配到河北省张家口农业专科学校教书。1976 年 3 月，是她工作事业的转折点，这一年，她回到母校——北京农业大学兽医院的化验室，开始了她做动物疾病化验工作的生涯。这一行她一干就是 25 年，直至 2001 年退休。在 25 年的工作旅途中，她不知疲倦地坐在高脚凳上，为动物疾病的化验诊断技术方法的探索、改进与提高付出了艰辛的劳动，这给她的腰和颈椎留下了严重的创伤。显微镜下的各种形态，似无声影视引导着她全神贯注的眼神，在不知不觉中给她的眼睛也同样留下了严重的疾患，不能接受光亮的刺激。

退休后，安丽英老师又与自己的学生共同开设了一家宠物医院，她希望将自己化验的结果直接用以指导临床治疗。10 年的经营，她积累了很多化验的经验，同时也开展了许多新的检验方法，她都毫无保留地传授给了自己的学生。

当回首这些往事时，安老师如数家珍，将储藏在那心灵深处的"往事"——小动物疾病化验的故事，细细地、清晰地向我们道来，话语有时急促，情绪有时激昂，我亦被她的讲述牵动着……

一个听诊器，一支温度计的时代——北京小动物诊疗化验的初始期

化验本应是小动物临床疾病诊断的重要手段之一，然而 20 世纪 80 年代中末期至 90 年代初期的小动物诊疗手段极为简单。临床兽医仅凭借一个听诊器、一支温度计诊病。正如小动物诊疗的创始人之一——中国农业大学动物医院高级兽医师董悦农老师说："北京农业大学兽医院在 1985 年转型给小动物门诊时，条件很简陋，在诊断室，当时只有给大动物诊病的设备，给猫做诊断也是借用大动物的听诊器和体温表。"北京小动物诊疗行业协会监事长、高级兽医师张焱也曾谈到："在 20 世纪 90 年代初期，创办动物医院时，诊病的设备就是一个听诊器，一支温度计。"据有关资料记载，当年民间开办的动物医院基本上也是这样，穿上白大衣，挂上听诊器，摆上温度计，就可以上岗了。"因此这个时期猫病诊断的准确率是很低的。"董悦农老师如是说。后有人称这个时期的小动物诊疗是"一个听诊器，一支温度计"的时代。

这个特殊时代，是与我国的发展分不开的。作为宠物，家养狗、猫等小动物我国早已有之，但解放前处于无人管理的自流状况。除少数达官贵人专养外，市面上到处流窜着大量的家狗和流浪狗，无故伤人，也有碍卫生。所以 1950 年为整顿市容与卫生，全国开展了"打狗运动"，消灭了所有流窜的流浪狗及大量家狗。接着，又进行了多次政治思想运动，把饲养狗、猫等小动物与"资产阶级生活方式"相提并论。此后，城市居民绝大多数人不再养狗、猫等小动物。当时的兽医院主要治疗作为运输主力的骡、马及牛，而无小动物。兽医院也是公家开的，没有个体户。20 世纪 80 年代改革开放以后，人民生活提高了，生活空间宽松了，人们又逐渐养起了狗、猫等宠物。同时运输由汽车代替了骡、马，因此来兽医院看病的动物就逐渐由大动物转向小动物。这个转变对兽医院、兽医、化验室都是革命性的。这不仅仅是动物从大变小，更重要的是从草食动物变为肉食动物或杂食动物，其代谢类型不同带来的疾病也截然不同，肉食动物和杂食动物的疾病远比草食动物复杂。因此兽医仅凭借对大动物的"一个听诊器，一支温度计"及对草食动物的治疗经验也就难以应付宠物诊疗的临床需求了。

　　这对化验室来说也是新的挑战，安丽英尽管在化验室做了多年的大动物化验，但肉食动物和杂食动物与草食动物在血、粪、尿中的成分是有着很大差异的，如猫、狗的尿液是酸性的，而马、牛是碱性的。所以，虽说可以沿用大动物的测定项目，如血、粪、尿三大常规来作小动物化验的项目，但得出的数值是正确还是不正确，并没有现成的标准来评定，这样化验的结果就难以作为临床的诊断。这就要求化验室来解决这个问题。随着时间的推移，每天来到动物医院就诊的小动物一如当年大动物就诊的情形，不说是车水马龙吧，也着实是门庭若市。这时候，临床兽医开出的化验单"哗哗地飞向化验室"，化验的项目也比先前复杂了许多，除血样、尿样、粪便外，还有胸腔液、腹腔液，甚至皮肤的碎屑，一一来到安丽英老师的眼前，各种寄生虫的化验也凑热闹般地来到化验室，请她过目辨别。所做的内容既要显微镜看又要作生化的测定。这对于在大学里只学过动物生理生化专业的安丽英来说，实在是道难题。刻不容缓的要求是，她不仅要做多面手，还要做各种化验项目的全面手。化验数据不能及时填写在化验单上，临床兽医在焦急地等待，畜主也急得蹦脚跳高，安丽英有时会急得掉下眼泪……

　　但她深知，作为一个化验员，如果不能够及时给临床兽医提供准确的化验数据，就是一个不称职的化验员。错误的化验数据就会误导兽医对疾病做出错误的判断，后果将不堪设想。

　　急性子的安丽英老师渐渐冷静了下来，她说："再急，也不能解决问题，也急不出来化验数据。"她开始了寻找关于小动物化验方面的书籍和资料。北京图书馆、中国农业科学院图书馆、北京农业大学图书馆都留下了安丽英匆忙的身影，然而，疾速地脚步并没有给她带来预想的收获。在那丰富的馆藏里除有人医的化验书外，她竟没有拣到一本有关指导小动物疾病化验的参考书。这让安丽英很是沮丧。"真急得上火啊！"谈起这些往事，安老师的话语仍然流露出当年的那份焦急，我也被她的情绪深深地感染着。是的，究竟从哪里入手，又能够从哪里尽快找到掌握小动物疾病化验的技术呢？

　　好在兽医院是属于北京农业大学的，校内多学科的优势给安丽英老师提供了极好的学习条件。不懂就学，不清楚的地方就与各教研组的老师进行交流，比如：血细胞形态学，特别是和小动物疾病有关的内容，她就请教教这方面课的老师。其中游久芬老师提供的许多血液有型成分的幻灯片、教诊断学的时玉生老师的许多经验及兽医院的李凤亭先生，都给予了她很大的支持和帮助。与此同时，虽然没有找到小动物疾病化验的成书参考，但在某些书的有关章节中，会有零星的记载。就是这样零散的信息，只要是出现在书里，安丽英老师都会认真地记下笔记，在实际的操作中，研究、对比、探索，找出最佳点，完善她化验技术上的飞跃。安丽英老师说："我是边学边干，摸着石头过河。"

正是这"摸着石头过河"的探究和学习，给了安丽英老师丰盛的回报。逐一解决了化验中的所有检测技术问题，她不会再掉眼泪，畜主也不再跳脚蹦高。随着化验技术的日臻熟练，不管是多么复杂的化验项目，也不管有多少化验单在排队，安丽英老师都胸有成竹，能够极快地分辨出哪些化验项目需要长时间，哪些项目需要短时间，做出合理的搭配，明确分工，提高了工作效率，给出了准确的化验结果，为临床兽医的疾病诊断提供了有力的依据。

化验初期，实验室条件也很差，只有从前购置的倍数不很高的老式显微镜、低速离心机、分析天秤及落后的 581G 比色计等。化验所用的试剂，当时也没有配置好的试剂盒。因此许多化验试剂需要安丽英老师自已用手工操作的方法进行调配。比如：做生化实验，安丽英要跑到大红门等地去购买试剂。经常是一个馒头、一壶水，伴随着她急速的脚步来往穿梭，有时需要一整天在外奔波（那时的公共交通没有现在这样的方便）。药剂配齐后，她严格按照说明书进行药物的比例配制，直到完全没有问题后，用手工方法经分光光度计比色，根据仪器读出的数值，再手工计算出（当时还没有计算器）血清中的含量。安丽英老师说："测定生化指标的所有试剂都是我配制的。从 1980 年到1991 年，北京市无论市区或郊区县，凡是能够买到药剂的地方，我没有没去过的。有的试剂是有毒的，但也需要我动手调配，制成浓度高的储存液严密封存。临床用时，再取出进行稀释。配置这种试剂对人的身体是有伤害的。"安老师在谈及这段艰辛的往事时，语音平和，面容沉静。

我不知道经安老师的手，配制出多少用于临床化验的试剂，做了多少标定工作，但采访中我了解到，陪伴她的那台小型的离心机都在安老师的手里报废了。

显微镜下的奇观——捕捉到"虫"的蠕动，登上宠物疾病化验的新台阶

"从给大动物做疾病化验，转型到给小动物做疾病化验，我最大的困难是寄生虫病。在大学里，我学的是动物生理生化专业，没有学过寄生虫病的知识，这门学科是工作逼着我自学的。"安丽英老师坦率地说。的确，化验中寄生虫的到来，让安丽英措手不及，她如同过河的卒子，没有退路，只有往前冲，一个一个地攻克，一个一个地库存。

肝片吸虫：随着民间饲养宠物数量的增加及宠物年龄的增长，宠物疾病出现多样化。其中由寄生虫引发的病例也随之多了起来。如肝片吸虫，是寄生在猫体内的一种体内寄生虫。第一个开出化验肝片吸虫化验单的是冯士强老师。诊断肝片吸虫实际操作中是观察粪样中虫体的卵，但一开始在安丽英的显微镜视野里是模糊的，因为书上是人工绘制的图与显微镜下活动着的虫卵有许多不同点，无论用什么样的方法，很难看明白，着实难为了她。此时，她请寄生虫

教研组的老师来到化验室，指导她观察。经过反复多次的化验、观看，肝片吸虫卵真实的形态终于"落户"在了安丽英老师的脑海里。

弓形虫：这种寄生虫是人兽共患的体内寄生虫。这种虫体的图谱，安丽英在《家畜寄生虫》这本书中看到过，很小，几乎看不清楚，再查看有关的书，仍旧是找不到更好的图像。还是冯士强老师帮忙从兰州兽医研究所买来了检测弓形体（虫）的试剂盒，按照说明书的步骤，利用化验室的反应板和稀释棒，几经试做，她成功了。弓形虫的检测也被安丽英收入囊中。

蠕形螨：是小动物皮肤上的一种寄生虫。现如今兽医们都很熟悉，也不感到是新鲜事，可是在安丽英当年的化验中，也是一道难题。有了前面的经验，安丽英也是对照着书上的图片与显微镜下的虫体反复观察、对比，其形态尽收安丽英的眼底。

巴贝斯虫、心丝虫等非常少见的寄生虫的活体，安丽英都没有放过，经过不断观查与比较，都一一库存账下。

也正是这些不速之客的到来，让安丽英的小动物疾病化验技术登上了新台阶。突破了小动物疾病寄生虫化验从前没有实体记载的记录。

安老师作为化验室的"头牌"，已经比较全面地掌握了小动物各种疾病的化验技术，基本上不会说不知道或者说不会。"只要是临床需要，再复杂、再费时间的化验项目，我都不会放弃，我都会以极大的兴趣和责任做好。"这样一句很普通的话，道出了安丽英老师对小动物疾病化验技术孜孜不倦的追求精神。

千磨万砺，精心测定——中国小动物诊疗疾病化验的正常参考值诞生了

临床化验所获得的各项数据只有与正常动物的数据比较后，临床兽医才会从比较差异中判断动物的疾病状态，从而确定治疗方案。因此需要一份中国自己的各种小动物诊疗疾病化验的正常参考值。但当时小动物诊疗刚刚起步，根本顾不上。这件事的促成，李安熙医生是起了极积地推动作用的。

作为当事人的安丽英老师，在追述这段往事的时候，心绪难平。她说："1994 年的秋天，美籍华人兽医师李安熙女士，以联合国志愿者的身份来到中国农业大学动物医院，帮助我们提高小动物诊疗的技术。当时在我们的临床上，小动物疾病的化验单还没有正常参考值的标识供兽医分析病情用，李安熙医生感到很不方便。"

李安熙女士在回忆文章《北京小动物兽医临床的发展》一文中也曾这样描述：

"那时，北京农业大学动物医院的设备还不错，只是没有被很好得利用，特别是在化验室方面。当时的化验室化验没有一个正常参考值。血液化验可以进行，但是没有以本实验仪器为基础的正常参考值。我已经习惯了化验单附有正常值供兽医比较使用的习惯。而农大化验单与我习惯的情况相反，那时我必须自己建立化验参考值。负责化验室工作的安丽英老师，和我马上着手建立了一个我们自己的化验参考值，这个参考范围直到今天还在被采用。我非常清楚这参考值有许多不足之处，但必须承认的是，有总比没有好。"

李安熙医生的要求与建议，将建立小动物疾病化验正常参考值的工作急迫地提到了议事日程上。

安丽英老师说："因为做正常值需要大量的健康动物血液，由此化验室开始了紧张有序的工作，大家共同努力，到养犬场和民间去采血，每次要采一定数量的血样才能符合统计学的要求，比如猫，最少要拥有 50 头份的血，才可以进行正常参考值的测定工作，犬也是这样。而且对每一个样本的测定数据，要经过多次化验的重复、对比，最后求出的数据才能作为正常参考值。"

在这里，安丽英还向我们介绍了这样一件鲜为人知的事情，我认为也是可以记录下来，以解读北京小动物诊疗行业发展的初期境况。

这就是给小动物采血的方法。在大学里，做狗的实验较多，采血的方法是在颈静脉上取血。但是到了临床上，就有一定的局限性，用这种办法取血，常会受到猫、狗的侵袭，兽医们会遭遇到它们的咬伤、抓伤。在小动物诊疗发展的初期，给小动物采血也是困扰兽医们的一道横梁，一般情况是利用动物手术时取点血进行化验。

李安熙医生给小动物采血的熟练技术，让我们的兽医们眼前一亮。安老师说："凡是到李安熙医生手里的猫、狗都很老实，都不会咬她。她的方法是先把小动物的脖子搂好，给它以安慰，使它不产生恐惧，再按住后面的两条腿，动物们就不会再动了，就会很乖地让兽医助理从前肢的臂头静脉采血或是输血。遇到体型较大的狗，李安熙医生教我们在安抚狗后，从它的后腿的隐静脉采血，这样做也是避免被狗咬伤的一个法子。"

采血的方法得到了有效的改进，安丽英老师也开始了繁忙的化验工作。由于测正常值参考的血样本很多，可想而知，在完成正常的化验工作外，还要挤出时间做这项特别的工作。这段时间的安丽英老师几乎就没有休息的空档了。清晨的阳光伴随着化验室离心机的转动，安丽英老师已经坐在高脚凳上；晚霞褪去，化验室的离心机仍然在作响，显微镜下的各种形态让安丽英老师流连忘返；清亮的月光，伴随着一项项小动物化验正常参考值的浮出。"我将永远感激安丽英老师对我刚来到动物医院时的完全支持和帮助。很多情况下，她有很多工作要做，已经非常忙碌，而现在又有我这个老外给她增加了更多的工作。"这是李安熙医生从心里对安丽英老师工作的赞许。

正常参考值的测定终于瓜熟蒂落，但作为一项正规的数据仍有一些工作要做。首先要将原来用百分制单位标定的化验数据全部换算成国际通用的"摩尔"单位；其次要将化验数据中的数字与国际的资料相比较；还要规范国际习惯通用的英文代号。这就需要参考国外的文献，工作要求十分细致。这些工作得到了高德仪教授的大力支持，他提供了大量的国外文献，并对全部数据进行了核校，并把不规范的英文代号全部改成规范的英文代号并还加了注解（加注解是因为在当时还有些兽医看不懂英文代号）。

一切准备工作就绪，1995年的春天，第一份国内涵盖血液细胞14项、血清生化24项的小动物疾病化验正常参考值终于撩开面纱，走向了临床的应用。这是安丽英老师辛勤劳动的成果，也是兽医院共同劳动的结晶。

1995年的春天，在中国农业大学动物医院化验室成功研制出的小动物疾病化验数据的正常参考值，已历经17年的实践检验，其魅力依然四射，如今他们仍然活跃在有些动物医院的化验单上（另外有一些引进了国外检验设备的动物医院已经开始延循来自欧美国家的各项化验的标准值），延续着老一辈兽医研究的成果，发挥着应有的作用。当我们的话题谈至此时，安丽英老师却说出了一段令人深思的话，她说："我认为现在这份正常值需要改进了，因为我当年用的是半自动生化分析仪和半自动血球测定仪，这是1993年的产品，当时算是比较先进的仪器了。但是现在动物医院用的都是全自动仪器了，仪器与仪器之间是有差别的，用不同的仪器，测定的正常参考值也应该是有差异的，应该用新仪器测定出新的正常值。"这看上去似乎是很平淡的语言，细细想来，确如幽谷深潭中的一击石，声响绵延，因为科技在发展，已有的成果也应该推陈出新。这就是做了一辈子小动物疾病化验的老兽医师的心里话。那么，谁来做这接力棒的人呢？

十年开设宠物医院——只为体验将自己化验的结果直接用于指导临床治疗

安丽英老师在北京农业大学兽医院化验室一干就是25年，但总是将自己化验的结果送给临床兽医去确定治疗方案。退休后她总想要亲身体验一下将自己化验的结果用以指导临床治疗的实际效果。于是在2001年与几个学生合开了"天懿然宠物医院"，一干就是十年。这十年，使她本来就患有疾病的身体更加孱弱，但她在实践中却得到了新的体会与提高，用化验的结果准确地判断病因并给出有效的治疗方案：如临床上常见的肠炎，以往笼统认为是细菌引发的，故多以抗生素治疗，但有些并不见效。后经化验得知有些是滴虫引起的，因此用抗生素不能达到治疗效果。所以只有通过化验确定病因，针对性用药才会取得明显的疗效。另外，动物的高烧性贫血，习惯上是用消炎药配合输血治疗，但并不见效。从化验中才发现是因巴贝斯虫（焦虫）侵入红血球引起的。用治巴贝斯虫的药，即可消除高烧解决贫血的根本原因。安丽英老师在实践中，还用中草药配制了几种十分有效的药膏用于临床。十余年的实践安老师体会到：一个兽医除一般医疗知识与技能外，一定要学会运用化验结果去找病因、发现病因，提高治愈率。化验员也不是简单的操作工，而应配合病例，把化验做得更细致并能找出其中的差异，提供给兽医参考。临床兽医与化验员应是一个整体的两面，缺一不可。

十年里，安老师一边实践一边还将获得的新知识传授给学生与同行，来"天懿然宠物医院"实习的学生一批又一批。现在分布在全国各地，其中有11人成了老板或主治医生。安老师因身体原因，不能继续在动物医院工作了，回至家中，但来家里看望与咨询的人及电话仍不断。安丽英老师为能尽一个教师的职责而感到宽慰。

采访结束时，已是掌灯时分，安丽英老师从身边拿出她在退休之际（2000年）出版的《兽医实验诊断》一书，书中记录了她对小动物疾病化验工作的经验，记录了每一项化验工作的步骤。我想，这本书更是记录了她对小动物诊疗疾病化验工作所倾注的心血和对小动物们生命的挚爱，这本书由于范围宽，又具体实用，深受读者欢迎，而今早已告罄。现在许多同行和学生还不断来电话，希望本书能再版或出新书，但安丽英老师表示：这要看身体情况了！

边角花絮

安丽英语言爽快，不拐弯抹角，与她交谈，很是愉快。她在谈小动物疾病化验工作的同时，常会插上一些小动物诊疗发展中的边角花絮讲给我们听。这里不妨记述下来，请读者与我共享这逸闻趣事。

其一，保定圈的来历

所说的保定圈，其实就是给猫和狗做诊断时，在其脖子上套一个圈，防备它们回头将医生咬伤。最初，没有这个保定圈，兽医经常被咬伤。怎么才能防止既不受伤害又能够很好的做诊断呢？安丽英介绍说：董悦农老师心灵手巧，看着夫人做鞋用的"袼褙"，他动起了心思。他先从一块"袼褙"的中间，挖出一个圆洞，在圆洞旁再剪一个豁口，另外再剪一条与豁口长度一样的"袼褙"，与豁口处重叠缝好，再将鞋眼儿钉在上面，穿上鞋带。在给动物诊病时，戴上它，不但自己受到保护，小动物们也免受了紧勒紧抱的痛苦。这就是最初在北京农业大学兽医院使用的保定圈。以后所用材料又改用橡胶板等，其中的橡胶板保定圈也是由董悦农老师琢磨出来制作的，这是因为袼褙保定圈质地软不着用。这在当时是一项小发明，这与国外的同类产品非常相似，但不知董悦农老师当时是否申请了专利？现在的保定圈大多数是用塑料制成的了。

其二，不锈钢诊台的来历。

安丽英老师说："1992年，我们去香港访问，参观了多家动物医院，看到人家的诊台都是不锈钢的，并备有两个消毒壶，诊完病后，用壶中的消毒水喷洒，再用卫生纸擦拭干净，然后接诊下一病例，很是方便。但是我们的诊台是木制的，不利于消毒擦拭。但是添置这样的诊台，在当时是需要花很多钱的。置办不锈钢诊台不现实，于是我们将诊台刷上白漆，也是一样的光滑，消毒水喷洒后也容易擦拭干净。1993 年以后，动物医院才陆陆续续换成不锈钢的诊台。现在的动物医院用的全都是不锈钢的诊台，用刷白漆诊台的那个时代已经过去了。"

行笔至此，忽地想起曾经在北京小动物诊疗行业协会的网站上，看到过这样一条信息："中国兽医博物馆征集'宝贝'"，也曾记得在 2010 年，北京小动物诊疗行业协会理事长刘朗也曾向笔者谈起这件事。想来已过去两年了，不晓得宝贝收集的怎样。我在想，中国农业大学动物医院化验室的那两台老式显微镜，据安丽英老师说，是 1946 年从德国进口的。还有那老式高脚凳、没有标明正常参考值的化验单和标有正常参考值的化验单、董悦农老师发明的"袼褙"保定圈和胶版保定圈及用白漆刷的诊台和手术台，都是应该收纳到将来开办的博物馆里的。这些老旧物件，都有一段不凡的经历，它们记载着中国小动物诊疗行业发展的轨迹，折射出了那个时代的光彩。

写于 2012 年暮春

追溯走过的路

——访中国农业大学动物医院高级兽医师董悦农

刘春玲

在编写北京小动物诊疗行业发展历程的回忆文章中，有这样一个疑惑总是理不清。就是从 20 世纪 80 年代中后期开始，原本给大动物看病的北京农业大学动物医院，从昔日车水马龙、接诊应接不暇的繁忙景象中，忽然变得日渐萧条，来看病的大动物少而又少，最后是踪迹全无。是什么原因让大动物淡出了动物医院？又是什么原因让新兴起的小动物诊疗取而代之了呢？在动物医院里究竟发生了什么？我无从找到答案。然而，在听过中国农业大学动物医院高级兽医师董悦农的讲述，我茅塞顿开，豁然开朗，其惑解矣。

路在何方

面对着大动物淡出动物医院的诊疗，小动物开始领唱动物医院主角的事实，中国农业大学动物医院该怎样发展？众说纷纭，莫衷一是，路在探索着……

董悦农，中国农业大学动物医院高级兽医师。1975 年，毕业于西北农林科技大学（原西北农学院），分配到北京农业大学（后更名为中国农业大学）的动物医院产科实习。在实习中，他对兽医外科发生了浓厚的兴趣，极喜大动物的手术，且志向不改，几十年从未离开过动物医院的临床工作。因此，中国农业大学动物医院从给大动物诊疗转型到给小动物诊疗，这其中的历史性变革，他是亲历者，同时又是创始人之一。听过他的回忆讲述，你会感到，中国的小动物诊疗，起步时的步履艰难，坎坎坷坷，令人回味，令人感慨。

以往，我国动物医院服务的对象，都是以给大动物治病为主的，中国农业大学的动物医院也不例外。"文化大革命"期间，北京农业大学迁出北京，"文化大革命"结束后，1979 年，又从河北涿县迁回北京。1980 年 3 月，重建动物医院，院址就在现在中国农业大学西区正门的西南侧加油站（我们从刊登的老照片里可以观赏到当时动物医院的规模）。无论医院迁至哪里，从事农业生产的大动物仍是占据动物医院的主角。

但是到了 1985 年，伴随着国家改革开放的深入，郊区农民生活水平的提高，经济收入的改观，农村出现了万元户，长期作为农业动力的马、牛等大动物被机械动力拖拉机所替代。动物医院服务的对象在不经意间悄然发生了变化，大动物的门诊量逐渐减少，由门庭若市到门庭冷落，有时平均一天不到一个大动物就诊。动物医院的大部分工作人员始料未及，面对着空落落的动物医院无事可做，有一种面临失业的感觉。

追寻历史的脚步，中国农业大学动物医院从事大动物诊疗的时代黯然落幕了。然而，动物医院的新天地在哪里？发展的方向在哪里？人们心里没底，焦虑茫然。

"为了寻找动物医院新的发展方向，当时设想了几个方案。其中的一个方案是，两人一组，分别到北京的海淀区、朝阳区、丰台区的近郊区，实地调查大动物数量快速下降的情况，看看动物医院是否可以向畜牧业方向发展。另外一个方案是，看看能否向动物传染病的学科方面发展。但是考虑到医院有专门的传染病诊断室，同时还有传染病教研组，如果走这条路，岂不和人家的工作重复了。几经讨论研究，种种意见均被客观因素限制。路在何方？扑朔迷离。"作为过来者，董悦农在谈及当年动物医院改革发展的前景时，仍然流露出了一种沉重感。

但也就在这个时候，改革的春风不仅让农民富裕了起来，城市居民的生活也有了显著的改善。董悦农说："曾在 1981 年的时候，从不登兽医院门的北京城里人，偶尔也会带着猫来看病。到了 1985 年，也就是在我们苦寻苦找发展方向的时候，猫的门诊量在不以人们意志为转移的事态下，快速增加（因为北京市有规定，有八种动物不准居民养，但市区可以养猫，也许是考虑猫可以捉老鼠吧）。"

面对动物医院出现的新的服务对象，猫的门诊量大有占据动物医院的势头，且趋势异常迅猛。董悦农与他的同事们经过深入的调研，看到社会在这方面的要求非常强烈，于是大胆地提出了"北京农业大学的兽医院应该抓住时机，乘势转型，往宠物诊疗上面发展。"一语既出，轩然大波，一石激起千层浪。在当时人们的思想中，还留有阶级斗争的观念。针对转型宠物诊疗的意见，有人提出质疑：北京农业大学兽医院历来是以为农业生产、为农民大众服务为主的。如果以小动物为主，那么就是为城市的资产阶级服务。因为饲养小动物（主要是猫），用一句当年时髦的说法，只有资产阶级阔小姐、阔太太才养宠物。"为谁服务，是路线斗争，这决定一个人的政治生命，路是不能走错的。在 20 世纪 80 年代这种斗争还是很厉害的"，董悦农说到这里，原本和蔼温文的话语显得庄重了起来。路在哪里？莫衷一是，一时间如落叶飘零。

路在脚下

面对着小动物诊疗的异军突起，醒悟了的群体推动了中国农业大学动物医院历史性的转折，小动物的诊疗由此拉开了大幕，路在行进着……

董悦农说："不容有再多的时间思考和争论，不争的事实是：不管你往不往这方面发展，客人抱着小动物慕北京农业大学兽医院之名，来到了医院，不管你愿意不愿意，不管你给不给看，人家就奔你这儿来了。作为兽医，也是动物们的白衣天使，它带着病来，祈求生存的眼神望着你，你怎么能袖手旁观、置之不理呢？这就是社会发展的需求，是大势所趋，就应顺客观事实，求得医院的发展出路。"这在当时也是水到渠成的事。时任动物医院院长的董悦农说："我们顶着压力干起来了，领导没有干涉。开会讨论，领导并未表态说不能为这个小动物服务。尽管还有不同看法，但是随着改革开放的深化，人们的思想意识也在悄悄地发生着改变，不多长的时间，大家自然地统一到了向小动物诊疗发展的方向上来了。"至此，北京农业大学兽医院转型到小动物诊疗上的大方向确定了。

1985 年 10 月，是值得记住的一个年份。北京农业大学兽医院在北京日报刊登了三厘米的小广告，向北京拥有小动物的主人宣告，北京农业大学兽医院给予小动物门诊。广告刊出后，小动物门诊量大增，医院的员工士气也随之大涨。1985 年，动物医院将为中兽医建的三间平房改为做小动物门诊，同年挂牌"小动物门诊室"。虽然条件很简陋，只有听诊器和体温表等简单的设备，但是，这确实是在北京乃至全国真正有了公立性质小动物门诊。

时间走到 20 世纪 80 年代末，90 年代初，虽然北京市政府规定不准养犬，但随着人民生活水平的提高，人们有了养犬的需求，尽管不合法，但民间的养犬已成为趋势。而当时通过各种渠道来到北京的犬，其价格昂贵，一只白京巴犬能卖到 20 万元至 30 万元，一只普通的狮子犬也可卖到 2 千元到 4 千元。这样的结果是，狗的病例也多了起来，而动物主人也舍得花钱将有病的动物带到动物医院治疗。

由于北京农业大学兽医院地处北京市的偏远之地，来往交通不便，养宠物的市民，呼吁北京农业大学在市区开办动物医院。为了扩展业务，寻求小动物诊疗的发展，也为了动物主人方便带动物就诊，1989 年 10 月，经一位热情的动物主人介绍，北京农业大学兽医院在北京市海淀区羊坊店路 99 号找了一间平房，虽然面积只有 22 平方米，但在房中间拉上一块白布，手术室就具备了，尽管条件差，但总是有这样一个机遇。经过多次与有关部门磨合，北京农业大学羊坊店伴侣动物门诊部终于在 1989 年 12 月 1 日开始营业了。12 月 22 日，北京晚报刊登了北京农业大学羊坊店伴侣动物门诊部开业的消息。董悦农说："消息刊出后，门诊量大增。每天接诊猫约 30 只左右，其中绝育手术约占半数，记得 1990 年 6 月 7 日这一天，总共给母猫做绝育手术 11 只，公猫做去势 14 只，我在手术室站了一整天。"

"这时的北京农业大学动物医院大动物的门诊每周已屈指可数，已转向日渐增多的小动物诊疗为主了。"董悦农以自己亲身的经历，叙述了中国农业大学动物医院的转型过程。讲到这里，我们完全清楚了，中国农业大学动物医院至此走上了小动物诊疗之路，完成了"旧貌换新颜"的变革，成为中国小动物诊疗的发源地，这在中国小动物诊疗发展史上，是有着"里程碑"的意义的。

在回忆创办羊坊店伴侣动物门诊部的情景时，董悦农笑声朗朗地向我们介绍起这段创业时期的插曲。他说："创办羊坊店伴侣动物门诊部，这对于从未走出过学校办医院的我们来说。不是件容易的事。开办动物医院，就得有合法的开办手续，但在当年，找准办理开办门诊手续的部门就是一个难题。尽管随着时间的推移，社会的进步，人们认识小动物的观念在改变，从称呼小猫小狗到逐渐被称为伴侣动物或宠物。但要真正开办小动物诊疗门诊，给小动物诊病，还的确是一件新鲜的事。首先我找到行业领导部门海淀区畜牧兽医站。记得当时动物医学院的领导陈兆英副院长、冯世强老师也与我一同去海淀区畜牧兽医站找宋站长。谁也没有办过这类执照，也不知道该怎么办理。宋站长让我们先找工商部门，但工商部门说他们就从没听说过，也从没有办过此类执照，就又推脱我们去找畜牧部门，并还建议说：管人的卫生部门给个人诊所办过行医执照，你去问问他们。这个建议还真提醒了我，于是参照人医诊疗方法，我给卫生部打了电话，对方回答的是，这事由区卫生局负责，我们只好又回到海淀畜牧兽医站，最后还是宋站长给盖上了海淀区畜牧兽医站的章。尽管这不是正式的行医执照，但此时也长了我们的精气神，虽然遇到一些坎坷，但终于是开业大吉。"

引用董悦农这段细碎的回忆，似乎显得有些絮烦，但我还是坚持写在了这里。追寻过去的始末，是让今天从事小动物诊疗的年轻的宠物医师们，记住曾经发生过的事，感受老一代兽医师们创业的曲折，以创造着我们行业的未来。也许在那阶级斗争观念依存，为谁服务都是政治方向问题的时代不会被今天的年轻的宠物医师们所理解，甚至难以置信，但这却是千真万确的。

路在跋涉

面对服务对象的改变，中国农业大学动物医院的兽医师遇到了前所未有的新挑战，小动物诊疗从哪里做起？又从哪里开始？路漫漫，吾将上下而求索……

给大动物诊病，对老兽医们来说，都是得心应手的事，不管是在学校学习的知识，还是在工作的实践中，他们都具备了丰富的理论知识和诊疗经验。但是面对着还没有一个马尾巴重的小小的猫，该从哪里入手，做出准确的判断，给出正确的治疗方案，着实难矣！董悦农说："虽然在1981年，有过猫的病例，但那时还是以大动物为主，兽医师们也只是借治疗大动物的经验顺带看一下，没有人下功夫钻研小动物的诊疗，因为和工作没有关系，收费也无定准，一个猫与马相比，能收多少钱呢？常听大夫说算了吧，就是你钻研，写了文章也没人给你发表。在诊断室，当时也只有大动物的设备，给猫做诊断也是借用大动物的听诊器和体温表。因此这个时期猫病诊断的准确率是很低的。治疗方法也仅是模仿大动物的方法，只限于肌内注射药物，再有就是口腔灌药，再没有其他的治疗手段了。最简单的输液治疗，从大动物转向小动物，这都是一道难题，因为血管粗细不同，医疗器械也不同。没有经验，没有书可查看，当时也没有网络查询，就是有一些零散介绍小动物疾病的文章，还是混杂在介绍马病的专业书里。"说到这里，董悦农诙谐地笑着讲了这样一件事，他说："现在听来都是笑话。在羊坊店伴侣动物门诊部的时候，那时候的门诊还是以猫为主，有一天，突然有人抱来了一只狗，阴门出血，狗的主人说是不是受伤了。那时我们还没有接触过狗的病例，也搞不懂是怎么回事，看了看，打打消炎针。其实现在的动物医生都知道，这是正常的发情，但在那个时候却不知道。"

起步就从这里开始，既然踏上了小动物诊疗这条路，就只有靠不懈的努力，一点点摸索，一点点积累，不断实践，不断学习，不断提高诊疗技术水平。以董悦农为代表的老一代兽医师们，利用各自给大动物诊疗的经验，在实践中研究着小动物的诊疗，为小动物诊疗开辟着新的天地。

"我是做大动物外科手术的，对于动物骨折，从前都是采用夹板石膏做固定，这我是很熟悉的，后来有人研究给大动物骨折做钢板内固定效果不错。我在做了小动物医生后，分析研究了猫的骨骼情况后，就决定给猫骨折做内固定的实验。我是最早试着给猫做骨折内固定手术的，居然成功了，猫术后恢复得很好，我很兴奋。"这是董悦农为小动物诊疗做出的第一个贡献，宠物"骨折钢板内固定"。至于从哪年开始做起的，时间记得不是很清楚。我记得在采访被称为"中国兽医外科学方面的泰斗"万宝璠时，他说过："中国农业大学的兽医院开始在宠物身上使用钢板做骨折内固定，时间大概是在1995年。"我想，董悦农对猫开展做内固定的手术，大概就是在这个时段吧。因为，北京农业大学羊坊店伴侣动物门诊部在1993年因为修北京西客站而关闭了，而董悦农这时已回到了中国农业大学的动物医院。

董悦农为小动物诊疗做出的另一个贡献是：猫狗的开胸手术。说起开胸手术一节时，他温厚开朗地笑着说："这个技术的成功，完全是被动物主人'将'出来的。"怎么回事呢？我们怀着极大的兴趣继续听着董悦农风趣的话题："事情发生在2002年的一天，有个妇女急慌慌地抱了一个京巴狗跑到动物医院，说她的小狗吃骨头卡了。拍过片子，我看到那块骨头卡在了胸腔段食道里。如果是卡到胃里或是颈部食道里都可以通过手术取出来，就是卡在胸腔段食道里没法做，因为那个时候还没有掌握这个技术。我有些调侃地对她说，必须开胸才可以取出骨头。她问我能做吗？我就开了个玩笑说能做，但需要两三千块钱，没想到的是她认真了，当时放下狗就要回家去取钱，当时咱没这个技术，开胸就是死啊，一下子把我憋在这儿了，你说这钱拿回来我可怎么办呢？我赶紧跟她说咱们确实做不了，开胸危险性很高，就吓唬她呗。临了告诉她给小狗灌点油，促进食道蠕动，过两三天如果骨头滑到胃里就没事了。"就是这件事的发生，给了董悦农重锤的一击，自己的专长是动物外科手术，却解决不了卡在胸腔段食道里的骨头，这道鸿沟不逾越，会造成许多小动物的生命死于无辜。"我想这个手术必须得开展了。2003年，我就约我们医院手术室的袁占奎，还有刘鑫一起搞这个项目。记得2003年的春节我们都没有回家，找了6条狗进行开胸试验。当时手术条件非常简单，不像现在有呼吸机，那时全靠手工操作控制呼吸。意外的是，实验手术全部成活，100％的成功率更增加了我们的勇气，终于在一次的门诊手术中，运用了我们的智慧和掌握的技术，成功地为两只小狗做了开胸手术，竟然全部康复。"跨越了喜悦之情后，追求的是精益求精和更广阔的技术，在此基础上，董悦农又在胸腔的血管手术、胃切除手术上迈出了一大步。

　　就是这两项外科手术的建树，董悦农为中国的小动物诊疗增添了浓墨重彩的一笔，形成了他独特的小动物胸外科和骨折内固定的手术风格。国内小动物骨折内固定和开胸术等高难度手术开拓者的头衔挂在了他的名下，同时填补了国内小动物医学领域的空白。

　　"宠物诊疗在中国实现了零的突破，是在 20 世纪 80 年代初期"。这是董悦农对中国小动物诊疗起源的时间给出的准确答案。这是因为在 20 世纪 80 年代初期"猫悄然出现在动物医院里时"，就奠定了小动物诊疗的开始。董悦农说："从我 1981 年接诊第一只猫的病例，我没有想到这会是我做宠物医生的开始，更没有想到在中国能有宠物的专职医生，更没有想到将来能成为一个快速发展的行业，也更没想到我对大动物的兽医经验运用到小动物的诊疗上，而且做出了我应该做的贡献。"

　　追根溯源，文章写到这里，读者是否会与我一样，对北京小动物诊疗行业发展的概况及不解的疑惑都很清楚了吧。在这里，我还要说一句的是，在北京小动物诊疗行业发展的历史中，我们还应当记住猫儿们，它们也是本行业的"开拓者"，不信，在读过董悦农的这篇文章后，你就会同意我的观点了。

　　路向更远的方向继续延伸着，宠物医师们仍然在跋涉……

　　　　　采编感言：旧时王谢堂前燕，飞入寻常百姓家

　　　　　刘春玲

　　20 世纪 80 年代中期，北京农业大学兽医院从给大动物诊病转型到给小动物诊病的历史演变中，曾经发生过一场为谁服务的争论。

　　一种观点认为，为小动物服务，是路线方向问题。言外之意，给小动物诊病，是为城市的富人服务，不是为劳苦大众、为从事农业劳动的农民服务。另一种观点认为，不管你愿意不愿意，动物主人抱着小动物来到动物医院，你就得给人家诊病。兽医的职责就是给动物看病。

　　这场不大不小的争论，现在的年轻人听起来，会觉得莫名其妙，不可思议。但是究其原因，却有很长的历史渊源。

　　这要追溯到中华人民共和国成立之前。那时广大的劳苦大众，衣食温饱尚不能解决，哪里有闲心饲养宠物。而有闲情逸致饲养宠物的，是有钱人家的阔太太、阔小姐。中华人民共和国成立后，广大的劳动人民热火朝天地献身于国家的建设中，也极少有人养宠物，而有的地方政府，还明文规定，八种动物不准居民饲养（其中就包括了犬）。因此，留存在人们思想中根深蒂固的观念仍然是，饲养宠物是资产阶级的生活方式。

虽然，在改革开放初期，出现了养宠物的热潮，但是以给宠物诊病作为动物医院主要的服务内容，一些人还是不能够接受，一时转不过弯来。这恰如时代的列车已经转弯，而坐在车里的人们，思维还停留在原来的轨道上。这在社会的发展中，是常有的现象。因而这场争论，也就不足为怪了。

有需求就有市场，市场是新行业产生与兴旺的直接推手。随着社会的发展，养宠物的人越来越多，从而到动物医院给小动物看病的也越来越多，在不知不觉中形成了一个极具潜力的市场。一些敏锐者率先创办起专门的宠物医院，众人紧随其后，终于形成了一个新兴的引人注目的行业——小动物诊疗行业。

显然，千家万户养宠物，是小动物诊疗行业产生的基础。然而，中国为什么会在改革开放后，出现老百姓饲养宠物的热潮呢？

这是因为，改革开放后，人们拥有了宽松的社会环境，能够自由地选择职业，生产力得到极大的发展。国家经济繁荣，老百姓生活水平提高，中外文化碰撞融汇。物质生活无忧之后，人们更注重的了精神生活的追求。人们的生活方式也在悄然发生变化。计划经济时期的中国，家庭主要是生产单位，甚至是政治单位，当然不可能养宠物。改革开放后的中国，家庭变成了主要的生活单位。而小动物又具有其令人喜爱的天性特质，陪伴人们，慰藉心灵，解除因工作紧张造成的压力，带来轻松的心境，增添了许多的生活情趣。于是出现了正如唐朝诗人刘禹锡在《乌衣巷》中描绘的情景："旧时王谢堂前燕，飞入寻常百姓家。"昔日昂贵的宠物，放下身价，进入了城镇的"寻常百姓家。"

回顾中国小动物诊疗行业的发展，从初春绿芽到落叶悲秋再到春意盎然的风雨路程，不禁令人心潮起伏，思绪万千。社会总是在不断进步，人们的生活方式也在不断变化，从而催生着新行业的成长，这也是一种规律。

随着时光的流逝，人们生活的方式还会随着社会的变化而改变，比如：空巢老人的增多，"丁宠族"也会在不断地增加，白领阶层热情地介入，这就给了正在蓬勃发展的小动物诊疗行业提出了新的课题，同时也提供了新的发展机遇。宠物的饲养，进入了提升时期；小动物的诊疗行业，也进入了提升时期。

五十一年兽医路

——访原中国农业大学动物医学院临床系主任兼动物医院院长高得仪教授

刘春玲

采访高得仪教授之前，就听到过业内人士介绍，他在小动物诊疗的技术上，有独到见解，在小动物疾病诊疗行业发展的历史进程中做出过不少贡献。恰巧，在采访高得仪教授的时候，来了一位年轻妇女，慕高得仪教授之名，来给她心爱的狗狗看病，笔者有幸目睹了高教授给这位特殊"患者"看病的全过程。和蔼的面容，亲切地交谈，认真倾听着动物主人介绍病情，认真分析狗狗的病因。十几分钟过去，高得仪教授在与动物主人轻松友好地对话中完成了对狗狗病情的诊断，开出了处方，同时他还详细地向动物主人介绍了护理方法，其护理方法对于这只病狗恢复健康是非常有益的。动物主人愉快地接受了他的治疗建议，带着狗狗走出了动物医院的大门。

高教授向笔者说："兽医给动物诊治疾病，永远追求的是准确的诊断，合理的用药，传授给主人正确的护理方法，全面提高疗效，给小动物们带来个健康的身体，给动物主人带来高兴愉快的心情。"几十年间，他正是用自己娴熟的诊疗技术在工作中实践着这句话。

矢志不渝——

"我既然选择了学习兽医专业，就不后悔。我从农村来到城市，虽然眼界开阔，但没有动摇我学习兽医的信念。"

1959年，生于河北省赵县高村的高得仪考上了北京农业大学（后改为中国农业大学）的兽医系。他之所以学兽医，是因为在20世纪50年代，我们国家经济还很落后，农村生活也比较困苦，而兽医在农村给猪做绝育手术和治疗疾病，可以赚到钱，可以养家糊口，兽医在农村那时是受群众欢迎的职业。高得仪说，从农村来到北京，看到了大城市的生活，开阔了眼界，同时也看到兽医专业在城里是不被看好的专业，是不大受人喜欢的。"当我看到这种情况，对学习兽医专业也产生了一些想法，但农村孩子的朴实和实在，决定了我的性格和信念，既然选择了这个专业，我就不会放弃。"此后，除去上正课时间，图书馆是高得仪获取知识的宝地，几乎每个周末他都是在这里度过的。春夏秋冬轮回，日复一日，功夫不负有心人，他终于用自己掌握的技术做了一件"令人振奋的事"。

那是在上大学期间，有一年放假回家，他陪着叔叔去市场买猪。当时公猪的阴囊疝气问题在农村的兽医面前是一道难关，几乎没有人会做这种绝育手术。凡是患有这种阴囊疝气的猪，售价是很便宜的。高得仪就鼓励他的叔叔买这样的猪，并对他说："你就放心地买吧，我能给它做绝育手术。"叔叔就犹犹豫豫地买下了这样的病猪。高教授向笔者说："其实这个手术很简单，在学校上课时就讲过。我学过，我知道手术的要点，我给它做了摘除睾丸、疝气结扎术后，这头猪很快就恢复了健康。这个手术，当时在农村的兽医面前，却是一条不可逾越的鸿沟，他们不会这个技术。"

就是这一刀，受到了乡亲们的赞扬，而乡村的兽医们也纷纷向高得仪学习这个技术，而高得仪也不像有些农村兽医那么保守，他把在学校里学到的、掌握了的兽医技术，无保留地教会了村里的兽医。也就是这一刀，更加坚定了他学习兽医的信心和劲头。高得仪说："要说上大学前选择学习兽医，是因为看到了农村兽医的收入可以养家受欢迎。到了城里，眼界开阔，学习兽医更有了些想法。自这件事后，我对学习兽医产生了更浓厚的兴趣，从此再没有动摇过，一直勤奋地学习，努力地钻研，我不怕吃苦，不怕脏累，一心就想学好兽医技术。"他认为只要认真，什么事都能做好，甚至更好。

风雨磨砺——
"别人都去搞运动，院校领导让我去农大兽医院给动物看病，我无怨言。在实践中学本事才是最重要的，这是根基，学会真本事比什么都强。"

1964年，高得仪以优异的成绩结束了大学的生活，留校任教。当时正赶上"四清"运动，他被派到农村搞"四清"。一年以后，回到学校时，文化大革命开始了。学校的不少老师去搞运动，临床兽医也去搞运动了，农大兽医院几乎没有医生给动物看病。那时北京各区县及北京周边地区来了许多生病的大动物，没有医生看病，带动物看病的农民很着急，焦躁不安。高得仪说："当时，我正好搞'四清'回来，还没有分到系里任教，院领导让我去兽医院给大动物看病，我很愉快地就去了。

给动物看病，有时一天看十多个病例，脏臭是很平常的事，我年轻吃得了苦，也不怕累脏，正好可以利用这个机会，在实践中学习，提高自己的技术水平，我不管别人愿不愿意上临床，我认为学会真本事比什么都强。"

按照当时"文化大革命"的形势，人人都必须参加运动。"'文化大革命'需要人人闹革命我也闹，白天抓革命促生产，在兽医院工作；晚上学校开会学习我也参加，因为那会儿不闹革命就不行，革命放在第一位，我也得参加。但是，兽医院来的生病动物非常多，看起病来就不能够保证搞运动了。也有人向驻校军宣队反映说我不参加会，不参加游行"等。我们在兽医院工作人员回答说：我们也在响应毛主席的号召"抓革命，促生产"。

高得仪说："我不太在乎别人说什么，我只想一个问题，如何将自己学到的书本知识，用在临床上，治好牲口的病，这就是我当时的想法和追求，学会学好技能是第一的"。"逆水行舟，不进则退"，而高得仪确是逆水行舟，顶风而进。他日夜在兽医院值班，给动物看病，无暇顾及其他，而带动物来看病的都是农民，当时的校领导和驻校军宣队看到这个情况，因为是为农民兄弟们服务，也就理解了不参加运动的做法。如此这样，高得仪如鱼得水，倘佯在生病的动物们之中，兽医临床技术飞速提高，正像他自己所说："这个机遇给我带来了兽医临床技术质的飞跃，我获益匪浅，到后来给猪马牛羊鸡看病我全不怵，可以说是全面手，也对我后来教学和科研，带来不可估量的好处。"为了更进一步提高诊疗技术，1974 年，高得仪又自愿下到农场，在第一线继续磨练日益成熟的兽医临床技术。在这之前，他还经常到农村去免费给那里的兽医讲课、培训，将自己掌握的兽医知识传授给乡村的兽医。

风雨磨砺，技艺臻熟。这为高得仪日后在北京小动物诊疗技术上不断创出新的佳绩奠定了坚实的根基。

春蚕吐丝——
"从国外学习回来，我将学到的国外先进的小动物诊疗技术一点点借鉴过来，用在我们的工作实践中，就是想实实在在的为这个领域的发展做点事。"

20 世纪 80 年代初期，我国的小动物诊疗基本上是一个空白，几乎没有人能看到这个领域将来的发展趋势，而高得仪却被派往澳大利亚的墨尔本大学兽医学院进修小动物疾病的诊治，这可说是一个前瞻的远望。高得仪向我们介绍说："让我出国去学习小动物诊疗，我还真有点想不通，因为当时没有这个专业，也没有人做这样的事。而农大兽医系创始人老主任熊大仕教授对我说：'你出国必须去学习猫犬疾病的诊治，中国改革开放后，宠物业必会发展的，这个专业是要搞的，犬猫的诊疗一定会开展起来的。'"高得仪说他当时也想不通，但是熊教授的话谁也不敢反驳，"我只有听从熊教授的指挥，在 1981 年 11 月，我来到澳大利亚的墨尔本兽医学院学习小动物的诊疗，1984 年 4 月回国"。从此，高得仪老师就与小动物们结下了不解之缘，开始走上了小动物疾病诊疗的路，并且一直走到他 1998 年退休，而退休后仍然在继续为小动物们服务。

小动物诊疗，这是一块未开垦的处女地，需要耕耘，需要探索，需要开拓，需要汗水浇灌，最终它才能结出丰硕的果实。而高得仪教授就是最早在这块土地上躬耕的园丁。可以这样说，北京小动物诊疗行业发展的初期萌芽，正是从高得仪教授的"农大兽医院猫狗门诊"才明朗开始的。

1984 年，他在北京农业大学兽医院首创"农大兽医院猫狗门诊"（当时的兽医院都是给大动物看病的)，并兼职做兽医院副院长，也只有他一个人是专职给小动物看病的医生。当时带猫狗来看病的主要是大使馆的国际友人，病例很少。为此，兽医院的其他老师对小动物门诊有一定的抵触，所以，只要是小动物的病例都是高得仪看，有时即便不当班，遇到小动物病例，仍然会把他叫来为小动物看病。"虽然出国学习两年多，但对于小动物诊疗这个新兴的行业来说，学到的那点知识和临床实践是远远不够的，有些时候是硬着头皮做，更多的时候是在临床中摸索着干，边干边学。"回忆起当年的艰辛，高得仪教授感慨万分。

1986年，高得仪老师在兼顾临床的同时，在我国首先在兽医学科里设立了猫狗疾病诊疗的课程，将猫狗疾病学带到了课堂上。这是一门新课程，没有课本，没有教材，高得仪亲自翻译外文书籍，并将自己在国外学习到的知识和经验编写成小册子给学生们上课用。为了更系统地讲好这门课，1987年，高得仪开始组织编写《犬猫疾病学》，于1991年出版，作为当时的大学教材，并多次再版。与此同时，1987年，高得仪老师与张纯恒先生共同主编出版了中国第一本关于养猫的书籍《养猫知识与猫病》。1988年，他又参加《猫的饲养与疾病防治》《养狗与训狗》两本书的编写。1989年高得仪又编写了《训狗与狗的疾病》一书。这些书籍都在当时小动物临床知识匮乏的年代成为必不可缺少的学习资料。

1989年，农大兽医院又在北京海淀区羊坊店成立了伴侣动物门诊部。给小动物诊断疾病时需做有关项目的化验。那个时候，开展化验工作还很不成熟，对于动物的疾病究竟要做哪些项目的化验，化验员与临床医生的职责各是什么不很明确。初期做化验，很多临床老师认为化验人员不仅会化验，还要会根据化验的结果分析诊断病情。这样的做法，使得当时搞化验的老师非常为难。高得仪说："我从国外学习回来，知道如何选择化验项目。化验室人员的任务，就是化验出数据，只要数据正确就可以了。我知道分析一个病例是需要做很多工作的，不可能仅仅靠化验室化验几个项目就能判断出是什么病，分析病例是临床老师的责任，只有他们才可以完成这个任务，化验室不是诊断结果的地方。开不出化验项目就是临床老师的无能。"高得仪老师的明确说法，解决了临床医生与化验室人员的矛盾，并就这个问题制定了农大化验室，包括血常规、生化、尿液、粪便等的化验单，并在单内列出了参考值。这都是在高得仪教授的组织指导下开始制定启用的，而且农大动物医院一直沿用至今，北京和外地不少动物医院也在借鉴使用。

"一个不会诊治动物疾病的教员，一定教不出一个会诊治动物疾病的学生，无论是教授还是普通老师都必须上临床，不能够发生不上临床的老师给学生上临床课的事情。"1993年，高得仪担任动物医学院临床系主任兼农大动物医院院长期间，针对兽医学院的临床教研组人员不愿意去动物医院搞临床的问题，开创了兽医学院临床各教研组人员，必须去动物医院亲自搞临床的先例。

1995年，高得仪和王小龙等编写的《兽医临床病理学》出版了。2003年又编写出版了《宠物疾病实验室检验与诊断》一书，这些书是针对动物病例、病史、症状、化验等情况分析诊断的书，也是他借鉴国外病例分析的形式编写的，是国内出版比较早的带病例分析的书。这也是他在小动物诊疗发展初期，最早将这门病例分析课带给他的研究生，带给来农大进修的年轻教员，给了他们之前都没有听说过的这种形式的授课，使他们充满了兴趣，获得了收益。高教授，让小动物疾病诊断课程走入大学讲堂，如今他的学生遍及各地，桃李满天下。

1998 年退休后，他仍然工作在小动物临床上，十多年来，又在杂志上发表了近 20 来篇文章，还主编、参编、翻译、译校和校对出版了十多部书籍。最近（2010 年 8 月），高教授和周桂兰等，又出版了《犬猫疾病实验室检验与诊断手册》一书，书中收了在临床中遇到的 40 多个病例，并对每个病例都做了详细的诊断分析。高教授说："我不保守，我把在国外学习到的先进经验带回来，用在我们的临床实践中，实实在在做点事，我愿意将我所知道的一切技术和经验全部告诉给别人。在这个行业里，中国与欧美比较，还是很落后的，中国小动物诊疗行业的发展和进取是要靠年轻的一代兽医，在小动物诊疗行业发展的过程中，我做的仅仅是铺路的工作，愿后生们有更大的发展。"

51 年孜孜不倦，51 年刻苦磨砺，51 年探索追求，51 年果实满园。高得仪教授为我国的小动物诊疗行业默默地奉献着，引领着这个行业从无到有、从简到繁的一步步走来。他把在国外学到的知识，与自己在实际工作中取得的经验，完美的结合在一起，像春蚕吐丝那样，全部奉献给了这个事业。

上下求索一生

——访中兽医专家何静荣

刘春玲

"路漫漫其修远兮，吾将上下而求索。"这是爱国诗人屈原在《离骚》诗篇里的名句，表现的是屈原为寻求真理的决心和毅力。在采访完何静荣老师之后，屈原的这句诗总萦绕在笔者的思绪中，我们的中兽医专家何静荣老师在研究探索运用中医针灸、穴位注射、中医治疗舌体麻痹、腰椎病、系统按摩治疗小动物疾病的这条路上，几十年如一日，上下求索，创立出独有的中兽医理论和临床经验，取得了突破性的成果，为中国小动物诊疗行业的发展积累了宝贵的经验，不正是体现了这种坚韧不拔的精神吗？

何静荣老师 1963 年毕业于北京农业大学（现为中国农业大学），是我国第一批受过高等教育的中兽医专家。毕业后，她回到农村的乡间地头，用传统的中医治疗方法给马、牛、羊、猪等大动物治病，一样的望、闻、问、切，一样的给动物们号脉，看口色等，利用中医疗法，挽救着动物们的生命，和提高着它们的生活质量。在她从事多年的大动物诊疗行医的工作中，她善于发现问题，善于总结经验，善于将理论知识与实际工作融合在一起，为此，奠定了她深厚的中兽医诊疗的功底。

随着我国改革开放的快速发展，人们观念的改变，小动物猫、狗逐渐成为人们的伴侣和爱宠。当何静荣老师重新回到北京农业大学后，除担任教学工作外，她还在农大兽医院门诊继续给动物们看病。但这时，给猫狗看病的病例日益多起来，大动物的兽医门诊量逐渐减少。何静荣老师敏锐的发现了这个依时代发展而给动物看病的种类发生了变化的新情况，大动物已不再是城市兽医院的主角，小动物逐渐占据诊疗行业的舞台，她开始了自己的转型，由给大动物看病转为给小动物的中医诊疗。

小动物诊疗行业在我们国家起步较晚，尤其是发展初期，有些诊疗技术和设备还达不到一定的水平，对有些小动物的疑难疾病，动物医生们基本上是无章可循，有些疾病西医也是没有办法解决的，如小动物的舌体麻痹、腰椎病等。是否能够从我国传统的中兽医学经验中挖掘出治疗的技术和方法，是否可以利用我们的中医优势，摸索出治疗这些疾病的新法子。在1994年，何静荣老师利用自己的中医技术专长和丰厚的中兽医理论知识，带领着学生开始了艰苦的探索和研究，反复多次的论证、实践，终于在舌体强直、外伤性肝损伤造成的腹水等疾病的诊治上，成功地创造出了自己独有的诊疗方法。同年，何静荣老师还研究出对小动物穴位注射和针灸的治疗方法，并应用于临床，取得了很好的疗效。这一项成果，填补了我国小动物诊疗行业的空白，这在中国小动物临床历史上也是创造了一个奇迹，这是前人没有走过的路。

京巴犬是许多饲养宠物人的极爱，但是它有一个致命的病症：品种遗传性的腰椎和颈椎疾病，西医是没有法子医好的。针对这种顽固的遗传性疾病，何静荣老师又一次带领她的学生，穿梭在这条充满荆棘的路上，开始寻找这类病源的起因和治疗的有效方法。经过一系列的研究、实验、数据检测，辛勤的汗水终于浇灌出了鲜美的花朵，中国的中兽医终于完全探索出用中医治疗腰椎病的分级诊断及颈椎病的病型分类。据统计，用此方法治疗腰椎病和颈椎病的有效率分别达到了84%和90%左右。而后，何老师又在国内开创了激光技术服务于犬猫疾病方面的治疗，系统、完整的总结出治疗的经验，给小动物们的健康带来一个又一个的好信息。

当笔者向何老师聊起小动物诊疗行业发展历程这个问题时，何老师诙谐幽默地笑着说："我养猫的历史便是可以见证小动物诊疗行业发展的历史。"接着何老师向我们介绍说："1979年，我养第一只猫，有一天，猫误吃了老鼠药，我非常着急，当时北京还没有小动物医院，我只好带它去找当时兽医系的老师救治，非常遗憾，当时没有真正意义上给小动物治病的方法和小动物医生，我只能接受无法医治的现实，无奈的看着它离去。80年代初，我又养了第二只猫，那时，农大兽医院正在开展对小动物进行绝育手术的临床实验活动，我献出了这只可爱的小猫，请他们为这只猫做绝育手术，但是由于当时的条件比较差，刀口出现了感染，医治了很久它才恢复了健康，可以说我这只猫为小动物诊疗的技术发展是付出了代价的。随后，在1984年我又养了第三只猫，这只猫陪伴我度过了24个春秋，可以说是创造了猫寿命的奇迹，因为家猫的平均寿命在15年左右，猫的24岁年龄相当于人类的100多岁，最后它是无疾而终，走的非常平静，没有丝毫的痛苦。"正是在这只"长寿猫"身上，何静荣老师实践和完善了猫狗系统按摩治疗法，这大概是这只猫长寿的原因吧。何静荣老师告诉笔者说："猫的天生性格，胆小且敏感、应变能力差、身体又太柔软、通常只和主人亲近，所以不太适合针灸，但适合按摩，而动物主人很容易学会，又非常适合现在城市中宠物主人们的心愿。"猫狗系统按摩治疗法是何静荣老师在中兽医治疗动物疾病这个领域里取得的又一个重要成就。不断地探索，不断地追求，不断地用中兽医理论创建出新的小动物诊疗方法，这在小动物诊疗行业的发展进程中，何老师的贡献是功不可没的。

笔者又与何老师谈起了关于小动物诊疗行业的发展前景及中兽医在这个行业发展的状况时，何老师感慨颇多，她说："中国传统的兽医学，是历代祖先同家畜疾病进行斗争的经验总结，是中华民族智慧的结晶。但是，真正研究用中医治疗小动物疾病的年轻医生并不多见，目前真正用于临床采用中医方法治疗小动物疾病的人也是少之又少，中药应用方面亟待开展。中国自己的传统，中国人自己不重视，现在，反而在欧美和东南亚一带的兽医比我们更热衷于中兽医的开发，这是一件令人非常担忧的事情，我希望中国年轻的中兽医们能够传承前辈们积累的经验，将源于中国，流传于几百年的中兽医在中国，在中国人自己手中腾飞。"这就是老一辈中兽医对新一代动物医生们的希望和祈盼。

北京小动物兽医临床的发展（1994—2007）

兽医师、中兽医师　李安熙

作者简介：李安熙（Ann Si Li）美籍华人执业兽医师，执业兽医针灸师。出生于美国加州伯克利市。毕业于加州大学戴维斯分校兽医学院。

在美国旧金山湾区，她拥有自己的动物医院，在此执业长达14年之久。后来，受其叔叔的影响，对中兽医产生了兴趣。她参加了国际兽医针灸学会

(IVAS) 培训，又到香港专修中医理论知识。她成为了在旧金山湾区最早从事中兽医临床的兽医师之一。对中兽医在美国的发展有积极的推动作用。

1994 年 6 月，李医师离开了她的动物医院，加入了联合国发展计划下的联合国志愿人员组织。1994 年，她来到中国，到北京农业大学的兽医学院做兽医临床志愿者。结束后，中国农业大学动物医学院和河北农业大学分别给予她名誉客座教授。李医师在北京的小动物临床工作期间，曾经影响了北京小动物兽医师对临床的认识，同时她也一直对北京小动物医师进行着无私的帮助。

她也曾是北京新天地动物医院的主要创始人，负责兽医事物。李医师目前在香港执业，专门从事犬猫的针灸和中医诊疗。

1994 年秋我首次来到北京

我叫李安熙，出生在加利福尼亚，是华裔美国人。我曾就读于加利福尼亚大学戴维斯分校的兽医学院。我们班一共有 52 名学生，其中只有 8 个女生，我是其中之一。在我就读兽医学校的那个时代，我是戴维斯兽医学院中的第一位华裔美国人（不论男女）。当时学习兽医的几乎都是男生，在我之前也有 2 位华裔男生进入戴维斯兽医学院，一个来自中国台湾，一个来自中国香港，但他们都不是美国本土出生。这种情况对我来说，意味着不能缺一次课，因为只要我缺课就会被发现。在当时，就读兽医的女生还要对占据了一个男生名额而道歉。

在加利福尼亚经营了自己的兽医院 14 年后，我决定卖掉医院来中国。我想体验一下完全生活在中国人当中，不再被当作少数民族的生活。而我没有想到的是我在北京，在北京农业大学兽医院内，还是被凸显出来。当时我的普通话水平非常有限，所以我对北京农业大学兽医院的兽医同事们，教我兽医汉语词汇以及给予我的其他帮助感激不尽。

我来中国，虽然是以代表美国参加联合国志愿人员组织的名义，但我决定，还是以个人独立的身份，帮助北京市兽医试验诊断所下属的小动物医院工作。当时我被邀请为客座教授。

后来，他们邀请我对一个动物医院的设计进行改造。因此，我帮助设计了几个动物医院建设的方案。多年之后，我听说我的动物医院的设计方案，在北京市内被许多新开的小动物医院采纳。

在当时的那个时代，除了一位退休的兽医（段宝符）开了一家私人动物医院外，没有其他的私有动物医院。大家都是在公家的动物医院工作（有大学的、政府的等），这些是我在工作了一段时间后才知道的。人们没有私有汽车，动物保健也处于最基本的水平。人们没有足够的资金花在他们的宠物身上。饲养宠物（如犬）要么有高收费的限制，要么就是非法的。后来限养规定很快出台，这使养犬受到了更加严格的限制（如限制了犬的身体大小等）。

相比较之下，在我的家乡美国，饲养宠物只需要很少的花费，登记只是收取一些手续费，而不是限制性的高价。

另一方面，我参观了董悦农医生工作的地方（羊坊店伴侣动物门诊部），看到了他的顾客群——来为犬猫治病的主人们。我立刻意识到主人们对小动物的爱是没有地域差别的，这些找董医生来给他宠物看病的主人，对他们宠物的感情和我在加州的动物医院里遇到的顾客们是一样的。正是这个领悟让我有愿望来中国帮忙，这也是一种对我的兽医职业誓言的继续奉行——不管在任何地方都要帮助动物解除痛苦。

当时中国许多兽医只熟悉大动物的病例，而对小动物还是比较陌生的。当时的情况让我想起美国加州的40年代，兽医们把犬猫看成是小体型的大动物。在我刚来到北京时，我又看到了这种情况的出现。

那时，北京农业大学兽医院的设备还不错，只是没有被很好利用，特别是在化验室方面。当时的实验室化验没有一个正常参考值。血液化验可以进行，但是没有以本实验仪器为基础的正常参考值。我已经习惯了化验单结果要附有正常值供兽医比较使用的习惯。而与我习惯的情况相反的是，那时我必须自己建立化验参考值。负责医院化验的安丽英老师，和我就马上着手建立了一个我们自己的化验参考值，这个参考范围直到今天还在被采用。我非常清楚这参考值有许多不足之处，但必须承认的是，有总比没有好。我将永远感激安丽英老师对我刚来到动物医院时的完全支持和帮助。很多情况下，她有很多工作要做，已经非常忙碌，而现又有我这个老外给她增加了更多的工作。

当时，许多病例是营养问题或是传染病。疫苗注射还没有常规化，动物数量的控制也没有被当回事儿。有许许多多的病例是体内外寄生虫，还有一些代谢性的病。我意识到，在加州，兽医们已经教育给了宠物主人很多知识，让他们认识了一些疾病的常识，如怎样饲喂宠物和护理宠物。因为对宠物主人的教育，也是我们临床工作很重要的一部分。而在这里我看到的情况是，宠物主人之前没有接受过任何教育。其实，在我刚毕业的时候加州的情况和1994年的北京差不多。宠物主人的教育是一个长期的过程，需要以年为单位来计算。没有对宠物主人的教育，我们作为临床兽医师就不能真正达到成功治疗病例的目的。因为对病例的治疗护理是一个团队合作的过程，需要主人密切的合作。

作为来自发达国家（如美国）的临床兽医师，有些病例只是在教科书里读到过，如在加州大学兽医学院毕业的许多学生，从来没有见过犬瘟热病例，更不用说那些20世纪90年代早期，在北京见到的一些宠物寄生虫感染的病例了，因为在我的家乡加利福尼亚，它们很久之前就被控制了。

我一直对北京兽医同行们拥有的这些病例和临床的经验，留有深刻的印象，因为许多病例我从来没有见过。在我与动物医院的同事们临床看病的过程中，我明显地感觉到，在某些方面他们的技术和经验远远超过我的水平，特别是在外科方面（记得我在农大动物医院的时候，有位教授在做一个脑瘤手术，这我是绝对不会去尝试的）。但是，在有些方面，我有更多的经验，比如兽医内科方面。这种情况让我在给予的同时拥有了收获。在北京农业大学兽医院工作了两年，它成为了我一生中最留念的岁月。

在发展中国家做临床兽医的感觉

人们的生活水平在发生变化，开始有了自己的私家车，有多余的钱花在养宠物身上。当养宠物的登记费减下来后，使得饲养宠物成为合法化。在农大动物医院两年后的 3～4 年里，我看到了这些变化。

私人动物诊所也很快地发展起来。

这个时期，临床兽医师们已经习惯使用化验数据、X 线和其他诊断工具（如 B 超）来诊治疾病。在许多情况下，临床医师自己拥有这些诊断仪器，但掌握和校正这些诊断仪器的能力，却超出了使用者的能力范围，这主要是接受的培训程度还不够造成的。

但随着临床兽医师们的出国访问，开始参加一些国际兽医会议，以此来提高兽医技术水平，这种差距开始慢慢地消失。这时也有了更多地与其他国家兽医接触的机会，如出国访问、出国学习。也有了一些奖学金提供给中国兽医到国外深造，来提高他们的能力。所有的这些改变，让整个行业特别是北京的兽医医疗水平，发生了巨大改变。

20 世纪 90 年代中期，在北京做临床兽医是很有挑战性的，但同时也是令人兴奋的。我的许多顾客是在北京的外国人，他们习惯了发展中国家的生活方式，他们能理解我在临床上面对的一些困难。在资源条件有限的情况下，能找到一个取得临床治疗的成功途径是件令人欣慰的事。

临床检查变得越来越重要。我记得在西方国家，由于每一个病例有太多的技术数据需要评估（例如：化验结果、X 线、B 超等），兽医们似乎已经忘记了临床检查的这个艺术性技术。而对于我们的病例，临床检查和病史是非常重要的。这是诊病的不同方式。因为方式不同，做法不同，所以交流起来有些困难。

开始时，兽医行业规定和标准没有全面贯彻，这让一些不符合执业资格的人员有机会进入小动物兽医行业。这种情况在北京开始进行兽医资格认证时很快得到了更正。

在快速的发展中我看到了未来

临床兽医师们能够挣钱且生活有保障，这让他们有条件到国外深造，提高他们的基础知识，并且向其他国家的同行学习。他们带回来知识并与其他的中国兽医同行分享，从而使行业的水平有了很大的提高。

随着越来越多的兽医同行到国外学习、交流，更多地了解到了西方国家同行们的做法后，他们回到中国找到了中庸的方法——中西结合。有些方法适合西方，但在东方就不一定合适。从以前学生们的快速发展到新毕业生对国外经验的迅速吸收中，我看到了未来。

然而，最重要最关键的部分不能改变的是，医生不能做伤害动物的事，动物的福利永远是第一位的。

现在，当我回顾以前的这段经历时，有一个最明显的感受，就是在世界的每一个地方，主人爱自己宠物的程度都是一样的。这是一种超越一切障碍的大爱（宇宙之爱）。

2010 年 1 月 7 日　于香港

（戴庶　译）

采编感言：他山之石

刘春玲

在编辑李安熙的《北京小动物兽医临床的发展》一文时，想起了我国古代《诗经》中的两句名言："他山之石，可以攻玉"。从兽医师李安熙的叙述中，我们看到她从美国带来的先进技术和先进经验，无疑是磨玉的他山之石，对我国小动物诊疗业的提高和发展起到了很好的作用，难能可贵。

李安熙 1994 年来中国时，正值北京小动物诊疗行业发展的低谷期。

北京小动物的诊疗始发于 20 世纪 80 年代中期。在这之前，我国大学里没有小动物诊疗的课程，也没有兽医师从事小动物诊疗。这个行业在我国是一张白纸，是一个空缺，没有历史记录可寻，没有诊疗经验可以借鉴。但是，时代在前进，饲养小动物渐渐成为了社会的时尚，于是，宠物医院也随之诞生。不过，积习不会一时消退，宠物诊疗仍然被看作是非主流的业务，在大学里也不被看好。兽医师们对于一般的小动物疾病有时也会束手无策，理不清楚它的来龙去脉，只能是在实践中摸索。

正是处在这样一个非常的时期。李安熙，一个美籍华人兽医师，毅然卖掉了自己在美国经营多年的动物医院，受命于联合国志愿组织，从大洋彼岸来到中国，来到了中国小动物诊疗的发源地——中国农业大学动物医学院，服务于我们的小动物诊疗。她的到来，给中国的小动物诊疗带来了新的气息，新的理念。

李安熙女士来自小动物诊疗技术高度发展的国家，明晰小动物诊疗的发展阶段，在观察中国小动物诊疗的发展状态时，便有一个可靠的参照系数。她又掌握先进的小动物诊疗的内科技术，有创办、管理动物医院的成功经验。因此，她对中国小动物诊疗的建设，能够提出切实而有效的建议。她首先提出，要建立实验室，化验单结果上附正常化验参考值，因为只有这样的正常参考值，才能够给兽医提供准确分析诊病的依据，她和我国的化验师们一起制定的正常化验参考值范围沿用了很长时间。

不久，她又以独到的见解，帮助我们设计出几套创建小动物医院的方案，这些方案当时有的就被采用。直至今天，有些新开的小动物医院仍然参考她当年设计的思路。

一个新行业的崛起与发展，离不开学习，离不开借鉴先行者的经验。我们中华民族，向来以广阔的胸襟吸纳世界上一切先进的东西。同时，我们中华民族又有着感恩图报的传统，"滴水之恩当涌泉相报"，中国的宠物医疗行业不会忘记，在我们最困难的时刻，鼎力相助并为此做出过贡献的外国朋友，将永远铭记。

六十而转型

——中兽医专家陆钢教授略记

刘春玲

1999 年，是陆钢教授的人生转折点，在从事了 38 年的中兽医研究及兽医临床工作后，他退休了。颐养天年的快乐时光瞬间来到身边，本该是享受生活了。然而，对中兽医工作的热爱及对动物们的喜爱，让陆钢教授不能够忍痛割舍这份"情缘"。"老骥伏枥，志在千里"。陆钢教授在 60 岁高龄时，毅然转型，做起了宠物诊疗的临床工作，将他几十年研究积累的中兽医诊疗经验用在小动物的诊疗上。又经过十余年的实践，他在中兽医医治小动物疾病方面取得了一定的成就，为中国的小动物诊疗行业增添了光亮和色彩，这是一条艰辛的探索之路，这是一个老中兽医的奉献。时至今日，陆钢教授以他 73 岁的高龄，依然是"宝刀不老"，依然是满腔热情地工作，依然是耐心细致地为生病的小动物们寻找着最佳的中兽医的治疗方案。

在采访陆钢教授时，他平静淡定，谦虚恭谨，略带上海乡音的话语，直述自己"未做出什么成绩，比别人起步晚，在宠物诊疗方面是小学生。"当谈起他从事中兽医工作的经历和转型做宠物诊疗工作的兴趣时，在老人走过的岁月里确是记忆犹新，如数家珍，一一道来。

从事中兽医之路

1956 年，生于上海的陆钢高中毕业了，填报的高考志愿是"人医"。他说："当时报人医的学生很多。班主任就对我们说：你们都报人医，兽医也是医啊。我想也对，兽医也是医，这是我对兽医概念的第一个印象。再一个是，我生长在上海，大城市的繁华、热闹，让我这个比较喜欢清静的人有点腻味。就想，将来如果做了兽医，可以骑着马儿到广袤的大草原上去工作，该有多么开心！""天苍苍，野茫茫，风吹草低见牛羊"的草原景致，让年轻的陆钢充满了激情和理想。他第一志愿就报考了北京农业大学兽医系，考中，录取，心愿实现。

当谈起为什么选择学习中兽医这门课时，陆钢老师这样说："我对中兽医比较感兴趣，促成的原因有三个因素：其一，过去中兽医服务的对象是以马、牛为主，马喝冷水容易腹部害病，疼得厉害，中兽医叫冷痛，西兽医叫肠痉挛，而中兽医治疗此病的方法是，给马放放血，扎扎针，结果就好了。有时西医弄半天不解决问题。还有猪、牛、马发高烧，体温达到 42 摄氏度，放放血，几分钟做完，第二天再量体温，正常了，这就是中兽医的技术。这让我感到神奇，而且是非常的神奇。那时做学生，经常跟着老中兽医下乡，看到他们的治疗方法这样灵验，让我对中兽医的学习兴趣增添。其二，中国现代中兽医教育的奠基人于船教授，他是我的启蒙老师，可以这样说，于船教授那深入浅出的授课，深深地吸引着我对中兽医这门学科着迷。其三，我初学中兽医时，也有过一段曲折的过程，因为中兽医有些东西不好理解。例如：中医讲白色入肺经，黑色止血，听起来很不科学，也不好理解，你说白的入肺经，黄的入脾经，红的入心经，根据是什么？解释不清楚。认为这不科学，因此在学习时，就挑挑拣拣地学，觉得不科学的就不学，觉得科学的就学，有抵触情绪。于船教授看到我们这样的学习情况，就对我们说，毛泽东同志说过：'中国医药学是一个伟大的宝库，应当努力发掘，加以提高'。刘少奇同志说：'要先系统学习，全面接受，然后再整理提高。'这 17 个字对我很有启发，就是这个思想支撑我全面地学习了中兽医理论。中兽医的理论精髓是'整体观念，辨证施治'，这就是说，中兽医诊病，讲究的是'整体'观念，不是哪疼医哪，在诊病的过程中，不但要全面地分析病因的来源，还要用辨证的方法分析。正是中兽医的这个理论指导我实践。"

由于对中兽医的兴趣和热爱，陆钢大学还没有毕业，就被于船教授慧眼相中，留在了北京农业大学兽医系中兽医教研组，开始了他跟随于船教授搞中兽医的教学和科研工作。

从事宠物诊疗之路

陆钢教授虽然在 20 世纪 80 年代开始接触宠物诊疗工作，但真正投身于宠物诊疗，是他在 1999 年退休以后。

将激光技术应用到兽医针灸领域中，这是一个突破。于船教授从 20 世纪 70 年代开始，率先将这个技术引用到兽医针灸的应用中，他是该项技术的奠基人，出版了《激光兽医学》一书。而陆钢老师一直师从于船教授研究这个课题。再一个是陆钢老师多年来一直在研究攻克中草药添加剂在猪、牛、鸡身上的应用课题，这也是导致他从事宠物诊疗起步较晚的原因。

还有一个重要的原因是："我所研究的对象都是针对大动物的，那时对宠物的诊疗还没有产生兴趣，也就没有那么重视"。陆钢教授坦诚地说。

究竟是什么原因，让陆钢教授对宠物诊疗发生了浓厚的兴趣，并一发不可收拾地做了下来，并且还积累了一些临床经验留给了年轻的中兽医呢？

那是在去韩国、中国台湾、日本讲学的时候，看到国外宠物诊疗及给宠物诊病的动物医院的情况后，让陆钢教授大为震惊。

陆钢教授去日本横滨参加世界小动物兽医师大会和世界兽医大会（这两个学术会议当时是在一起召开的），在大会上讲述的课题都是关于中草药添加剂的问题。也就是在这次会议期间，让陆钢教授听到了关于世界宠物诊疗方面的课题演讲。可以这样说，这次会议的参加，让陆钢教授对宠物诊疗有了一定的感性认识。

20 世纪 90 年代初，韩国首尔（当时称汉城）已经成立了韩国兽医针灸学会，陆钢教授应邀去那里做针灸方面的学术报告。讲学之余，陆钢教授参观了首尔的动物医院。当他看到首尔的人口不到 400 万，却拥有近 400 家宠物医院，而且是 24 小时随时门诊。可以这样说，这次的出访及看到的情况，让陆钢教授对宠物诊疗的认识有了质的飞跃，理性的思维让他想到了中国的北京。拥有这样多的人口，动物医院才有几家（当时实行限养政策）是不行的。随着国家经济的发展，宠物诊疗肯定也会发展起来，宠物医院也一定会逐渐增加，坐堂兽医尤其是采用中兽医的方法给小动物诊治疾病，也将是中兽医在今后的宠物诊疗上责无旁贷的探索和追求。陆钢教授对宠物诊疗的思想转型就以此定下，付诸行动的转型则是在完成了他的两个研究的课题之后，1999 年，他正式退休，之后开始了他兽医工作的另一篇乐章。

初试牛刀尽开颜

陆钢教授多年来，一直没有间断研究中兽医对大动物诊病的课题，也没有间断他对大动物诊病的临床工作，因此积累了丰厚的诊疗经验。可是眼下看的是几斤几两重的小动物，就是有点斤两的大型犬，也就不过才几十斤重，怎可与马牛羊猪比呢？又怎么实施诊疗呢？

谈到这里，陆钢教授极坦率地说："在中兽医诊治小动物疾病方面，我没有独创出什么方法，我只是套用了给大动物诊病的方法，甚至有时候我也把人的中医治疗的经验套用在小动物身上，因为都是利用中医治疗，从道理上讲是相通的，结果出现了相当好的效果。"

比如：动物的角膜溃疡，给大动物做诊治，陆钢教授采用的是将药物直接注射到晴腧穴的方法，结果角膜溃疡很快就治好了。在犬患此病的病例治疗上，陆教授依然采用这个方法，只是在用药上依据犬的实际情况减少药量，也同样收到了良好的效果。

顽固性咳嗽，这是发生在小动物身上的常见病，每当有动物主人向陆医生诉说此病症时，急得很，这咳嗽有时半年甚至是一年都不见好，但吃食又不受影响。其主人着急，陆教授更是着急，吃过的药它不见好，是啊，可怎么办呢？陆钢教授说："在医治这个病的时候，我想起过去下乡时，我给马治过此病。当时是为了让母马尽快怀孕生小马，开出了中药方，给母马灌药，结果灌呛了，母马发起了高烧，不吃不喝，当时又缺医少药，可怎么办呢？后来我想了一个法子，试试看，就在马的喉腧穴直接注射药物，结果病好了。急中生智，我想起了当年的这个做法，就想，把给马治疗的办法借用过来，在犬的身上试一试，也应该有不错的效果吧。"陆钢教授就这样开始借用此办法，在患病的犬身上开始研究药的用量和穴位所处的准确位置，开始注射治疗。一个星期过后，病犬竟然痊愈了。这使陆钢教授大为兴奋。过后，针对患此病重症的小动物，陆钢教授又研究出新的办法，就是在注射药物治疗一个星期后，停一周，再用药一次，效果非常好。由此"顽固性咳嗽"在陆教授的面前低下了头。在 2011 年的第七届北京宠物医师大会上，陆钢教授向年轻的宠物医师做了中兽医治疗这种顽疾的学术报告，展示了我们祖国中兽医的魅力和"魔力"。

用同样的手段，同样的诊疗技术进行穴位直接注射药物治病，陆钢教授也同样取得了成功，这就是针对常见的犬腰椎病和颈椎病的治疗以及犬尿失禁的治疗。

针灸，是中兽医治疗小动物疾病重要的手段之一，陆钢教授也是运用的得心应手。马有一个"低头难"的病症，其实就是颈椎病，不能低头喝水吃草，采用在马的脖子上扎九委穴的方法给予治疗，其效果很好。将这个方法移到犬的颈椎病治疗上，陆教授依据犬的脖子短的生理特点，研究出只扎三委穴即可达到治疗目的的方法，实用起来依然奏效。医治疾病，从病体整体观念考虑病因，是陆教授多年来行医的特点，在治疗瘫痪的病例，他不仅针灸在腰部，他还会考虑颈椎是否有问题，全面的观察，全面的分析研究，找出最佳的治疗方法，减轻动物们的痛苦，达到最快的治疗，这是陆教授在诊治小动物疾病时的不懈追求。成功有时是在一霎那间，但是积累确是年年、月月、分分、秒秒，辛勤耕耘，才会有花开的丰盛果实，才会有成功。

采访即将结束，陆钢教授对中兽医的发展寄予了无限的希望，他谈到："中兽医的发展只有和现代科学技术完美地结合，才是中兽医发展的必经之路。激光技术的启用，在中兽医治病的技术上有了很大的提高，如心脏病，用激光照内关穴，再加饮服生脉饮，治疗犬的心脏病的效果非常好。用现代科学技术提取中药的精华，如清开灵注射液，人用效果很好，兽用也很不错。激光的发展，提取工艺的发展，都是对中兽医提高临床诊治病况技术的帮助。"

用中兽医的方法给动物诊病治病，起源于中国的远古时代，在黄帝轩辕氏时代，我们聪慧的先人就创出了阉割技术。随着时代的进步和发展，中兽医的技术也在不断地创新和发展。然而，它与西医诊病和医病的方法不同，用药不同，导致了这千百年来的中国特有的传统医技的发展缓慢了下来。怎样提高年轻的中兽医学习的兴趣和水平，陆教授给出了很好的建议。他说："中兽医的人才培养，我认为在现有的宠物医师里面应该提高中兽医的水平，培养领军人物。另外，可以学人医的办法。学中医比较慢，搞中兽医虽然有博士学位和硕士学位，但是很少，即使是学成了，他也不搞临床，别作他用。学西医的人多，这部分人有西医基础，再来学中兽医，这样中西医结合，可能会发展得快些。或是在开展继续教育中，增加中兽医的内容，引起大家的学习兴趣。中国的中兽医要在本土大力发展，不能是墙里开花墙外香，让国外抢先了（因为现在在东南亚地区中兽医发展很快）。"听完陆钢教授的一席话，年轻的宠物医师，你会有怎样的想法呢？

人物小传

陆钢，1939年生于上海。1956年高中毕业，因老师的指引和本人对大草原的向往，报考了北京农业大学兽医系。1961年毕业，留校任教。跟从于船教授从事中兽医的理论研究和中兽医的临床技术研究，并做兽医临床工作。曾主持国家八五攻关子课题，国家自然科学基金项目，承担国家攀登计划经络项目的部分课题。主编、参编教材或专著10余部，发表论文及科普文字100余篇。1999年，转型做小动物临床的中兽医诊疗，虽无赫赫之功，虽无华丽之语。然，厚积之功底，薄发之功效，借用大动物诊治之法，活用在小动物诊疗之上，仍展现出熠熠光彩。

笔者曰：倘使他能够将其写作下来，留给年轻的后生，将是给中国的小动物诊疗行业贡献了一笔丰厚的"财产"，我们期待着……

陆钢教授是享受国务院政府特殊津贴的专家。2009 年，在第五届北京宠物医师大会上，陆钢教授获北京市畜牧兽医总站、北京小动物诊疗行业协会授予的"兽医终身成就奖"。

写于 2012 年元旦

探访"潘一刀"

刘春玲

这是一双灵巧的手，这是一双探索的手，这是一双追求小动物外科手术精湛技术的手，这是一双给小动物生命带来福音的手。

这双手的照片，刊登在 2008 年《宠物医师》杂志第二期"人物对话"的栏目中，我在编写北京小动物诊疗行业发展历程查找有关资料时，无意中看到了它。这双手，放在主人公胸前，手指修长，筋骨分明，力透张力，大拇指向后翻卷，一个漂亮的弧度，柔韧圆融，优雅美仪。我不禁怦然心动。摄影师这样凸显地拍照这双手，真可谓慧眼独具。

这张照片的主人公是中国农业大学动物医院高级兽医师、北京小动物诊疗行业协会副理事长、中国兽医协会宠物诊疗分会副会长潘庆山老师，被称为中国兽医界外科手术第一刀，又被人们冠以美名的"潘一刀"。"人物对话"栏目中还这样介绍到，潘庆山从事兽医工作至今已经有 28 年的历史了，在这 20 多年的从医经历中，他没有出现过一例医疗事故。他很喜欢这一行，尤其擅长动物外科手术。

注目这双操持手术刀的手，寻思良久，忽而产生一种渴望，亲临现场，去看看这双充满灵气的双手，是怎样地创造出"没有出现过一例医疗事故"的奇迹，用我这只愚钝的笔，记下"潘一刀"的经典之作。然而，事不遂愿，我没有寻到机会去欣赏一台现代版的"庖丁解牛"式的小动物外科手术，甚是遗憾。

一

另外的机会来了。2011 年 9 月 14 日，在北京第七届宠物医师大会的晚宴上，我有幸见到了拥有这双手的主人公，与他在欢快的晚宴中闲谈了起来。交谈中，我得知他是北京郊区平谷县人，中学毕业后，回乡插队，后有机会学习兽医专业，1980 年分配到北京农业大学兽医院做临床兽医。

在这之前，常听人说，潘庆山是一个很有个性的人，话语不多，脾气倔犟，因此，与他攀谈，我有些小心翼翼。只是巧得很，我与潘庆山是同龄人，我中学毕业后曾到平谷下乡插队。基于切身的体会，我了解平谷人尤其是平谷男人具有的犟直性格。俗语说："一方水土养一方人"，大概是平谷特有的山水铸造了平谷人特有的性格，用当地人的话说，就是"山杠子"秉性。这一点，在与潘庆山老师的闲谈中，我也深切地体会到了。

在交谈中，我提起："在中国农业大学动物医院最早开展小动物外科手术的人是你，你也是创业初期时的元老，亲眼目睹了行业发展的历程，亲历了小动物外科手术的发展情况。很想听听你的见解，谈谈你在外科手术上的……"我的话还未说完，他便急切地打断，情绪竟一下子高昂起来，声音也略带高亢，说："当年北京农业大学兽医院由给大动物诊疗到转型给小动物诊疗，是因为北京郊区农业机械化代替了大动物的农耕，来动物医院看病的大动物逐渐减少。随着人们生活水平的提高，养宠物热情高涨，人们有需求，带着宠物来到北京农业大学兽医院治病。农大是一块很好的土壤，它有很好的基础和设施，有一流的技术人才，这些方面其他学校不可比拟。因此开展小动物诊疗，不是某个人的行为，是北京农业大学兽医院老师们集体的智慧和决定。我不主张谈个人的功绩怎样，我只是其中的一员。个人的力量再大，也是集体中的一分子。"谈到这里，他激动地站了起来，将目光投向了同桌而坐的中国农业大学动物医学院临床兽医系副系主任、北京小动物诊疗行业协会副理事长夏兆飞，以求得他的佐证。并紧促眉头不容置疑地一再说："不应该过多地强调是哪一个人的成就，或是哪一个人做了什么，这都是集体的力量。"这样固执的观点，这样"山杠子"的话语，使得我无法插话，去寻找"潘一刀"名实的来由，只有望而兴叹。

尽管潘庆山固执地不谈个人的功绩，我还是从旁人处了解到，正是这"山杠子"性格，造就了他严谨的治学态度，促使他对小动物外科手术"锲而不舍"地长年探索。基于对动物生命的尊重和挚爱，他让这双手在中国小动物诊疗外科手术的发展中立下了汗马功劳。"潘一刀"的美名刻在了中国小动物诊疗的历史画卷中。

欢快的音乐舞蹈，带来快乐的心情。因为是同龄人，又是在同一地插队，接下来的交谈随和了许多，话语也较之前多了一些。但引起我更多注意的，还是潘庆山的那双手，这手势的语言总是很到位地表现出主人所要表达的思想和感情，我的思绪也不由得依着这双非同寻常的手回到了20世纪80年代的岁月，倾听着这双手所记录的故事，去浏览那段时光小动物诊疗初创时期的人和事。

二

1980年，是潘庆山从事兽医师工作开始的一年，也是他在北京农业大学兽医院开始施展才华的一年。他说:"我刚到北京农业大学兽医院的时候,是做大牲畜的全科医生。当时在动物医院工作的还有李凤亭、胡广济、董悦农、张瑞云等几位老师,也都是做全科兽医师。但从心里来说,我非常喜欢的是给马、牛、羊做手术。那时年轻,体力正好。所以,病马的手术一般都是我和董悦农老师做,就是从那个时候起,我对大动物外科手术有着浓厚的兴趣,着迷于外科手术方面知识的学习和手术经验的积累。琢磨、钻研、尝试。我认为,作为一个外科手术的兽医,关键的一点是要肯学习,肯下功夫,把手术这些方面的知识都要学会、掌握、弄懂,才能够做好每一台手术。丰富经验的积累,也就意味着外科手术的成功,手术的成功与不成功,取决于一个人的素养和刻苦学习技术的劲头。"

潘庆山的这段话,道出了他后来在小动物外科手术上取得成功的根基。接着他更加形象地介绍了作为一名动物外科医生的基本素质。他说:"外科手术从某些方面来说就像一门艺术,比如弹琴、画画,不但要熟练地掌握它的每一步技巧,还要掌握它的内在规律,才会创作出更美丽的图画和动人的旋律。给动物做手术也是一样的,作为一个优秀的外科兽医师,不但要有娴熟的技术,还要求有一双灵活的手,要有悟性。手的触感很重要,随着创口的扩展,我的手就知道应该做到哪个地步了。从事外科手术的手,要干净、利索、快速,不能拖泥带水,不能不干净。要保证手术的质量,这是非常重要的一个环节。随着技术的提高,手术的时间要掌握好,规定一个小时的手术就绝不能拖到一个小时零一分钟,倘若拖延了时间,创口暴露的时间久,体温下降就很快,就会造成不必要的损伤。因此说,做外科手术技术是第一的,但悟性也是非常重要的。虽然是同样的病例,但每一台手术的方案都会有差异,这是因为各个患者的体质不同而决定的,这包括术前麻醉用药的量,术前的消毒及无菌的操作等等,都是有严格要求的,不能有半点马虎。"这是一段精美的外科手术的语言描述,这是一段动感漫画的图像,他让我们看到了一个从事外科手术的兽医师的风采。从中我们领悟到,刻苦加勤奋,聪慧加悟性,探索加积累,是潘庆山这双手在小动物外科手术技术上取得成就的秘诀。但丁在他的十四行诗里有一句精彩的描述:他"身上散发着福祉的温柔之光",如果将"温"字改为"刚"字,即他"身上散发着福祉的刚柔之光",用来比喻潘庆山老师的外科手术,也是很贴切的了,他指挥的那双刚柔相济的双手所散发出的福祉之光照亮了小动物们的生命之路。

三

在小动物诊疗发展的历史演变中,小动物外科手术占据着小动物诊疗的"半壁江山"。在创业初期,潘庆山说:"1985年,北京农业大学动物医院成立小动物门诊，是因为有社会需求了，但那时养猫狗的很多还是外国驻中国大使馆的人，国外的狗到中国来没有动物医院接纳，只有北京农业大学有兽医院，当那些老外带猫狗来看病，觉得很新鲜。那时的技术是从给大动物的诊疗套用在小动物身上。"我们在采访中国农业大学动物医院高级兽医师董悦农时，他也说道："当初从给大动物诊疗转型到给小动物诊疗，连输液的治疗都做不了，那时候就只能做一些简单的处理，诊断室也是借大动物的设备，也只有给大动物诊断用的听诊器和体温表，因此这个时期小动物的诊断准确率是很低的。治疗的方法也仅是模仿大动物的方法，只能给予肌内注射点儿药物，再有就是口腔灌药，就再没有其他的治疗手段了。没有经验，没有书可查阅，就北京农业大学这么大的图书馆也难找到一本猫狗疾病的书。"

这两段话，向我们说明了小动物诊疗创业初期医疗技术的匮乏和人才的空缺。在北京农业大学兽医院由给大动物诊病成功转型到给小动物诊病后，如何借鉴给大动物诊病的技术经验转用在小动物诊疗的应用上，摆在老兽医们眼前的是一道急需解决的难题。"因为在 1989 年以后，随着人们生活水平的提高，人们养宠物的热情高涨，带小动物到北京农业大学兽医院就诊的病例也在逐渐增加。"潘庆山老师这样介绍当时的情况。

而潘庆山老师作为给大动物做手术的兽医，其经验和技术都是上乘的，但给小动物做手术是怎么个做法呢？面对着一个还没有马尾巴重的小猫，这手术的第一刀该从哪里入手，又该从哪里找出手术的节点完成质的飞跃呢？

潘庆山说："在 20 世纪 80 年代中期，北京农业大学兽医院只有一位老师是搞小动物外科的，她就是温代茹老师，大概在 1985 年，她从罗马尼亚的动物医院学习小动物外科归来。"董悦农在介绍早期中国农业大学动物医院开展小动物诊疗时也是这样说的，"在这么多的老师里，只有一位叫温代茹的老师，去罗马尼亚学习小动物外科，回来后，做过一些手术，如肠吻合术。当我们遇到棘手的问题时，常请她来指导。"在采访胡广济的稿件中也有这样的记述："当时搞小动物外科，应该记得温代茹老师，她是从罗马尼亚学习归来的博士，她在国内也是首位博士，她把技术留下了，她是做肠管吻合手术的。"

温代茹，一代老兽医师，中国小动物诊疗外科手术的开拓者，绽放出的美丽花朵，孕育出了中国小动物外科手术的种子，引领着当时还很年轻的兽医师们开展了对小动物外科手术技术的突破。当年由她点播的种子，如今在小动物外科手术中开出更加绚烂光彩的是以潘庆山、董悦农为代表的一代中年宠物医师。潘庆山记忆犹新地说："当时唯一能够治疗小动物外科疾病方面的专家就是温代茹老师，她带领着我们开始作母猫的绝育手术等。我学做第一例小动物的外科手术就是小动物的绝育手术。当时做小动物的绝育手术，被定为做兽医的人必须掌握的技术，这是做兽医最初的一个平台。"

做小动物绝育手术,在如今看来,用潘庆山的话说,"是'小儿科'"。但在当年,也是一道鸿沟,逾越的步子也是在不断的摸索中完成的。究其根源,也要追溯到 20 世纪 80 年代初期,在北京农业大学兽医院开展了对小动物进行绝育手术的临床实验活动。中国农业大学动物医院中兽医专家何静荣曾说:"我献出了在 20 世纪 80 年代初期养的第二只可爱的猫,参与到北京农业大学兽医院小动物绝育手术的临床试验中,请他们为这只小猫做了绝育手术。由于当时的条件比较差,又没有经验,刀口出现了感染,医治了很久它才恢复了健康,我的这只猫为小动物绝育手术经验的积累是付出了代价的。"我也曾记得有一位当初给猫做绝育手术的兽医师说过:因为大家都没有学过,所以刀口开得很长,有时为找腹腔中的子宫需要很长时间,手术要做一个来小时才能完成,给动物带来的痛苦和创伤不言而喻,也让我们感到很无奈,而动物主人也有意见。

艰难的起步从这里开始,潘庆山与他的同行们在温代茹老师的指导下,细细咀嚼原有给大动物手术的技术储备,开始了早期的小动物绝育手术的系统研究,迈出了小动物外科手术的第一步,开启了小动物外科手术的第一刀。

中国农业大学动物医院的兽医师们,依靠群体的力量,群体的智慧,推动着小动物诊疗技术的不断发展和外科手术技术的不断进步。新的小动物绝育手术方法终于在 20 世纪 90 年代初期研究成功,这就是"手不进腹腔,伤口只缝一针"的技术。而潘庆山也是其中的一分子。在采访他时,他闭口不谈自己所做出的成绩,而是一再强调甚至是强硬地说:"这是'小儿科',在校大学生都会做,如果只写这个手术是挺丢人的。"

其实不然,20 世纪 90 年代初期,在我们国家,小动物诊疗正处在"小荷才露尖尖角"的时期,在大学里小动物诊疗的课程也是春笋绿芽,刚刚冒头的时期,小动物绝育手术方法的创新和突破,不啻茫茫黑夜中的一盏航标灯,增强了兽医师们在小动物其他病症外科手术上快步前进的信心。请看,1995 年,由董悦农等兽医开展了"猫骨折内固定"的手术实验成功。2003 年的春节,还是董悦农与他的学生袁占奎和刘鑫在呼吸机完全是靠手工操控的情况下,突破了外科手术的难点——小动物的开胸术实验,取得成功,随之这个技术的经验积累,又解决了由胸腔带来的系列手术的成功,如胸腔的血管手术等。

我不敢断定,这些在小动物外科手术上属于疑难复杂病例的突破,与早期的小动物绝育手术第一刀的技术是否有关联,但至少那第一刀的实验,标志着中国小动物诊疗外科手术的启蒙,开小动物外科手术之先河。而后研究出的小动物绝育手术"只缝一针"的快速技术,也标志着中国小动物外科手术在潘庆山们一代兽医师的努力下,带着时间的刻度表,将这把日益"锋利"的手术刀,推向了中国小动物外科手术更高的层次。而这"小儿科"的技术至今仍经久不衰。

走笔至此，又想到"潘一刀"这一美名的内涵。老师不讲，只好求助于学生。曾经师从潘庆山，学习小动物外科手术的北京小动物诊疗行业协会理事长刘朗介绍说："潘庆山老师的小动物外科手术，干净、利落，无菌的要求极严格、严谨、规范，手术当中用过的工具都严格有序地放置在规定位置，不会有丝毫的错乱，他不容许手术后动物的伤口留有血迹，也不容许手术台上留有血迹。他的手出神入化，手术非常漂亮，简洁。我如今在小动物外科手术上所取得成功和对手术无菌的严格要求，都来自于潘庆山老师。"潘庆山的手术刀，始终游刃在小动物外科手术中没有停止过，只是他不善言谈罢了。

四

潘庆山是一个不苟言笑的人，凡接触过他的人都会有与我一样的体会，但他也有幽默的时候，比如他在叙述下面这段话时就这样形象地说："1994年，'黄埔军校第一期'小动物诊疗培训班开班了。"在他紧促的眉宇间和那张棱角分明的面孔上忽然流露出一丝笑意，说："那是在1993年，北京农业大学兽医院正式搬进现在的地址，当时有一些外国专家来北京农业大学进行小动物诊疗的技术交流讲课，我们这些老师也经常被派出国进修学习小动物诊疗。咱们农大动物医院的老师，小动物诊疗的技术水平提高了，我们作为一个团队，作为中国农业大学的老师，有责任带动社会上这些做小动物诊疗工作的宠物医生包括在校的学生，共同提高小动物临床技术水平。为这个目的，我们开始举办培训班传授我们的小动物诊疗技术。就目前情况来看，全国称得上技术最好的动物医院，基本和中国农业大学都有一定的关联，因为这些医院的宠物医生都参加过我们的这个培训班，因此，有些学员戏谑地称最初一期的培训班是'黄埔军校第一期'，有的学员甚至连续参加了几期，诊疗技术水平都有不同的提高。像四川华西动物医院院长李发志，他们诊疗技术水平与我们基本上是持平的，因为他肯学。"潘庆山的这一席话，证明了我的一个曾经有点疑惑的观点，现在看来是确凿无疑了，这就是中国农业大学动物医院是中国小动物诊疗的发源地，中国农业大学是从事小动物诊疗的宠物医生们的摇篮。

潘庆山不只是做临床兽医，他还是集临床与科研工作于一身的老师。继高得仪教授之后，他在中国农业大学兽医系教授的第一门课就是犬猫疾病学，而后他又继续讲授了小动物疾病的高级外科、高级手术、动物医院临床病例分析等课程。这些课受到学生们的欢迎。他说："在高得仪教授授课的时期，用的是系里老师自己编写的油印教材。"

潘庆山虽然是我国最早开展小动物诊疗的宠物医师之一，虽然在小动物外科手术上有很深的造诣，但为追求最新的技术，充实自己的技术库存，每次召

开的世界小动物兽医师大会,他几乎都去参加。早在 1995 年,他就去到香港
皇家动物医院学习小动物诊疗。世界各地有名气的动物医院,几乎都留下了他
的足迹。参加这些活动的目的只有一个,打开眼界,提高技术水平,推动中国
的小动物诊疗技术走向世界的小动物诊疗先进行列。

五

我们的话题在热烈的音乐舞蹈中结束。我走出沸腾的北京国际会议中心的
会场,满街的霓虹灯五彩缤纷,相互交叉,相互切入,辉煌耀眼。抬眼望去,
深邃的夜空悬挂着的星星,静谧而悠远。

"散落在各地动物医院的宠物医生,凡在小动物外科手术上做出成绩的,
基本上都做过我的学生。如果老师没有真本事,没有掌握先进的、科学的小动
物诊疗技术,不研究这个技术,不搞清楚疾病的发病的原理,怎么能带好学生
呢?"潘庆山的这段话,不知怎地总在耳边萦绕。我恍然明白,这不正是我苦
苦寻找的对"潘一刀"内涵的诠释吗?我还能再记述些什么呢?

霓虹灯依旧五彩缤纷,夜空的星依旧静谧悠远,我快步走向街边树下掩映
的公交车站……

2011 年 10 月 1 日于北京

采编感言:想起了"庖丁解牛"

刘春玲

潘庆山老师,被称为中国兽医界外科手术第一刀,又被人们冠以美名"潘
一刀"。他精湛的小动物外科手术令人赞叹。一双灵巧的手,创作出的一台台
线条简洁、优美流畅的小动物外科手术,让笔者想起了"庖丁解牛"。

这个故事出自《庄子·养生主》。记述的是厨师丁,为魏国国君梁惠王解牛,
其技术出神入化。他解牛时,手之触,肩之靠,脚之踩,膝之顶,与进刀解牛时
发出的响声,"莫不中音",和《桑林》舞乐节拍,和《经首》乐曲节奏。

梁惠王说:"嘻!好啊!你的技术怎么会高明到这种程度呢?"

庖丁说:我解牛,追求的是解牛之"道",超过我对解牛的技术。庖丁说
的这个"道",就是牛体本身的内部结构。任何事物都有内部自身的规律,只
有掌握了它,按照其规律做事,才可以达到技术的高峰。庖丁解牛,是神遇而
不是靠目视,就像视觉器官停止了活动,全凭着精神意愿行走,解牛的刀顺着

牛体的肌理结构，劈开筋骨间大的空隙，沿着骨节间的空穴使刀，都是依顺牛体本来的结构，从而达到了游刃有余的程度。潘庆山老师，之所以被人们称作"潘一刀"，也是因为他掌握了小动物们身体内部的结构和规律，手到之处，刀随其心，其外科手术达到了炉火纯青的境界。

然而，对于事物内部规律的掌握，不是一朝一夕，一蹴而就的，是需要长年的探索和积累，勤奋地学习实践，精益求精地磨炼。庖丁用了20多年的时间，刻苦学习和实践，才掌握了解牛之"道"，所解数千头牛，其刀刃仍如刚刚磨过的一样。他说，初学解牛时，不了解牛体的结构，满眼看到的是全牛。三年之后，就看不见全牛了，见到的只是牛的内部肌理筋骨。如今的宠物医师们学习的条件比之庖丁时代已大不相同了。进农业院校学习兽医专业，必学动物解剖学。动物解剖学，是在前人不断实践和不断总结经验的基础上，形成的一门学科，为后来学习的人们省去了许多从头摸索的过程。因此，在了解和掌握动物内部结构方面，相对就比较快些了。

记得有一位哲学家说过：世界上没有两片相同的树叶。这就是说，同一种类之间，内部结构也是存在差异的。正是这个差异，需要人们不停地深入探索、研究。宠物也是一样，就是同类动物，在外表看似一样的情况下，其身体内部构造也会有不同之处。庖丁虽然熟练地掌握了解牛之道，但有时遇到筋骨交错聚结之处，仍是十分警惕而小心翼翼，目光集中，动作放慢。这也告诫我们宠物医生，道无止境，技无止境，学亦无止境也！

回眸那过去的时光

——访临床兽医专家万宝璠

刘春玲

"泰斗"一词来源于《新唐书·韩愈传》，文中用"泰山北斗"称颂韩愈，表示对这位文学家的推崇和敬仰。后来，人们用"泰斗"一词，赞颂在某一方面成就卓越，有名望、有影响的人。

本文中的主人公万宝璠先生，在北京小动物诊疗的行业里，就被同行们称之为"中国兽医外科学方面的泰斗"。如今他已有76岁高龄，仍然在多家动物医院兼职，以他精湛的外科技术，培养着一批又一批的外科技术人才，种子撒满"科技园"。他的弟子遍布全国各地，很多人成为了兽医外科人才。

万先生早年毕业于北京农业大学（后更名为中国农业大学）兽医系兽医专业。毕业后，他留校任教，几十年来，他一直工作在外科教研组，从事外科手术教学工作。他以严谨的教学风格，严厉的治学方法，教诲他的学生，桃李满天下；上千例的外科手术，造就了他娴熟的技术；近似洁癖的性格，使得他对外科手术严格的无菌要求达到了极致，他将中国的兽医外科带上了新的台阶。

我们在采访万老师时，他对自己在兽医外科手术上所取得的成就不曾提起，只是以他不拘言笑的风格，向我们介绍兽医外科手术尤其是麻醉药使用的发展情况。他的话语不是很多，声音也不激昂，就像在做外科手术一样，几乎没有"言他"，只是专注地讲述当年所发生的一切。

他向我们介绍说：北京是在 1986 年的大学课程教育中，才开始涉足小动物临床外科的内容。但那时候在教学中并没有把小动物临床放在一个高的位置，还是以大动物疾病为主，兼顾小动物。那时候的教材编辑以及课程安排，也只是挤出一小部分的空间留给小动物外科临床，仅此而已。

那时候我们得到的信息很少，国内的教材也少得可怜。因为客观的生产里没这个需求，所以大家也并没有过多地关注这件事情，但随着社会的发展，特别是城市的发展，饲养小动物的风气日渐显盛，大动物逐渐退出了城市的动物医院，最后就连部队的军马也慢慢撤掉了，小动物开始占据城市的动物医院，对小动物的疾病诊断，迫切地提到了动物医院的日程上，我们这些老兽医师也随之进入小动物诊疗的领域里，尤其我是做动物外科的，在这方面也就更加精心地研究、探讨针对小动物外科手术的方法。可以这样说，治疗大动物疾病的经验对后来小动物诊疗的发展是起到了一定的作用。如 20 世纪 80 年代初，我们研究大动物骨折用钢板做内固定的问题，在这之前，用于骨折的办法都是用夹板石膏做固定。记得有一次，一匹马的掌骨骨折，我与一位从积水潭医院过来的英国专家一起，在兽医楼大的实验室里做这个手术。由于当时在护理等各方面都不太成熟，做完手术的马刚站起来，掌骨就又折了。虽然这次手术不太成功，但是已经让我们开始涉足这个使用钢板做骨折内固定手术的领域。后来这个技术逐渐走向成熟，农大兽医开始在宠物身上使用钢板做骨折内固定，大概是在 1995 年，而之前都是用夹板石膏做固定。钢板内固定手术发展到现在，做起来已经是得心应手了。

20 世纪 80 年代末，在小动物就诊病例逐渐增多的过程中，我们开始探索麻醉方面的技术。最初，在犬的麻醉方面我们学的都是土方法，使用的是 103 型麻醉机，麻醉效果很典型，和书上描述的一模一样。1986 年我们开始尝试开放式、半开放式的吸入麻醉。最早我们用的是化学的乙醚，但化学乙醚杂质多影响肝脏，对肝脏的毒副作用比较大，为避免对动物身体的损害，后来我们采用纯度比较高的医用乙醚。

开始做麻醉的分期实验，乙醚的麻醉分期比较典型，其他药的麻醉分期跟它大同小异。最基础的是观察动物的分期表现。最开始用人的 103 型的麻醉机，它结构非常简单，跟现在是没法比的。而且，用当初简单的仪器做乙醚吸入麻醉，这是很不安全的，因为乙醚容易爆炸，所以每次麻醉我们都小心翼翼地去做。

后来，开始用安氟烷，现在有些地区也还在用，它的麻痹效果好。异氟烷就更好了，但他的价格比较贵。异氟烷相比安氟烷对生理身体的影响更小一些，在体内几乎不代谢。但是，安氟烷这个药也挺好，如果是个健康的动物，使用这个药应该是没有问题的，它主要是在体内代谢，50％的代谢需要肝脏转化。

那时候临床带狗来看病的比较多，猫还很少，我们有什么需要，就联系养实验动物的人员共同研讨。在教学上，我们开始做母狗绝育手术的探求，在做这类手术时非常小心。但是我们年轻的老师还会出问题，有的头一天做了，第二天就死了，这样的事好像发生过两起，再后来就少有发生了。但作为兽医外科的老师，想要教出好的学生，首先就要把住关，哪能让动物手术后死了呢？这些小动物毕竟跟大动物马驴骡不一样，驴再小也比狗大的多。后来，我们又慢慢地开展了一些狗的其他实验手术，比如说，对耳朵成型的手术和竖耳的手术进行了研究。做这些手术的关键是，只要把好麻醉关，风险就降低了许多。

讲到这里，万先生心生感慨地说：过去的时光，是艰辛的岁月，是探索的岁月，是极大付出的岁月。我们这一辈老兽医师虽然没有赶上小动物诊疗兴发的时代，但是我们在给大动物医病时所取得的外科手术经验，如今也付诸于小动物外科手术上，并取得了成功，这也是我这辈子非常高兴的事。

在采访中，我们还得知，在1993年，万先生还曾加入到王静兰老师开办的良友宠物技术服务部做临床兽医师，与陈长清、卢正兴等一起为小动物们诊病。

1995年，万先生从北京农业大学兽医院退休。退休后，他没有离开这个他一辈子热爱的行业，依然在临床第一线为小动物们服务。

春来自有早行人

——访原中国农业大学兽医院院长胡广济

刘春玲

一个人，一辈子都在自己喜爱的岗位上工作，很难，尤其是在改革开放前，很少有人听说过"辞职"这个词，辞去现有的职位，做自己喜欢的工作，这是不可能的，只有听从组织的分配。发生在本文主人公胡广济先生身上的事，就很具那个时代的特色。

在采访胡先生时，他感慨地说："在兽医院我工作了13年，领导让去学校新成立的科技推广处工作，我不能不去，在那个时候哪有不服从领导调动的。如果当年我不去就好了，现在看看我的同行们做得都很不错。"回忆起那从前的往事，胡广济先生有些惋惜。是的，胡广济先生是原北京农业大学（后更名为中国农业大学）兽医院第一任院长。作为领导，在兽医院他是抓全面工作的，但作为临床兽医，他是给动物们带来身体健康的白衣天使，他很爱自己的兽医工作。但他最终服从了领导的调动，离开了心爱的兽医岗位和常年打交道的动物们，改行做了其他工作，对此他很遗憾。

当我们对胡广济先生说："北京的小动物诊疗发展初期，农大是根基。您在农大任兽医院院长期间，对小动物诊疗曾经有过独到的见解，我们想听听您当时的想法和见的。"我们的问话，显然触动了胡广济先生的感情，他有些激动，眼睛里流露出老人特有的光亮，开始了他的叙说："在'文化大革命'期间，农大迁到延安，兽医院也就自然没有了。'文化大革命'结束之后，农大迁回北京，1980年年初，学校就酝酿开办兽医院，臧克家老师还给题写了'北京农业大学兽医院'的牌子。但真正建立农大兽医院是在1981年，系里任命我做兽医院的院长，负责兽医院的全面工作，李凤庭是副院长，负责临床业务，安丽英负责化验室，敖素芳在药房，郑金柱负责制剂。在当时，给大动物看病还是占兽医院的主导地位，如马、骡、牛、猪等。随着国家改革开放的形势发展，国人养宠物的人也逐渐多了起来，就时常有人带小动物来看病，尤其是名人养宠物的，如姜昆就是比较早地带着他的宠物来看病的，记得来过不少次，最后是给看好了。那时中国马戏团，也经常带着他们表演节目的小狗来农大兽医院看病，记得，有一只表演节目的'主角'小狗，送来时病已经很重了，抢救了3天没有抢救过来。它的驯兽师是个女同志，哭得非常伤心，我们也很难过。"

胡广济先生告诉我们说，最初提出建个小动物诊室的想法，就是从这里受到启发的。开办小动物诊室这件事的原因很清楚，他说："当时我的思想很明确，我就跟系里汇报，衷心地提出建小动物诊室。"当时系里有人问："为什么要建小动物诊室？"我说："大动物早晚要退出历史舞台，尤其是骡马，骡马这一块一定首先减少。"当时主管校长问："骡马退出历史舞台谁来上舞台啊。"我说："随着人们生活的改善，小动物即宠物也会有相应的位置，而且发展到一定的时候会占到兽医院诊疗的主要位置，小动物诊疗这一块，肯定是一个很有前途的事业。从我们目前的门诊量来看，也可证实这一点。"我这预言还真兑现了。我们是1980年提出来的，1990年小动物诊疗就发展起来了，不到十年。

胡先生说："北京农业大学是一所综合性大学，我们要有与时俱进的教学和科研及临床专业。而小动物诊疗也是应形势发展而出现的新生事物，建小动物诊室是早晚要开办的。"正是有胡广济先生这样前瞻远望的带头人的呼吁和奔走，北京农业大学兽医院终于在1985年建立了"北京农业大学兽医院小动物门诊"。

最初给小动物诊断疾病时，没有资料可参考，也没有前人的经验可借鉴，那时候也没有国外资料的引进。胡广济先生向我们介绍说，在给动物诊病时，有些病症需要研究、实验，寻找根治的方法。因此，在科研方面，我们主要是和临床专业的各个教研组配合，其中，像于船先生那个教研组，他们搞激光和中兽医的一些实验研究，我们兽医院作为集体研究的项目也都到他们那去做，像一些外科疾病、内科疾病的诊疗实验等。其中中兽医在临床上做的实验还是取得了一定的经验的，比如说激光穴位治疗，比如说疼痛等一些疾病，用这个方法效果是不错的。还有针灸，王清兰老师还到国外去讲学，这也是从实验动物做起，从小动物做起的，穴位照射、针刺麻醉，我当时还组织了好几例手术。开刀手术，用针刺麻醉就不用麻醉药了，没有疼痛感觉了，说明穴位针刺镇痛效果还是挺好的。

另外一个是用青蒿素，是我们兽医院研究出的成果，后应用到人医这个方面，主要是防治腰肌病。还有中医研究的一个成果——亚硝酸盐中毒，临床医学上人类应用这方面挺好，抢救这方面不要别的方法，放血以后输液就行了，把血液稀释了以后，血液里亚硝酸盐的含量降低。咱们兽医临床为人兽共患疾病还是做出了很多贡献的。从罗马尼亚回来的温代茹博士，是国内首位兽医博士，她开展了小动物的肠管吻合手术，开办了化验诊断技术培训班和临床技术培训班，培养了几百名兽医。可以说，温代茹医生为中国的小动物诊疗还是贡献不小的。

胡广济先生说，由于农大开展小动物诊疗比较早，病理实验有得力的教研组和有丰富经验的老教师、老教授共同研究、探讨，同时又具有临床兽医师诊断大动物实际医术的经验，所以，在开展小动物诊疗中，虽然没有经验，没有专科学习，但还是逐渐摸索出了不少诊疗方面的技术。可以说，在小动物诊疗这块儿，农大兽医院是走在了最前面的。"我很遗憾我当年调离兽医院去做其他的工作，如果在兽医院一直做下来，在今天小动物诊疗的这个行业里，与我的同行们一起也会有所成就的。"

听胡广济先生讲述创办小动物诊室的故事，给我们最大的感受是，他能够看到常人没有预测到的东西，能够非常清晰地判断出事物发展的结果，并坚持己见，在他的身上有着一种特殊的魅力，也是我们常说的"执着不渝"。

胡广济先生当年对建小动物诊室的想法和做法，并不会因为他后来工作性质的转移而抹掉，小动物诊疗行业会记住每一个曾经为此做出过贡献的人。

做小动物医生的经历

三见陈长清

刘春玲

我与宠物医师陈长清的认识，源于我家养的龙猫欢欢。

欢欢是我儿子带给我的宠物，在我家生活到第三个年头的时候，突然生病了，不吃不喝，我带它多次去动物医院看病，终没有效果。时间过去一个多月，它仍然不进食，体重急剧下降，痛苦的眼神哀哀地看着我，我心急如火。

2010 年 1 月 18 日上午，我又在网上寻找着能给它看病的医生。忽然一条消息跳入我的眼帘："陈长清是全北京最早开始研究龙猫病例、实施龙猫手术的医生，业务精湛，拥有极其丰富的经验和令人钦佩的医德。"我好兴奋，立即拨通陈医生的电话，约定时间。

中午 1 点多钟，我带着欢欢来到了北京观赏动物医院。陈长清医生热情地接待了我和欢欢。我急切地向他叙述欢欢的病情及在其他医院的诊断情况。陈医生言语不多，只是轻轻地将欢欢接在了手中，给它量了体温，又轻柔地抚摸着欢欢的腹部，然后对我说："不是消化系统的问题。"我惊诧，因为给欢欢看过病的医生都说是消化系统的病，其中包括一位老专家的诊断。

我忧虑地说："那是什么病呢？"

他只是静静地、用着爱怜地目光观察着欢欢，"应该是牙齿出了问题，需要麻醉检查。"

他抱着欢欢，像是捧着瓷娃娃那般小心翼翼地称了体重。欢欢也好像明白遇到了能治好它的病的医生，竟然很乖，也不逃跑。

麻醉检查，陈医生很谨慎。配好药后，他将麻药放在两个针管里，对我说："麻药对龙猫有一定的危险，先注射一针，如果可以正常检查，就不注射第二针了。"检查证实，欢欢的臼齿上有一洞，需得补牙。但观赏动物医院没有给龙猫修牙的工具。他对我说，可以帮我联系另一家动物医院的医生给欢欢补牙，我同意了。

这时欢欢还在麻醉中，我抱着欢欢等它睡醒。陈医生说："麻药没过，它怕冷，注意保暖，别窝着它脖子，保持呼吸通畅。"说着，他把欢欢抱了过去，竟很自然地放在胸前，用他的体温暖着欢欢那小小的、瘦弱的生命。猛然间，我多日的焦虑、忧愁、担心忽然轻松了下来，泪水不知怎地蓄满了眼睛，我急忙转身去交治疗费。

等我回来，欢欢在陈医生的怀抱中开始醒来，睁着黑亮亮的大眼睛看着陈医生，我仿佛看到了一幅"母亲"与"婴孩"的图画。

这是我第一次见到的陈长清医生，他那耐心、认真、细致的工作态度，给我留下了极深的印象。他瘦高的个子，白净文雅，有着书生气质，话语不是很多。

后来，我被邀请做了《宠物医师》杂志"往事回顾"专栏的编辑，就曾动心想记一点陈医生给龙猫治病方面的文字。但庸事缠身，一直没有再与他联系。

9月初的一天，秋雨濛濛，下了一夜，雾气沼沼的。我与编辑部的小张到北京观赏动物医院采访一位老兽医师，顺道去看望陈医生。与第一次见面，时隔半年多，我几乎没有认出他，要不是桌子上摆放的值班医生的牌子写有他的名字，就可能会与他擦肩而过了。那天，他的脸色有些灰暗，似乎更瘦高了一些，我也没多想，只当是昏晦的天气笼罩他的诊室，才有了那样的气色。与他交谈了几句，他说话还是那样温文尔雅的。这是我第二次见到的陈长清医生。

11月22日，我从北京小动物诊疗行业协会理事长刘朗那里得知，陈长清医生患了淋巴癌。我忽然觉得一阵胸闷，空气似乎凝滞。想到我还未曾记下他的文字，着实悔于自己的疏懒，急忙与刘朗商定，我们编辑组人员去看望陈医生。

23日上午，我们来到陈医生的家。这天虽然是"小雪"节气的第二天，并不显冬天的寒冷，阳光依然明亮，依然温暖，透过窗棂，照进房间。我看到陈医生，面色黄白，那是化疗后留下的容颜，但在明媚的阳光抚爱下，他竟兴致勃勃地与我们畅谈了近2小时。是陈医生的健康心态和坚强的毅力赶走了我们心中的阴霾，并得以记下他不平凡的宠物医师之路。

陈长清医生讲起他少时就非常喜欢动物。年岁渐长，志趣不变，直至高考，看到北京农业大学有"动物"两个字的专业，未加思索就高兴地报名了。录取后才知道是实验动物专业，这是1985年。四年后，大学毕业，他分配到了中日友好医院的实验动物中心工作。

1991年，王静兰、杜长泰、卢正兴三位老师，在中日友好医院院内建立了"樱花小动物保健中心"。1992年，陈长清也从实验动物中心调到这里做临床动物医生，跟在这些老兽医身边学习小动物诊疗技术，这正和他意。

樱花动物诊疗保健中心创建初期，条件简陋，医生又少。医生不但给动物诊病，就连打针、输液的活，也全部是自己抱着操作，没有专门的护士。而那时饲养小狗已渐成风气，动物医院的病例时有增多。陈长清整日地跟在老兽医师们身旁学习诊疗技术。有时遇到需要打针、输液的病例，晚上就接着顶班，忙忙碌碌的几乎没有上下班时间。最苦的是有一次，医院收了四个患重病的狗住院，都需要输液治疗。陈长清的一个同事还病了，只有他一个人24小时轮流转，白天跟老兽医师看门诊，晚上抱着狗输液。没有吃饭的时间，就买了一箱子方便面。一周后，动物们痊愈出院，他瘦了十斤。一个星期他只睡了十几个小时的觉，从此与方便面无缘。陈长清说："那时我还很年轻，也能吃苦，整天和动物们在一起，很快活，苦和累都不觉得。现在的这点诊病技术都是那时候练的。"

不久，发生的一件事，给陈长清留下了终生不可磨灭的印记。他说："有一天，卢正兴先生给一只猫做绝育手术，我给他打下手。那个时候，正是处于手术麻醉摸索阶段，有时候麻药打得不够深度。卢先生给这只猫做手术，正遇到这种情况，当手术完成缝针的时候，猫已开始苏醒，我解开捆猫的绳子，那猫嗖一下就翻起来了，其实它还没有完全清醒，手术台一米多高，要是掉下去就危险了，只见卢先生伸出双手把猫接住了。猫倒是没摔着，可卢先生的双手被猫抓出了八条血道子，顿时血就流了满手。要是我，当时可能就不敢接，卢先生想的是猫别摔着，是怕动物受到伤害，他没有想到自己会受伤，他的举动深深地震撼了我。我做临床这么多年，他一直是我崇拜的偶像。卢正兴先生，就是在平常的工作中，对人的态度也总是那么谦和、不急不躁，对要交代的事情也是非常仔细、认真，很有君子风度。"陈长清在这样的环境里成长着，从卢先生那里不但学到了动物诊疗技术，也学到了如何做一个优秀的宠物医生的品德。

1994年，王静兰和卢正兴、杜常泰、张中直老师借农业部下属的欧共体公司一块地，建立了"良友宠物技术服务部"。王静兰老师又将陈长清带到了这里跟她从医。这时他的工作关系也调到了农业部的欧共体公司。就在他兽医诊疗技术逐渐娴熟的时候，2002年，由于租地原因，"良友宠物技术服务部"彻底关掉了。

陈长清，这时走在了他人生的十字路口。如果照直走下去，他将一辈子都走在他热爱的宠物医生临床工作的路上。如果转个弯，回到欧共体公司，改行做其他的工作，这也将是一份安稳的工作。但他与小动物们有着不可割舍的"情缘"，他不能够放弃。经过缜密的思考，2002年，他下决心辞职了，全身心地付出去做自己喜爱的事业。与人合作，开办了一家动物医院。我问他："决定辞职的事告诉家里人了吗?"他有些腼腆地说："说实话，辞职的事当时都没敢跟我母亲说，怕老人担心啊。"

但是，创办医院的路并不顺利，出现了坎坷。后来，他离开这家医院到别的宠物医院继续做临床工作。当谈起这些曾经发生过的事时，他没有愤怒、怨恨、惋惜，只是笑笑而已。他调侃地说："我觉得我最愉快的工作就是和小动物打交道，结果弄得我现在和人打交道还是不行。我的社会经验是小学毕业，处理人际关系的事总是掌握不好。"当我们的话题再次转到猫狗等小动物的时候，我看到陈医生的眼睛里闪出了快活的光芒，从心底里发出的一种慈爱之情，洋溢在他那消瘦的、黄白色的脸上，笑得是那样的灿烂，那样的开心。"我爱它们，我和它们在一起，很高兴，很快乐。"

谈起小动物，陈医生那情不自禁的喜悦，使我油然想起半年前他给龙猫欢欢看病的情景，于是我问他："在北京地区，你以诊治'龙猫'病症而知名，并做到了专家级，我们想知道你是怎样做的。"他莞尔一笑，说："在大学里我学的是实验动物，实验动物就是以大鼠、小鼠、猫、狗等为研究对象。龙猫是属于啮齿类家族的动物，它的学名叫'美洲栗鼠'，又称为'毛丝鼠'，后被香港人改名叫'龙猫'。在学校时，我就看过在国外有关介绍龙猫常见病的翻译资料，虽然不是很详细，但它的生理特点、常见的疾病及正常的解剖，有着与大鼠小鼠相同的特点。当有人抱着生病的龙猫来看病，我就根据其病情，摸索着诊治的方法，试着用药，试着动手术。在不断地总结经验的基础上，逐渐掌握了诊治龙猫病例的技术"。我说："你取得了骄人的成绩呦。"

陈医生淡然地说："我始终认为，做兽医的，不管是什么动物，都是兽医应该照顾的范围。既然，社会有这方面的需求，作为兽医就有责任帮助别人，给他们的宠物带来健康的身体，就因为你是做兽医的。"

"这回我生了病，更深有体会，看病、做手术、麻醉，都是遭罪的。我这次做手术虽然伤口不大，都觉得很痛苦，好几天都不敢动，因为一动就疼。将心比心，以后再给动物看病时，更要善待它们，小猫、小狗，都是有血有肉的，你给它做了手术，你再不善待它，动物它有话说不出来啊，都是生命，都是血肉之躯，我不能再让它们受到一点委屈。"陈医生这深情而朴实无华的语言，感动了我们在座的每一个人，理事长刘朗的眼睛里噙着泪水……

这也是我第三次见到的陈长清医生。

此文完成，心绪难平，翻拣"箧物"，得陈医生瞻前之言，故又补记之。"小动物诊疗将来会向着更精、更细的科目发展，就像人医分科一样，分的很细。将来兽医也会这样的，也会和国外一样，分科比较多。将来也会有专门看猫的、看狗的，看爬行动物或其他动物的医院，每个医院有自己的特色，人医不就是这样么。小动物诊疗这个行业近几年发展得比较快，再过五年可能又是一个飞跃。"陈长清医生对小动物诊疗行业前景的勾画，是一个让人向往、让人期待的年月……

20世纪90年代初在北京做小动物兽医的日子

戴 庶

从准备做"牛医生"到"狗医生"——时代对兽医的需求

接到北京农业大学兽医院（现更名为中国农业大学动物医学院）的录取通知书时，我的父母很高兴，因为那时全国正在进行鼓励农村发展"万元户"的活动，而我的老家——云南大理——畜牧业又是比较强的。当时按我舅舅的话说："学好兽医，回来当奶牛医生，你很快就是万元户！"我的毕业论文也是有关奶牛方面的课题，而在真正毕业之后，我却成为了"狗"医生（宠物医生）。

刚毕业的时候，记不清是哪位老师曾经对我们将要做小动物临床的毕业生这样说过："现在养小动物的人主要有三种：一种是有钱的，一种是有权的，还有一种是有病的，哪一种都不是好对付的。"现在听起来这样说有点太过，但在当时说不算为过。北京农业大学的兽医院远在西郊的马连洼，在20世纪90年代初期能长途驱车带宠物来看病的人，大多数都不是"普通人"（必然是有一定背景的）。在这些人中也不乏利用宠物的兴起谋利的狗贩子、犬繁殖者。由于名犬的价格昂贵，这些人把宠物当作"孩子"一样精心养护，然后售卖赚钱。每天上班，我都会面对各种各样的宠物主人和动物病例。这些主人们将犬猫视为珍宝，有的把动物揣在自己的皮夹克内，有的把动物包裹在浴巾中，这些动物享受的待遇，远远超过我老家农村的小孩。这时我才真的体会到"宠物"是什么意思。

由于这些原因，刚开始做宠物医生的我充满了新鲜感和特别感，同时也夹杂着复杂的心情。远在云南大理务农的父母，对我的职业感到好奇和不理解，唯一让他们放心的是我的工作单位——北京农业大学。

我的小动物临床老师们——成长来自好老师的指点和许多病例的实践

对小动物临床兴趣的培养，要感谢当时（1989－1991年）在北京农业大学兽医院的董悦农老师、冯士强老师、谢建蒙老师和潘庆山老师等。由于老家远在云南大理，许多假期我都不回家而留在学校。毕业前的几个假期，我都是在兽医院内度过，给老师们当助手。兽医院的值班室有一个彩电，晚上我就喜欢在兽医院值班室看电视，当有夜诊病例时，我就给值班老师当助手。在毕业前，我已经在北京农业大学兽医院做过两个假期的临时工。正因为有这些在临床上"摸、爬、滚、打"的机会，又有当时在小动物临床方面顶尖老师们的指导，我的小动物临床技术突飞猛进，同时，我对小动物临床的兴趣也越来越浓厚。冯世强老师对动物、对主人都非常耐心，我还清楚地记得冯老师耐心地给一大堆养猫的主人们详细解答问题的情景。当时冯老师以看内科病为主，而且有很好的药理基础（他曾经是兽医系的药理老师）。这对我后来的临床诊断影响是很大的。

在北京农业大学工作期间，我有幸被安排到和董悦农老师一起值班，董老师对我既信任，又大胆让我去接一些复杂的病例，有问题时又及时给予我保护和支持。董老师对知识从来不保守，也很谦虚。在董悦农老师的指导下，我在这些繁多的门诊病例中亲历诊病，技术水平不断提高。任何一个人，如果对小动物临床有兴趣，跟着他学习都一定会有快速的进步。

在北京农业大学兽医院实习过的每一个学生没有一个不对安丽英老师有深刻印象的。安老师辛勤教学，和蔼可亲，对化验工作一丝不苟。我在北京农业大学兽医院的 7 年临床工作中，安老师给我很大的帮助。当时我的小动物临床化验技术，几乎都是来自她的教导。可以说在各种先进的兽医全自动化验设备使用前，安丽英老师一直是小动物临床化验的权威之一。她在北京培养了许多的宠物医院化验师。

那个时候 对我们从事小动物临床的兽医来说，高得仪教授主编的书《犬猫疾病学》就是一本小动物临床的"圣经"。如果你的外语水平不佳，这是当时唯一比较有深度的小动物疾病学丛书。高老师是从澳大利亚进修学习回来后编写的这本书，它对初期从事小动物疾病诊疗的兽医帮助非常大。

为了解决一些疑难病例，我对中兽医方面的兴趣也在处理疑难病例的过程中不断增加。在北京农业大学兽医院的时间里，何静荣老师给我很大的帮助和启迪。何老师注重的是临床和治疗效果，而且对中兽医的临床应用非常务实，有效果就是有效果，没有效果就是没有效果。当时我曾经常向何静荣老师请教中医的知识，她很耐心地指导我尝试用中兽医的方法治疗疑难病症。

除了北京农业大学兽医学院的老师们之外，还有两位来自美国的兽医师对我本人和对北京农业大学兽医院的发展，乃至对中国小动物兽医的发展都有一定的影响，一位是马国达（Todd Meyer），一位是李安熙（Ann Si Li）。马国达是美国康奈尔大学兽医专业毕业的美国兽医师，1992 年来到北京之后，他主动拜访了北京农业大学羊坊店门诊部。我和董大夫把他介绍给当时兽医学院的副院长陈兆英教授。之后双方达成了一个交流协议：北京农业大学兽医院给马国达提供住处，他帮助我们的小动物门诊（每周 2 天门诊）以及给兽医学院的老师教专业英语（每周二晚上）。由于东西方思想和文化的差异，马国达在北京农业大学兽医院只呆了9个月。在那期间，他介绍了一些在北京的国际友人和使馆的外国人，带他们的宠物来北京农业大学兽医院看病。他自己也给当时的北京农业大学兽医院注入了一些新的技术和新的理念。我清楚的记得，是在他来到北京农业大学兽医院之后，北京农业大学兽医院才开始应用比较现代的公、母猫绝育方法。在李安熙（美国加州戴维斯兽医学院毕业的华裔美籍兽医师）自愿申请下，同时在当时北京农业大学兽医院院长董悦农老师的努力下，1994年李安熙以联合国志愿者的身份来到北京农业大学兽医院做技术支持。李安熙来到之时，正是北京农业大学兽医院临床系老师全面转入到现代的小动物临床当中的时候。因为李安熙是专门从事小动物的美国兽医师，自己在美国经营动物医院十几年，她来到北京农业大学兽医院后，对整体的动物医院包括临床技术、化验室诊断、一般的手术操作、对宠物和宠物主人的态度等方面的提高都起了促进作用。我还记得她当时给大家介绍一个犬胰腺炎病例的情况，那是我见到的北京农业大学兽医院第一例有清楚诊断和治疗的犬胰腺炎病例。马国达打开了北京农业大学兽医院面向使馆区和国际友人的大门，李安熙是让北京农业大学的兽医院比较全面的面向国际友人服务。

20世纪90年代初北京小动物医生的摇篮——羊坊店"北京农业大学伴侣动物门诊部"

回想在北京农业大学兽医院工作的日子，就不得不说起北京羊坊店路的"北京农业大学伴侣动物门诊部"。1991年7月至1993年7月，每个月有两周是我和董老师在这里值班。很幸运的是我能够和德高望重的董悦农老师一起上班。我们每天从北京农业大学坐车到颐和园，转车到公主坟，再转车到军事博物馆，然后走路到羊坊店的"北京农业大学伴侣动物门诊部"。有时候，我们也骑自行车从北京农业大学到军事博物馆附近的羊坊店。时不时地我们还要在自行车后面带上一个煤气罐，因为我们需要煤气来进行手术器械的蒸汽高压消毒。有许多时候，当我们到达门诊部时，门口已经有10几个人抱着他们的宠物在排队等待我们的到来。一般情况下，我们从早上一进门就开始忙，一直到中午。一个人在有布帘分开的手术室内一直做手术（幸亏大都是绝育等小手术），另外一个人则在外面一直看病。满屋子都是人和动物，我们没有助手，看病、打针、开药、收费、接电话，时不时负责外面看病的医生，还要进到白布帘后面帮助另一个人做有一定难度的手术。每天很忙，很累，但总的来说很开心。

我在那里上班的日子里，看到现在的一些北京小动物兽医师中的主力或佼佼者，都曾在这个门诊部实习或学习过。都得到了冯世强老师、潘庆山老师、董悦农老师等的临床指导。这些北京小动物医师同行们包括：北京观赏动物医院的张炎医生、凌凤俊医生；北京伴侣动物医院的刘朗医生和李贞玉医生；北京爱康动物医院的刘欣医生和张志红医生（当时在北京怡亚宠物园动物医院上班）等。当时想在北京开小动物医院的兽医师们，或长或短的都在这里实习过。可以说，当时北京羊坊店的"北京农业大学伴侣动物门诊部"是北京小动物医生的小摇篮。

北京宠物保健的一个特殊需求——给国际友人的宠物看病

我在北京做小动物医生的时间里，给国际友人的宠物看病过程是一个促进我进步提高的过程，同时也是比较有意思的临床部分。由于在马国达、李安熙的影响下，我对当时在北京的国际友人的宠物保健有了一些了解和认识。特别是在 1997 年，我在美国进行了一年的动物医院临床见习后，对来自发达国家的国际友人对宠物医生的要求有了深刻认识。那时，我也具备了一些能力，能够给他们提供比较好的宠物保健服务。在离开中国农业大学动物医院后的 2 年内，我以给在北京的外国人的宠物服务为主，同时还帮助办理一些国外来中国和离开中国的宠物出入境手续的事，期间也与其他国家的兽医有所交流，一起讨论和治疗一些病例。从某种程度上说，这让我有机会向国际友人展现了我们中国北京当时小动物兽医的水平。现在回想起来，这是让我感到高兴和自豪的。比较典型地例子是美国人 Doris 的两只黑色拉布拉多犬，6 岁的 Maggie 有严重的焦虑症，7 岁的 Morgan 有肥胖、慢性胰腺炎、多个关节有炎症。在来到中国前，这两只犬已经是当地兽医的常客。Doris 经常需要带两只犬去看他们的兽医。在来中国前，她非常担心在中国没有合适的兽医来帮助她的两只爱犬。我有幸给她的爱犬提供保健，经常和她在芝加哥的美国兽医联系，共同制定诊断和医疗计划。2 年后我离开北京去美国时，她送我一幅画并对我说，我照顾她爱犬的这段时间是她的爱犬最健康，她最省心的 2 年。

向世界看齐——中国农业大学动物医院和北京兽医行业的快速发展

北京小动物兽医师的发展离不开两个重要的因素：一是中国农业大学动物医院的技术发展，特别是在林德贵老师领导动物医院期间，发展是非常突出的。二是以刘朗医生为代表的北京兽医精英们。他们组织北京小动物诊疗行业协会，大大促进了北京小动物兽医行业的提高和发展，并使之逐步向世界看齐。2006 年我回到北京后，参观了中国农业大学动物医院和其他一些北京的动物医院，也参加了几次动物医院院长联谊会。对比 6 年之前北京小动物兽医的情况，让我这个刚从美国兽医行业回来的人，也惊叹北京小动物兽医的发展速度。从仪器设备来说，有些动物医院不比北美的动物医院差。最近几年，在美国拉斯维加斯的西部兽医师大会、夏威夷的美国兽医师大会、世界小动物兽医师大会等都会看到有北京兽医师的参加。北京小动物兽医师的快速发展是我经历的和看到的,它正在向世界看齐!

2009 年圣诞 于广州天河北

采编感言:尊师重道

刘春玲

在采编一些中年宠物医生的"往事回顾"时,笔者欣喜地看到"尊师重道"之风又回归于社会,不禁感慨万千,由此想到唐朝著名文学家韩愈在《师说》中提出的论断:"古之学者必有师。师者,所以传道、授业、解惑也。"

其实,何止古人呢? 今之学者也必有师。

如今活跃在北京小动物诊疗行业中的一批中年临床宠物医生,已经是"术业有专攻",支撑着北京小动物诊疗行业。而这一代人,正是接受了当年老一代兽医师们所传之道,所授之业,并融入到后来的临床实践中,逐渐形成了自己独到的诊疗技术风格。

与中年宠物医生们交谈时,常会听到他们谈起当年恩师的教诲和帮助,感激之情溢于言表,念兹再兹。从本刊这一期刊登的戴庶的文章里,我们可以清晰地看到这样的图景:冯世强老师面对着一大堆养猫的主人,不厌其烦地、详细地解答着各种提问;董悦农老师非常信任地让戴庶接一些复杂的病例进行诊断,遇到难题时,及时给予指导;负责小动物临床化验的安丽英老师和蔼可亲地指导着戴庶学习化验技术;何静荣老师是中兽医师,当戴庶向她请教中医诊疗的技术时,她给予耐心的启迪,让戴庶尝试用中兽医方法治疗疑难病症。

在"往事回顾"栏目中,宠物医生陈长清满怀深情地回忆自己走过的宠物医师之路时,也是多次提到老兽医师何静荣、卢正兴、杜长泰等在医德和医术上对他的教诲,指导他一生做人和从医,给他留下刻骨铭心的印记。

尊师重道之风吹来,确实是令人高兴的,这是道德的回归,是师道的振兴。尊师,是我们中华民族的传统美德,数千年来,代代相传。这种美德,促成了师生之间的和谐,促成了传道、授业、解惑的有效进行。教学相长,各行各业的传承和创新均不可少。一个人,乃至一个民族,不知道追思先贤,数典忘祖,那是没有多大希望的。

真正的尊师,不只表现在礼仪上,不只表现于外,更是一种内在的追求,就是重道、求道。道是大学问，是术业。真心求道、学道，就会心悦诚服地求师、拜师，就会发自内心地尊师。而且有真诚的尊师，才能解惑，才能得道，才能够成大器。我们常常看到一些大师，一些堪称伟大的人物，他们在自己的启蒙老师面前，总是那么谦恭，没有一点装腔作势的客套。鲁迅先生在《藤野先生》一文中，坦露的对老师深沉的感念、由衷的敬仰，感动、教育了一代又一代学子，鲁迅先生尊师重道的人格，备受世人推崇。

古今中外，大凡学有所成，业有所诚者，"莫不尊师贵道"。我国小动物诊疗行业涌现出的这种尊师重道的情形，也在证明着这个亘古不变的真理。

不待扬鞭自奋蹄

——访高级兽医师唐寿昌

刘春玲

2012年6月28日，阴雨。唐寿昌、王书文二位先生同时接受采访，王先生先于唐先生讲述，历时4个多小时，唐先生坐一旁凝神静听。待唐先生叙说时，已是下午15点40分左右了。唐先生不显倦意，却连连说累坏了笔者一行，一再表示歉意，只道亲身经历的小动物诊疗初期的二、三件事就匆匆结束了访谈。吾意犹未尽，后再向他索取材料，得以完成此篇的记述。

——小引

采访唐寿昌先生那天，正值北京的夏雨连绵，空气格外的清新，令人心怡。禁不住的脚步胡乱走了起来，竟然走错了地方，电话求助，害得唐先生在雨中撑伞引路。

唐先生见到我说的第一句话是：我们做兽医的一辈子无赫赫之功啊。我做小动物诊疗也是退休之后才开始的，在这个战线里我还算是个新兵啊。这两个"啊"字的句式，凭直觉感到，唐先生是一位性格极为坦率的人。果然，在整个的访谈中，唐先生话语爽快，极实在地向我们解读了北京小动物诊疗行业发展初期的艰辛，同时掀开他从前做大动物兽医工作的一页记忆，留给我深刻的印象，直到写这篇追叙文章时，眼前仍如昨日见面那般情景。

唐寿昌，高级兽医师。1963年毕业于北京农业大学（后更名为中国农业大学）兽医系，从事兽医工作35年，1998年他退休了。

巧得很，在唐先生退休之际，也正是我国小动物诊疗兴起之时。借之东风，乘势开花。他没有像一般的退休老人那样，享受儿孙绕膝的悠闲生活。他很新潮地开办了自己的动物医院，虽然没有系统地学习过小动物诊疗，但凭借多年给大动物诊疗的临床经验，唐先生还是信心满怀地开始了他兽医工作另一山峰的攀登。

1999 年 8 月，唐寿昌将"北京朝阳球球宠物保健院"的牌子挂在了他曾经工作过的北京市朝阳区来广营乡侯庄村口。

20 世纪 90 年代末，正是我国小动物在城镇严格限养的时期，在北京也同样有严格的限制养犬规定。这个时段，开办私营动物医院也尚属新鲜事物，更何况还有严格的北京市动物诊疗及兽医执业条件的制约，开办宠物医院的审批手续繁杂而且冗长。唐寿昌等不及办理营业执照，在其他做兽医的同事支持下，也就流星赶月般地开办了动物医院。

"生不逢时啊"。这是采访唐先生时他发出的无奈叹息。

唐先生为什么这样说呢？原因在这里：北京市朝阳区来广营乡曾经是他工作过的地方，他在此地担任过该乡兽医站的站长、畜牧办公室主任及主管畜牧的公社副主任。他还曾担任过朝阳区畜牧局副局长，后又调入北京市畜牧局、北京市畜牧兽医总站并任该站的副站长。大动物临床的兽医他做了几十年，其经验也就不用说了。在从各种人际关系来看也大都是熟脸，可以说，具备这样强大的人脉关系做后盾，唐寿昌挂起宠物医院这块牌子应该是问题不大的。

但是没有想到的是，牌子挂出的第一天，就有警察造访，因为没有执照，查抄了医院的兽药和用具，并连同唐先生自己也被审查了一番。随后朝阳区畜牧局执法大队一天也会来两次检查。这种情况的发生，唐先生始料未及，很是沮丧。初创的不顺给他制造了大麻烦，医院的经营受到了很大影响。

"您怎么没有申请营业执照呢？"我有些不解地问唐先生。

"当时开业时是想起个'照'，但是开办动物医院的'照'非常不容易办下来，当时做小动物诊疗非常的困难。我当时想，不管是乡领导，还是兽医站，包括朝阳区畜牧局的人我都很熟悉，他们也都了解我的兽医技术，我先做起来，边干边申请也不迟。熟门熟路的还能有什么问题呢？"唐先生这样解释着。

唐先生关于申请开办宠物医院执照非常不容易之说是真实的。20 世纪 90 年代中末期，正是我国解冻城镇居民可以饲养小动物的时期，但是严格限制养犬的规定还是束缚着人们的手脚，饲养小动物被一贯认为是资产阶级生活方式的理念还是留在人们的脑海中没有完全褪去，给宠物诊疗治病，在从前都没有听说过。再有一个不可忽视的问题是，在小动物诊疗发展初期，也确实存在不是兽医的人开办宠物医院的情况，一哄而上的风气给真正有兽医师资格开办宠物医院的兽医蒙了羞。医患矛盾和宠物饲养人与对饲养宠物有看法的人之间发生的矛盾困扰着社会的安定。因此在这种形势下，公安机关也不得不严格执行开办动物医院的标准，对原有的动物医院进行了严厉的审查，凡不符合标准者全部关闭。据有关人士说，按照当时的说法，所有的宠物医院要全部取缔，然后重新按照标准，严格各种程序的审批后，才能办理营业执照。而唐先生挂牌的动物医院恰遇此时的风头，不言而喻，遭到查检，也就在所难免了，而申办营业执照也就不是那么轻而易举地能够办下来了。

不过唐寿昌先生还是沾了熟人熟路的一点光，当时的朝阳区畜牧局局长和公安局限养办还是支持了他，让他的动物保健院得以喘息。空档之中，唐先生在 2000 年 11 月份给朝阳区严格限制养犬办公室写了申请《北京市公安局犬类经营许可证》的报告，在等待了长达 8 个月的时间后，2001 年 7 月 1 日，朝阳区严格限制养犬领导小组办公室终于将这张淡蓝色衬底，黑色粗体字的"犬类经营许可证"送到了唐先生的手中，如同上帝发放了通行证，唐先生至此才可以扬眉吐气地坐堂行医。其时，离 2003 年 7 月，北京市公布《北京市养犬管理规定》的日期只相距两年的时间。养犬的政策放开，开办动物医院的权利也就从公安机关全部下放给了北京市农业局，而且手续也简便了许多，批准的时间也缩短了许多。但是唐先生当时身处的年份是不容置疑的严格时段。说到这里，唐寿昌先生向我们展示出这张 2001 年 7 月 1 日朝阳区严格限制养犬领导小组办公室核发的（证号朝限 0003）《朝阳区球球宠物保健院——犬类经营许可证》，其心情、其话语、其神态，仍然显露出了"生不逢时"的无奈，但是在老人刻满年轮的脸膛上，并未显出太多的遗憾，他很乐观，时时爆发出的笑声袒露出他坚韧的情怀。

"老牛自知夕阳晚，不待扬鞭自奋蹄。"唐寿昌在年过 60 岁后，重新开辟小动物诊疗这个兽医职业的另一个战场，可说是老当益壮，自寻突破。学艺，放下老者的矜持，向年轻的兽医师学习小动物临床技术，向自己的部下学习宠物医院的管理。当唐老先生拿出一摞蓝颜色的宠物医师继续教育手册时，我被深深地感动了。这是一个老兽医师的执着追求，这是一个 74 岁老人的技术结晶。从他进入到小动物诊疗行业的那一天起，凡是北京小动物诊疗行业协会举办的各类继续教育，他都不会放弃，而且是分钟不误，至今仍是乐此不疲。没有人逼迫他，也没有人要求他，完全的是自觉自愿，"老牛"不须扬鞭，为北京小动物诊疗行业能够做点实事，在唐老先生的心里也是美不胜收的啊！他说："当我进了这个门之后，我深深地感到，这个小动物诊疗的事业与我从前做的大动物兽医工作不是一个味儿，就它的社会地位来说，比我们那时提高了许多，有尊严。就其业务来说，也与大动物诊疗有着明显的不同。我有两个优点，一是善于学习；二是善于交流。"我想，正是这两个优点，奠定了北京小动物诊疗行业协会聘请他做顾问的缘由吧。

"缺腿"，这是唐寿昌先生对如今大学兽医教育偏科问题形象的比喻。大学兽医系本科毕业后，倘若继续做兽医师，就得遵守我国执业兽医考试的制度，只有通过这个考试才可以坐堂动物医院门诊。兽医执业考试，不仅仅只考小动物诊疗方面的知识，它是联同大动物诊疗知识一并考试的。可如今在大学的兽医系里有"缺腿"的现象。20多年前，在城市居民禁养宠物的情况下，大学兽医系只有大动物诊疗的课程，以至于在国外学习小动物诊疗的一代老兽医师，留学归来，到北京农业大学任教，则是"英雄无用武之地"。1995年，限制养犬的政策在城、镇开了口，2003年，进一步扩宽养犬政策的下发，需求小动物诊疗的兽医师凸显日程。而此时大动物诊疗随着农村机械化的推进，淡出了动物医院的历史舞台，大学兽医系的课程也就随着时代的变革，小动物的诊疗占据了主导地位，甚至有的地方只有宠物诊疗课程而缺失了大动物诊病的课程，由此造成了新一代兽医系毕业的学生也就缺了一条腿，带着这样残肢不全的一条腿如何应付这试题全面的执业兽医考试呢？唐寿昌先生善于"交流"的特长发挥出了能量。他说："我愿意和这些年轻人共同学习，他们有给宠物诊病的经验，而我有给大动物诊病的经历，这是我们老一代兽医的长处，我愿意帮助他们，我也愿意把我学的知识和我具有的实践经验与他们分享。"在优势互补的情况下，唐先生先后在四个动物医院给二十几名青年宠物医师补课，其中有十几名宠物医师通过了执业兽医考试。帮助这些"缺腿"的年轻宠物医师顺利过关，为自己在老年时还能发挥出应有的智慧，他很自豪。

关于兽医社会地位的问题，唐先生也有自己的见解，他说："小动物诊疗随着国家经济的发展越来越显得重要，产业看着也很朝阳，宠物医师的地位比起我们大学毕业那会儿做兽医的已经高了许多，但实际上还是有一些问题的，比如：专业部门对兽医就很冷淡，没有人过问兽医工作和生活的情况，兽医的维权工作没有专人去做。现在只有北京小动物诊疗行业协会理事长刘朗为兽医们呐喊，呐喊的声音很薄弱，因为没有一批人做这样的工作，只靠一两个人的力量很难。再者新闻舆论、报纸宣传方面，对兽医的宣传正面不多，反面不少，这也是造成兽医地位低下的原因之一。"说起关于兽医维权的事情，早在2005年，唐先生还做了这样一件令人欣喜的事，他团结联络了在京的十多位有威望的兽医，共同研究，齐声维权，先后向农业部、北京市农业局、北京市畜牧兽医总站等单位，就宠物医师考核、晋升、年审、继续教育及动物医院管理、审批等问题提出建议和要求，有些意见得到了政府兽医主管部门的采纳和答复。

对于宠物行业的发展问题，唐先生提出："当前动物医院的发展既有机遇又有挑战，总的大趋势是行业的资源整合和优势互补，走联合体道路，苦练内功，搞好四个核心（即化验室、X线、B超检查；处方药品；防疫；宠物食品和用品）的建设。目前，宠物行业90%的还是强调医疗的作用，其实，宠物行业还包括宠物食品、寄养、美容、红娘、摄影、用品、甚至是培训工作。动物医院应该做到全面服务，以防治为主，多种经营，走出当前遇到的瓶颈。"这是一个老兽医师的经验之谈，这是唐先生的心里话。

有一首歌曾有这样几句唱词："有一种光亮，小小的，却能为人指引方向，有一种力量，微微的，却能使人变得坚强"。唐先生何尝不是那"小小的"光亮呢，又何尝不是那"微微的"的力量呢！

鉴于唐寿昌先生对北京小动物诊疗行业做出的特殊成绩，2009年，在第五届北京宠物医师大会上，北京市畜牧兽医总站、北京小动物诊疗行业协会授予他"兽医终身成就奖"的称号。

人物小传

唐寿昌，天津市人，1938年出生，1958年高中毕业，考取北京农业大学（后更名为中国农业大学）兽医系，1963年毕业，分配到北京市永乐店农场做兽医。1972年调往北京市朝阳区来广营乡任主管畜牧的公社副主任，该乡兽医站站长，畜牧办公室主任。虽然做兽医的行政工作居多，但兽医的本业仍然是他的长项。为了保障北京市猪肉的供应，他主抓猪的成活率问题，采取建立岗位责任制，提高疫苗的使用率等一切措施，使猪的死亡率由1978年的25%到1979年下降到13%，其治理经验在1980年2月的北京市畜牧局召开的畜牧会上作了专场报告。1983年，北京市朝阳区畜牧局副局长的位子留给了唐先生，他继续做畜牧兽医的行政工作，为解决北京市民的菜篮子有丰富的供应，他主持扩大奶牛的饲养工作；为保障全市的鸡蛋供应不缺口，他主抓养鸡，改革由散养到笼养，当年就上交商品蛋388.5万千克，到了1984年，定指标是490万千克，却上交商品蛋651.5万千克，完成了定额任务的133%。在此期间，唐先生还做了一件令人刮目相看的事情，就是超额完成商品猪的上交任务。1983年到1984年期间，商品猪上交率下滑。在唐先生的主持领导下，在采取组织养猪经验交流大会、编写典型材料、解决养猪的实际困难等措施后。1984年上交商品猪达到89 962头，超额完成12.9%的定额任务。唐先生同时还在引进瘦肉型种猪，实行三元杂交，产、供、销一条龙等一系列工作上狠下功夫，取得了骄人的成果。这一成就彰显了兽医的风采和重要。1985年5月1日，北京日报对此作了专门报道，唐先生的照片也刊登在了报纸上。这是他一生中的最大荣耀，也是对他35年兽医工作贡献的认可。尔后，他又调入北京市畜牧局、北京市畜牧兽医总站并任副站长，主项仍然是老本行——做兽医的行政工作，直至1998年退休。后，入道北京小动物诊疗行业再续兽医之缘。

35年的兽医工作和基层工作的亲身体会，唐先生深切地总结出了一句名言："人民需要兽医。作为知识分子，作为一个兽医，只有和人民群众打交道，才能知道自己的位置在哪里？不了解农业、不了解农村，不理解农民，就不是一个好知识分子。"

笔者曰：虽无赫赫之功，虽无超人之技术，难得不废一生之兽医功，难得老来从头学，小动物诊疗是新兵，然老兵新传。回望35年岁月，吐肺腑之言，如钟鼓作响，令人深思。

写于2012年初秋

第三把交椅的梦求

——访高级兽医师王书文

刘春玲

开设"往事回顾"专栏的初衷，是撰写北京小动物诊疗行业的起源和发展历程。在刊发过的10多篇稿件中，都是以这个为基调写就的。然而，随着深入的采访，在走访过的一代老兽医师那里，我们听到更多的是，他们曾经亲历并目睹过的我国兽医工作的实况，一幕幕场景让人感叹不已。水有源，树有根，我国小动物诊疗正是从大动物诊疗演化而来的。因此，我们的眼光不妨更广阔一些，思路不妨更深远一些，将老兽医师们深邃的记忆记录下来，以丰富我们栏目的"馆藏"。

——小引

"远看是要饭的，近看是卖炭的，走到面前一看是兽医站的"。这首描写我国乡村兽医工作者的打油诗，几十年前在我国流传相当广泛，它生动地表现了当时我国兽医生活的窘况和社会地位的低下。这首打油诗，是我在采访高级兽医师王书文先生时听他讲起的。正是这首深刻在王先生心中的打油诗，激励着他用一生的精力，为提升中国兽医的地位而不懈地工作着，梦求着，直至今日，仍不倦怠。

窗外，夏雨涟涟；屋内，气氛热烈。

坐在沙发上的高级兽医师王先生，已是70多岁的老人，丝丝白发映衬着他眼角眉梢细碎的皱纹。记忆的闸门一经打开，过往的旧事喷涌而出，4个多小时的访谈，他时而激动，时而慨叹、时而淡然，30多年从事兽医工作的经历和他从事小动物诊疗的初衷，如雨倾泻，意味深长……

当1964年毕业于北京农业大学（后更名为中国农业大学）兽医系的王书

文来到北京市延庆县畜牧科报到时，亲眼目睹了乡镇兽医站兽医工作的境况后，心凉了半截。因为他没有忘记，在 1958 年，他毕业于齐齐哈尔实验中学时，从中国台湾来大陆教书的班主任对他说过的话：我建议你报考北京农业大学兽医系，因为在美国和中国台湾，除了律师、医生，就是兽医，兽医是第三位的。

正是这个"第三把交椅"的吸引，让 19 岁的王书文怀着对未来兽医工作的憧憬，第一志愿就报考了北京农业大学兽医系，接着还报了两个垫底的专业，一个是北京大学生物系；一个是北京医学院。理所当然，高分录取第一志愿，年轻的王书文如愿以偿。在校学习期间，王先生说："我是一直想奔那个老三的位置去努力学习的"。毕业后，他分配到了北京市人事局，管人事的人问他有什么想法。王书文一心地就想做兽医的临床工作，搞临床，就得到载畜量多的地方去，当他说出这个想法后，管人事的人对他说：延庆县山场面积大，那里的草量多，牲畜也就多。王书文一听正和愿望，心里挺乐意。他当时还有一个想法，就是做兽医当老三。没有想到，当车子行驶在通往延庆县的路上时，呈现在王书文眼前的是，山峦绵延，无边无际，岩石裸露，荒山秃岭，不见一草，不见一畜，不禁疑惑，搞人事的人是否弄错了。王书文的心随着车轮的行驶，越走越凉。

然而，让他凉透心的是延庆县公社兽医站畜牧科（后改为乡镇兽医站）的状况：作为乡镇兽医站这样一个实体单位，在乡政府的大院里没有办公室，而是设在院外租赁房屋办公，没有固定办公之地，也可以说是无立锥之地，有时因为租赁房屋出了问题，就只有占别人的房檐办公。兽医出现什么问题没有人管，也没有人问。而做兽医的人都是农村户口，没有粮票，不能去机关大院吃饭。一旦遇到山里人传信，要兽医上门出诊，他们就怀揣玉米饼，凭借一双快步脚，东方鱼肚白出门，披星戴月返而归。无论多晚，多累，兽医也得自己做饭吃（每个兽医都是从家里背粮食到兽医站）。兽医工作财政不予拨专款，兽医的收入极低，完全是自负盈亏，靠自己的业务维持收入。工资有时不能按时发放，有的时候拖到年底都无望补发。有时需要给动物治病没钱买药，乡兽医还会把自家盖房子或是娶媳妇积攒的钱垫上，而兽医站竟几年都还不上这欠账。

乡兽医站的实际情况与王书文心中兽医第三位置的愿望大相径庭，甭说第三位，那境况就是最底层之位啊。年轻有为的王书文，感到从未有过的悲凉。但"既来之，则安之"。已经来到了这里，也就没有了后退之路，他冷静了下来。将兽医第三把交椅的那把火珍藏在了心底，火焰虽弱，甚至光亮不足，但它总是在燃着，碰到机遇，王书文就会将它燃起。

"兽医地位的提高，不能只靠别人，要靠自己的真才实干，做老百姓所需要的事，做的事情越多，才会得到社会的认可，也才可以改变人们对兽医原有的看法。兽医的事业越发展，兽医的地位才能跟上去。"这是王先生在多年的工作后得出的经典之语，这也是他在实际工作中的体会。

他说："乡兽医站的外在条件就是这样的艰苦，从而导致兽医本身的医技素质也不会很高。当时延庆县有24个乡镇兽医站，只有五个中专生，余下者基本上都是师傅带徒弟，个别人是从防疫员提上来做兽医的。而且有的兽医站只有一个兽医，一个人的兽医站，常常是顾此失彼，遇到技术问题就很难办。没有时间坐下来研究业务问题，治疗自然就很落后，马、驴、骡、牛都是"千人一方"，用药无规矩，有时用药剂量高得吓人，使牲畜体内的微生物都产生了抗药性。有的兽医爱用中药，但又不精通，栀子黄芩一大把，又治骡子又治马。因此，在当地流行了40多年的'病羊肉炖茄子'的季节性羊病，也没有人去研究治疗；耕牛在放牧时吃一些草和树，不知什么原因，会大面积发病，且呈流行态。寄生虫病也很严重，没有人懂，也没有人去管这件事，治不好的牲畜，死掉是常有的事。"

山路崎岖，山石耸立，未能挡住王书文做兽医工作的坚定脚步，他踏下心来，定格在这山区的畜牧科，一干就是9年。在这段时间里，县政府终于看到畜牧科职能的局限，决定成立延庆县畜牧兽医站，王书文做了站长，他如鱼得水，心中的那把火终于得到了释放的机遇，他与他的同事们首先对乡级兽医站进行全面的整顿，调配人员，解决了一人站问题，严格了财务制度，添置了简单的设备，推行了"4柱栏"*，保证了人畜的安全，又设法集资填补了旧账。按照需求，尽量安排兽医在离家近的地方工作，解决吃饭难的问题。让兽医从繁碎的事务中解放出来，腾出精力研究诊疗技术。虽然乡站体制没有变化，但这种做法，在当时的那种情况下，还是发挥出了大家的积极性，兽医站释放出的能量也是令人刮目相看。

王书文站长带领兽医首先突破的是：在当地流行了40多年的"病羊肉炖茄子"的病症。羊患此怪病的季节性很强，只有在茄子成熟的时节才会患病，而且是年年如此，老百姓急得上火，兽医束手无策，找不到病因，只能眼看着一只只羊死去。王站长组织人力，成立了攻关小组，去到现场工作。半夜采血，即刻镜检，一步步走，一点点查，功夫不负有心人，羊的怪病终于被攻克了（当时还请来了中国农业大学的老师协助鉴定把关），原来是一种丝虫的幼虫在羊的身体内作怪，它的成虫是在牛的腹腔内，其幼虫通过蚊子叮咬传染给羊，这幼虫在羊体内不发育成虫，只是以幼虫的形式存在体内患病，患病的羊走路一边倒，当地百姓俗称"趔腰病"，又称为"山羊指状丝虫微丝蚴病"。根

---

* "4柱栏"为中国兽医普遍采用的保定大牲畜的装置。

源找到，诊断明确，对症下药。40 多年来一直困扰县领导和老百姓的难题迎刃而解，得到县领导的肯定，得到了群众的赞扬，兽医的威望瞬间得到了认可。

为提高兽医技术，县兽医站还开展了技术讲座，开办了县级动物医院，组织人力上山伐树，建厩舍，设住院部。兽医院开展内科、外科、产科等疾病的诊治。大动物难产、"滚蹄儿"*、急性胃肠病、胃扭转、肠梗阻、肠套叠等疾病得到了有效的手术治疗。兽医站的兽医真正做出了百姓所需要的事情，解决了历史上遗留下来的牲畜疾病问题，为难县领导和百姓多年的"梗阻"顺利过关，老百姓送了锦旗以示谢意。

谈到这些往事时，王书文先生兴奋地说："就此我体会到，我们做兽医的，就是要做老百姓需要的事情，为他们解决实际的困难和问题，在实际工作中体现兽医的价值，兽医工作的重要性也就体现出来了。随着兽医技术水平的提高，兽医也就会受到人们的尊重，兽医的地位随着事业的发展也就会逐渐地提高。"

基层的工作，王先生了如指掌，基层兽医工作者的艰辛他心知肚明。抓住一切机会，为兽医解决实际问题，让兽医享受应该有的生活待遇和社会地位，这是在基层工作多年的王书文一直牵绕于心的事。井底之蛙也要拥有自己的一片蓝天，中国的兽医也应该与西方国家比齐。

机会常常是人创造的，有心人总会在繁杂的事务中，寻到突破点，抓住机遇，收获"金牌"。

1973 年，王书文调入北京市畜牧兽医工作站（后更名为北京市畜牧兽医总站）工作。

在畜牧兽医总站，王先生做的是兽医技术和技术管理工作。为完成供应北京市每年 2 000 万千克鸡蛋的任务，他跑遍郊区 220 个雏鸡孵化站点，调研"年年养鸡不见鸡"的问题，开展孵化源地疾病的防治工作；他参与农业部下达的"鸡新城疫免疫程序"的科研课题，经过三年的技术研究，1982 年获取农业部技术二等奖。此免疫程序的出台，正应用在京郊大地当时开展机械化、半机械化工厂式养鸡的年代，王书文与他的同事适时地推广此免疫程序，有效地控制了重大"鸡新城疫"疫情；他亲自坐镇种禽公司，成功处理我国首次爆发的禽流感疫病，消灭了疫源，保住了与之相距咫尺的原种鸡场、种鸭场、种火鸡场、种鹌鹑场、种珍珠鸡场，保护了京郊和全国的养禽业；他还组织开展城、郊农贸市场肉品的检疫、监督工作。1983 年，在北京郊区出现病兔急死的形势下，王先生置身其中，寻根寻源，揭开我市首例家兔"兔瘟"病症的病

---

* "滚蹄儿"是大动物常见病屈腱挛缩症的民间叫法。

理原因，及时开展了全市"兔瘟"的防治工作。在这样多头绪的工作中，他还亲自抓乡级兽医站的管理工作，这使他更多的调查了解到北京郊区 200 多个乡级兽医站的情况，其大体与他曾经工作过的延庆县兽医站的情况相同。

1981 年，在周密的调研基础上，北京市畜牧兽医总站向北京市政府写了有关乡镇兽医状况的调查报告。此报告引起了北京市政府的重视，不久，经北京市政府批准，经过考试，从 2 100 名乡站兽医中选拔出了 803 名兽医，将他们的农村户口转为了城市户口。按照当时城市户口定量，每月发放粮票，吃商品粮。这些兽医手里有了粮票，他们可以走到公家的食堂吃饭了。虽然乡站的体制问题还没有真正解决，职工的工资待遇问题还有些麻烦，但是能够解决城市户口，也是农村兽医梦寐以求的待遇。1986 年，又有 650 名乡级兽医农转非。经过考试、考核，从两次农转非的兽医成为了国家的职工。随着社会的进步，人们对兽医的认识也在进步，其形势朝着有利于兽医的发展倾斜。1996 年，又有 600 名兽医农转非被招为检疫员，他们统一着装，持证上岗，身份奠定了他们工作的职责，所做的一切工作不再是个人行为。促成兽医拥有这样的待遇，王书文先生是做出了贡献的。

在 20 世纪 80 年代后期，乡兽医站职工有机会可以转为国家干部的时候，又出现了一个小的插曲。王先生说："乡站职工转为干部，人事局不同意，说他们文化水平不够，当不了干部。这话对我很刺激。"是的，我们的兽医在基层做了那么多的工作，难道就因为缺失一张文凭，而被关在国家干部的大门之外吗？既然做了铺路的基石，就要承载一份责任。王书文为此事积极奔走，寻找解决的途径。最后，他找到了中央农业广播电视学校，这是一所农业部直属的覆盖全国的农村远程教育学校，在全国县级以上地区均设有分校，以中等专业教育为主，为国家承认学历的成人学校。王书文请他们帮忙办"兽医班"，学校倒是挺痛快地答应了，但是他们对王书文说："学校没有兽医专业的教材，也没有教学大纲。你得自己找人做这件事"。王书文在得到了学校的支持后，请专家制定兽医教学大纲，编写教材，在郊区、县找地方开办兽医班，进行再教育。又找到各区县里的有关人员当教员，县、区兽医站有本科兽医学历的毕业生也来当教员。参加学习的学员，学习 3 年毕业，获取中专文凭，为转干打下了基础。先后有 300 余人从这个学校结业。

说到这些，王先生难以掩饰的快乐心情充满脸堂，虽然，他做的这些工作，与他心中那第三把交椅的追求还相差甚远，但在人生短暂的历史长河中，一滴水的力量尚可汇成奔流，一个人的力量也是不可低估的。

值得欣慰的是，在 1999 年王先生退休前后，农业部下达了"三定"方案：定性、定编、定员。按照方案的条件，测定北京市有多少从事兽医工作的人员能够计划在编之列，又根据具体任务进行测算。最后定乡、镇兽医站为国家事业单位，不再是集体事业单位。但是有一点，财政不予拨款。2004 年 7 月 12日，中央编制委员会批准，农业部兽医局正式成立，财政按人头正式拨款，并设立国家首席兽医师职位，国际活动中称"国家首席兽医官"。至此，我国的兽医工作者真正摆脱了"乞儿与马医同卑也"的境况，其社会地位崭露头角。当王书文先生向我们介绍到这里时，他的眼睛里流露出的是苦尽甘来的目光，那是老人一辈子都在想做的事。"青山依旧，几度夕阳红。"笑谈兽医事，难解难分缘。

兽医这"第三把交椅"的情怀，让王书文追求了几十年，但心中的梦想与现实的情况还是有着很大的差距。退休后的王先生，仍难以解开这情结。他说："当年我的老师告诉我，兽医可以做第三把交椅，正是这个美好的愿望支持着我报考大学的兽医系，毕业分配，这个理念没有变，我仍然选择做兽医工作，为大动物诊疗，为兽医做管理工作，直到退休，对这第三把交椅的概念还是懵懵懂懂。"

1999 年，王书文先生退休了。而此时也正是北京小动物诊疗兴起之时。这让赋闲在家的王先生看到了兽医行业的新兴力量，崛起的新一代兽医师的地位显然高过他做农村兽医的时代。他跃跃欲试，圆自己的梦——不仅能够做大动物诊疗，也要学会做小动物的诊疗，要将兽医的技术做全面了。"我也光荣一把，尝尝位置提升的滋味"。这是王书文先生的心里话。2000 年，他终于开办了自己的"宠物康动物诊所"。

60 岁学艺，不易。王先生重新拾起书本，开始了他人生中的另一个起点，自学小动物的诊疗，向同行业的兽医师学习，在学中干，在干中学。北京小动物诊疗行业协会举办的各类继续教育，他不丢一次课，技术水平大有提高。

在做小动物诊疗的同时，王先生还做了一件启蒙的工作，这就是动物医院做动物的防疫工作（这项工作从前都是各区、县兽医站独立做的）。他说："我是从北京市畜牧兽医总站退休的，动物防疫工作是我的专长。我有权利义务在我的医院里开展犬、猫的免疫。"在当年，给动物做免疫要具备免疫权，而免疫权也只有各区、县兽医站才具备，没有免疫权的人是不能做这件事的。王书文与海淀区兽医站的站长商量，几经研究，最后的结果是，委托王书文的动物医院给动物做免疫。当头炮，王书文先生中的，不但没有引起麻烦和问题，海淀区兽医站还决定以此为例，在区内，委托其他有条件做防疫的动物医院进行试点，开展犬、猫及狂犬病疫苗免疫的接种工作，效果也不错。海淀区兽医站的站长就到北京市有关的会议上作了介绍，而北京市畜牧兽医总站将这当作典型，其经验被推广，而真正促成这件事成功的是背后的王书文先生。

其实做小动物的诊疗，王先生并不是很陌生。早在 1979 年 6 月 2 日，就有经北京市畜牧局批准更名的"北京市兽医实验诊断所"，内设有"外宾小动物治疗室"的机构。1981年，这个机构转变为动物医院。只不过在那个时段，还没有形成真正意义上的小动物诊疗的行业。

1994年，在北京市颁发了《北京市严格限制养犬规定》后，1995年6月5日，北京市物价局以"京价（收）字〔1995〕第147号"下发《关于北京市犬类诊治、免疫收费函》，这第一版本的收费标准，是王先生通过走访北京农业大学、通县县级的动物医院后起草制定的。之后1995年7月3日，北京市畜牧局以"京牧医站（1995）17号"下发的《关于颁发北京市犬（猫）诊治、免疫收费标准的通知》及现在有些收费标准的版本，都是以第一版本为基础修订的。王先生说当时起草这个规定，也是为配合严格限养规定而制定的，收费价格在当时定得比较高。

这第一版本《关于北京市犬类诊治、免疫收费函》的文件，在王先生手里保存将近20年了，纸张有些泛黄、陈旧，但字迹还很清晰，薄薄的纸张很有时代感，它的归宿，也应该存放在将来开办的中国兽医博物馆里，这是一份难得的档案材料。

鉴于王书文先生对北京小动物诊疗行业做出的特殊成绩，2009年，在第五届北京宠物医师大会上，他荣获北京市畜牧兽医总站、北京小动物诊疗行业协会授予的"兽医终身成就奖"。

王先生的遗憾

写下王书文先生这篇文章后，总感觉有一点缺失。因为在采访中，看到过王先生手中的一份资料《从乡站点滴看其发展方向》，资料中有记载北京市城郊乡级兽医站发展的轨迹，有心将这份资料编辑在文章最后，给读者一个了解北京市兽医发展大致情况的交代。然而一时疏忽，采访结束时，竟忘记向王先生索取，等到再与他联系时，王先生在保存的文件中没有寻到。可巧的是，在2012年9月19日北京第8届宠物医师大会的开幕式上，我有幸与他再次相遇，话题拉开，王先生不仅答应帮助我继续查找这份文件资料，同时还说出了一件更令我长久以来希望了解的事情，就是从中华人民共和国成立以来，北京兽医行业走过的路程。关于这个问题，我曾多次在网上搜寻过，都是一无所得。在与王先生的交谈中，却有了新的收获。

事情还得回溯到1999年的春寒料峭之时，那年也正是王先生即将退休之年，他接受了一个任务，完成编写北京市畜牧志的工作。王先生说："我对编写北京市畜牧志不感兴趣，因为不熟悉这个行当，对北京市的兽医发展，我熟悉，有兴趣。"正是凭借这个兴趣，王先生用了很短的时间，就主笔起草完成了《北京市兽医志》的第一稿。然而，让王书文先生唏嘘不已的是，第一稿完成后，他就退休了。更让王先生至今都很遗憾的是，这接续的工作再没有人拾起，进行最后的完善、定稿，这"宝贝"在 20 世纪 90 年代末期封尘了。

而王先生后来找到的这份《从乡站点滴看其发展方向》的资料，又不足以说明北京市兽医发展的情况。王先生的遗憾，笔者的遗憾都还在继续。

谚语曰："有了路，就有了希望。"《北京市兽医志》一书有王书文先生铺就了路，希望的灯火会有人去燃烧的，我与行业的兽医师们期待着。

完稿于 2012 年 7 月 12 日

沧桑岁月

——访原北京农业大学兽医院临床兽医师张瑞云

刘春玲

那是在今年春天的一个傍晚，我们"往事回顾"专栏编辑组走访了原北京农业大学兽医院临床兽医师张瑞云老师，请她讲一讲她当年从为大动物诊疗转到为小动物诊疗的经历。张老师欣然接受了我们的采访，轻声慢语，娓娓道来，向我们讲述起她当年做兽医的经历。她告诉我们，她是在山西农业兽医专科学校学习的兽医专业，毕业后分配在了当地县农业局工作。"文化大革命"期间，北京农业大学（后更名为中国农业大学）迁至延安，她调入北京农业大学，从事农大兽医院的临床工作。从此，与动物结下了不解之缘，直到 1992 年退休。

张老师先从给大动物诊病讲起，话语深沉。她说，从她到农大兽医院从事临床工作开始，接诊的就都是大动物。那个时候，兽医院的条件很艰苦，兽医师又少，农民带牲口来看病的很多，白天忙忙碌碌地给大动物看病，有时处理不完，晚上还要加班，看着农民那愁眉苦脸、焦急的样子，你就不忍心下班留下他再等值夜班的大夫。

那时，农大兽医院是 24 小时门诊，夜间，经常会有农民带大牲口来看病，一般都是急症，像骡马的结症，这个病不及时处理，就会有生命危险。我们兽医采取的方法是，将手伸到动物的直肠处掏结，用兽医俗称的语言说，就是"掏马屁股"，这是很累、很脏，也很消耗体力的工作。所以说干兽医不管是男兽医，还是女兽医，没个好身体还真不行，起码你得把牛马放倒才能工作啊。所以，在兽医院都有专门为兽医准备的背心，没有袖子，就是专门做这项工作用的。记得有一次是赵继勋老师的夜班，有四匹骡马病重，赵老师劳累了一夜，也没有把这四匹骡马抢救过来，都死掉了。他非常的难过，也非常的无奈。对兽医来说，面对死在自己手里的动物，再看到农民脸上痛楚的表情，心里真的是沉甸甸的。但事实上，有些病在当时的诊疗条件下，医生也是没有办法医治的，医术再好的医生，面对生命垂危的动物，也是无回天之力的。

接着，张老师向我们介绍说，当时北京农业大学兽医院设有住院部，经常有大牲口因病重住院。她说："我那时还兼顾库房工作，陪住的动物主人住院所需的被褥等生活用品也都由我张罗，工作真是很忙，有时候到了下班的时间都还没意识到，还在忙活。你说，农民从远郊区县赶来，平谷的、香河的都有，带来的大牲口都是要死要活的，农民着急，医生也着急。怎么办？需要住院的牲口，它的主人是一定要陪住的，你虽然是兽医师，但遇到这样需要住院的病例，那你也就得操双份心了。"

因为兽医院医生少，许多事情都得自己亲自动手做。张老师说，譬如遇到冬天的时候，值夜班的大夫就更辛苦，人手少，不仅要接诊生病的动物，还要管着兽医院的13个蜂窝煤炉子，日夜不能熄火，因为天气冷，生理盐水，葡萄糖水都要加热，收拾煤炉也是相当麻烦的一件事情。医生不仅要给动物诊病，就连给动物输液、打针、用药都是要亲自操作，一夜紧忙活，几乎没有片刻的休息。那时兽医院的老师们都很能吃苦，从不抱怨，随叫随到。大家勤勤恳恳的，感觉就像给自家干活儿一样，没人计较个人得失。像吴旭升老师，有一年兽医院来了一个难产病例，那天本不是他的班，数九寒天的，一招呼他就跑来处理这个病例。什么时候叫什么时候就来，特好的一个老师，可惜1982年说走就走了，很惋惜啊。给大动物看病有时可以说是惊心动魄，不仅辛苦，还有一定的危险。

张老师对我们说："记得1992年7月22日那天，是我退休的日子。我本不该值班，但我留在了兽医院里，因为我即将离开这个岗位，总有一种不舍之意，碰巧，来了一个牲口也是急症，当时应该在班上的一个老师因为有事，耽搁到2点多了还没到，我又重新拿起'武器'，钻到马屁股底下，准备采血送化验室，谁知那马犯了脾气，抬腿踢了一下，正好踢到我的头上，血当时就流了下来，现在我的右眼下还留了一个疤。"张老师讲到这儿，幽默地说："这也是生病的大动物留给我这个女兽医的一个终生纪念，但大动物生病时那无助、痛苦的眼神及因病而焦躁不安的神态也深深地留在了我的记忆中。时过境迁，如今在城市里的动物医院，都是给小动物看病的了，就连农大动物医院服务的对象也是小动物了，不会再出现我这样的事情了。"

张老师说，我退休之前，到动物医院来看病的还是大动物比较多一些，时有带猫狗来看病的。当时有很多演艺界的演员都养宠物，有猫也有狗，还有养猴的，像电影演员陈佩斯、相声演员张路、刘伟等都养有宠物，他们就常光顾我们医院。我在给大动物看病的同时，遇有小动物来看病，我也接诊，慢慢地也就摸索出给它们治病的道道，有些时候也参考给大动物诊病的经验和病例，分析给小动物的诊治方法和用药，也取得了一些断病和治疗的法子。

张老师告诉我们说，小动物诊疗在 1992 年出现了一个小高峰，人们养狗养猫的多起来。她说："我退休后，赋闲在家，就还想用自己的所长为小动物们做点事，就在海淀黄庄的一个小胡同里开办了一家宠物门诊，当时的条件非常简陋，没有化验，也没有检测设备，收入也比较低，生活也很艰难。当时还没有工商营业执照，只在海淀农业委员会畜牧兽医处办了个许可证。坐诊的只有我一个人，有时家人偶尔过来帮忙。我闺女给我当助手，一天的病例量有六七个，上午下午都很忙，有时候忙得中午吃不上饭。那时候猫狗的比例基本上是 1∶1，现在我看还是狗多一些。"

张老师说她在经营了"宠物门诊"两年之后，1994 年 8 月 4 日，北京日报发表了北京市限制养狗的报道，对以后北京市怎么实施其办法，弄不很清楚。她说，"我这人性格也比较急，我想我是 1992 年 11 月份开办的，到 1994年 11 月份刚好两年，我就'收山'不干了。"很可惜，张老师淡出了这个行业，宠物诊疗缺少了一位和蔼可亲的女兽医。

采访结束了，我们走出张老师的家，此时已是华灯初上，远远近近地闪烁着，夺人眼目，然而，我们仍然沉浸在张老师的思忆中……

采编感言：记住行业的先行者

刘春玲

"往事回顾"最初是《宠物医师》杂志建立的专栏，记载了老一代兽医师在北京小动物诊疗行业初创时期的事迹。这些老兽医师们在小动物诊疗发展的历史过程中做出过许多贡献，他们希望在身体健康的时候，能够在本栏内讲述峥嵘岁月的记忆，留给后来人。

北京小动物诊疗行业的起步，是在 20 世纪 80 年代中期。但作为一门专业学科进入大学课堂，还要晚一些。在这之前，无论是大学的兽医系，还是所有的兽医院，都是以牛、马、猪、羊等大动物诊疗为主，而小动物的诊疗几乎为零。所以中华人民共和国成立后，大学里培养出来的兽医师，都是诊疗大动物的。

小动物诊疗行业的发展，得益于中国改革开放的福祉。人们在了却了衣食之忧后，饲养小动物日益成为追捧的热潮，对小动物疾病的防控和诊疗也就随之提到了议事日程。大动物到城里的兽医院看病已成为过去时，取而代之的是对小动物的诊疗，并由此占据了主导地位。快速变革的形势，对给大动物看病已经是经验丰富的老兽医师们来说，是一个新的挑战，即工作对象的转折。这个转折是一种开拓，是"摸着石头过河"。但这些老兽医师们凭借着扎实的兽医基本功底，娴熟的兽医诊疗技术，勇敢地承当起这个重任，在实践中学习、摸索，执着不渝，在小动物诊疗中取得一个又一个的佳绩和成功的经验，为中国兽医诊疗史增添了浓墨重彩的一笔，同时，形成了一支可观的小动物诊疗医师队伍。现在看来，当年老兽医师们的那次工作转折，不啻为一次艰难的跳跃，孕育了一个新行业的诞生。

我们在采访这些老兽医时，看到他们岁月沧桑的面容，没有愠怒，没有幽怨，平静淡定，向我们叙说着那过去的烟云……。在那个小动物诊疗初创时期，他们每个人都有着自己的故事，无论长短，无论大小，无论是高山流水，还是涓涓细流，都将那段历史真实地展现在了我们眼前。一个人的故事，只说明一段事，众多人的故事就能够反映出一个时代的风貌，一个行业的诞生及其发展的轨迹。诚如一位哲人所言：地上本没有路，走的人多了，也便成了路。

如今的小动物诊疗行业，已如羽翼丰满的鹏鸟，掠过悬崖，冲破乌云，翱翔碧空，俯瞰大地，阳光灿灿。但它不会忘记，那一批曾经脚踏黄土，披荆斩棘，如今年事已高的一代开路先锋。

北京小动物诊疗行业大事记

呈献在读者面前的《北京小动物诊疗行业大事记》，是本行业的第一本大事记。它以真实的资料和信息为基础，严格按照事件发生的时间顺序，记录了本行业在发展过程中发生的大事、要事。这本大事记是从2002年起始的。

纵观北京小动物诊疗行业的发展历史，大致可分为三个阶段。第一阶段可追溯到20世纪90年代初期，正值中国改革开放和经济发展向纵深扩展的时代，饲养北京犬和以此为业成为了当时人们追逐的热点。为此，动物医院应运而生，形成了一个小小的浪潮，北京的小动物诊疗行业如初春绿芽。第二阶段是在90年代中期，北京市颁布了《北京市严格限制养犬规定》，许多动物医院纷纷倒闭，形成了一个低谷期，北京的小动物诊疗行业如悲秋落叶。第三阶段是2000年至今，随着北京市场经济的快速发展，社会的进步，作为伴侣动物日益受到人们的重视，动物医院也如雨后春笋蓬勃而出，北京的小动物诊疗行业如火如荼，迅猛发展。2008年3月2日，北京市民政局批准"北京小动物诊疗行业协会"正式成立。这在当时是全国唯一批准的省市级的一级小动物诊疗行业协会，它是北京小动物诊疗行业领先于国内其他省市的一个重要标志。任何一个行业的发展，如同大江之行，回旋起伏，变化万端，激浊扬清，终归于进步，这是因时代和环境在不断地推移，是发展过程中的正常现象。

因此，将北京小动物诊疗行业的发展历史，用大事记的形式记录下来，其意义是深远的，它既为现实服务，以备工作查考利用，又为北京小动物诊疗行业留下珍贵的历史资料，为将来研究这个行业的这段历史提供了真实的档案依据。但是，在编写的过程中发现，由于历史原因，北京小动物诊疗行业发展的前期阶段，文件材料极度匮乏，也没有发现前人系统的备述。这个行业曾经发生过许多重要的事情，也就无法用大事记的形式记录，留下了许多遗憾。

根据现存文件的情况，将编写大事记的起点时间定格在2002年，但在编写过程中，仍发现有些重大事件只有年代可查而无月日标明。为此，在编写这类事件时采取的是以年度为准。

2002—2007年北京小动物诊疗行业的大事记，是编在一册里印制的，这其中的原因，也是因为文件缺失，导致许多事件无从编起，用年度分开印制难以成册。但可喜的是，北京小动物诊疗行业协会从 2008 年起，文件材料收集的比较齐全完整，均可按年度独立编写。因此，从 2008 年开始，编辑的大事记是以年度分开装订成册的。

编写大事记的材料，取于北京小动物诊疗行业协会的有关文件和《宠物医师》杂志，有些史实部分经本届理事长刘朗校勘过。

首次编写北京小动物诊疗行业大事记，对早期的记述定会有些遗漏，本届理事会诚恳地希望，业内人士如有自己保留的行业早期的文件材料，请您奉献出，与理事会秘书联系。我们在编写 2010 年大事记时，将会采用您提交的文件，给予那段历史进行补写，同时也会将您的名字与补写的大事记同时记录，这也是您对北京小动物诊疗行业的一个贡献，本届理事会谢谢您的合作和支持。

初次编写北京小动物诊疗行业大事记，有不妥之处，请业内人士指证。

编　者
2010 年 9 月 8 日

2002 年

7 月

全市 30 多家动物医院院长，农业部兽医诊断中心专家，中国农业大学临床系教授，北京农学院动物科学技术系领导、教授，北京农业职业学院牧医系的领导、教授和北京市畜牧兽医总站领导研究磋商，成立"北京小动物兽医师协会筹备委员会"。选举北京市畜牧兽医总站站长祝俊杰任协会理事长，北京市畜牧兽医技术服务中心办公室主任郭亚明任协会秘书长，北京市畜牧兽医总站医政药科科长刘天增任协会监事长，中国农业大学动物医学院副教授夏兆飞任协会副理事长，中国农业大学动物医学院高级兽医师潘庆山任协会副理事长，北京伴侣动物医院刘朗担任理事。

11 月 3 日

北京市畜牧兽医技术服务中心和北京小动物兽医师协会筹备委员会共同召开北京宠物医院联谊会议。会议研究，决定建立"北京市宠物医院联谊会"，联谊会的宗旨是"避免恶性竞争，维护共同利益，求得有序发展"。同日，发出《北京市宠物医院联谊会公约》。

11 月 29 日

北京市畜牧兽医技术服务中心下发经北京市宠物医院联谊会主要医院起草

的《北京市宠物医院收费标准》。这是北京市宠物诊疗行业第一次共同协商制定的诊疗收费标准，该标准的制定，避免了北京市处于初期发展的宠物医院的恶性无序竞争，使北京的宠物医院纳入了行业自律的轨道。

2003 年

2 月 19 日

北京市畜牧兽医技术服务中心办公室主任郭亚明主持召开的"北京市宠物医院院长联谊会"在北京市畜牧兽医技术服务中心举行。会上选举北京观赏动物医院院长张玉忠为联谊会会长，北京伴侣动物医院院长刘朗为常务副会长。宠物医院联谊会活动的宗旨是：加强宠物医院彼此了解，减少相互摩擦，避免恶性不正当竞争，提高宠物医师道德水准，对外宣传树立宠物医师职业形象，促进宠物诊疗行业发展。北京市畜牧兽医总站站长祝俊杰出席会议。全市共有72 家动物医院、诊所的有关人员参加会议。

3 月 12 日

北京市宠物医院院长联谊会常务副会长、北京伴侣动物医院院长刘朗主持的"北京市动物医院院长联谊会"在北京市畜牧兽医技术服务中心召开，会议主题是，关于建立行业协会组织、参加联谊会收取会费、医疗纠纷解决办法等问题。北京市农业局畜牧兽医处处长李文海、北京市畜牧兽医总站站长祝俊杰出席会议。全市共有 38 家动物医院、诊所和各县区兽医站宠物门诊的有关人员参加会议。

3 月 25 日

北京市宠物医师首期继续教育讲座在北京市畜牧兽医技术服务中心举办。共有 133 人参加培训，培训结束后发放了继续教育证书。

4 月 9 日

北京赛佳动物医院院长潘庆山主持的"北京市动物医院院长联谊会"在北京市畜牧兽医技术服务中心召开，会议主题是，关于加强自身建设、出版宠物医师刊物、人畜共患病防治等问题。共有 28 家北京市动物医院、诊所的有关人员参加会议。

5 月 14 日

北京小动物兽医师协会筹委会针对萨斯期间社会上遗弃宠物的行为发表严正声明：没有任何证据显示萨斯病源来自于宠物，更没有任何宠物医师医护人员因此被感染萨斯病毒。该声明的发表在当时引起了很大的震动，兽医用正面的声音让人们摆脱了对动物的恐惧，由此也挽救了可能受到伤害的动物。

6 月 11 日

北京爱康动物医院院长张志红主持的"北京市宠物医院院长联谊会"在北

京市畜牧兽医技术服务中心召开，会议主题是，如何改善动物医院的卫生环境、如何解决动物尸体及医疗废弃物的处理等问题。北京伴侣动物医院院长刘朗、北京芭比堂动物医院院长董轶在会上发言。北京市畜牧兽医总站站长祝俊杰出席会议。共有 19 家北京市动物医院的有关人员参加会议。8 月，北京小动物兽医师协会筹委会、北京宠物医院院长联谊会向上级兽医主管部门递交了《关于宠物医院医疗废弃物的思考》。

7 月 9 日

北京芭比堂动物医院院长董轶主持的"北京市宠物医院院长联谊会"在北京市畜牧兽医技术服务中心召开，北京市宠物医院院长联谊会常务副会长刘朗再次提出医疗废弃物处理及动物安乐死的用药、尸体处理等问题。北京市畜牧兽医技术服务中心主任郭亚明、中国农业大学动物医院副院长施振声在会上发言。会议还讨论了对动物医院的布局、服务、管理等问题。共有 19 家医院、23 人参加会议。

10 月

北京小动物兽医师协会筹委会组织中国代表团 40 人参加在泰国曼谷召开的第 28 届世界小动物兽医师协会（WSAVA）会议。会上 WSAVA 主席接见了北京小动物兽医师协会筹委会的负责人，并为每一名参加会议的中国代表颁发了有主席签字的参会证书。北京小动物兽医师协会筹委会负责人与 WSAVA 主席商议决定，WSAVA 主席将于 2004 年 2 月来中国访问，商议中国加入 WSAVA 组织的问题。

12 月

北京市宠物医院院长联谊会常务副会长刘朗主持的"北京市宠物医师继续教育年终总结会"在北京市畜牧兽医技术服务中心召开。北京市畜牧兽医总站站长祝俊杰、北京市畜牧兽医技术服务中心办公室主任郭亚明、中国农业大学动物医学院副教授夏兆飞、高级兽医师潘庆山、农业部兽医诊断中心田克恭博士及涉外企业 8 家公司的经理、代表参加了会议。

2003 年，北京小动物兽医师协会筹委会填写了加入 WSAVA 申请表。

2003 年，经北京小动物兽医师协会筹委会讨论决定，北京市畜牧兽医总站站长祝俊杰不再任协会理事长；中国农业大学动物医学院副教授夏兆飞任北京小动物兽医师协会理事长，负责全面工作；农业部兽医诊断中心研究员田克恭任协会副秘书长；北京伴侣动物医院院长刘朗任协会副理事长，负责协会组织及供应商联络工作；中国农业大学动物医学院副教授施振声任协会副理事长，负责协会外事联络工作；中国农业大学动物医学院教授林德贵任协会副理事长，负责专家委员会工作；北京观赏动物医院院长凌凤俊任协会副理事长，负责动物医院院长联谊会工作；原协会副理事长潘庆山负责继续教育工作。

2004 年

2 月 24 日

由北京市畜牧兽医技术服务中心和北京小动物兽医师协会筹委会共同主办，美国希尔斯宠物食品公司、美国玛氏公司、荷兰英特威公司赞助的"世界小动物兽医师协会（WSAVA）亚洲继续教育讲座"在北京举行。北京小动物兽医师协会筹委会副理事长、北京市宠物医院院长联谊会常务副会长刘朗主持讲座并致开幕词。WSAVA 主席 Varga 做泌尿系统疾病的专题演讲。继续教育的主讲者是澳洲兽医科学院院士 Wing Tip Wong 兽医师。中国农业大学副教授施振声担任翻译。讲座结束后，北京小动物兽医师协会筹委会进行了工作总结。

12 月

北京小动物兽医师协会副理事长、北京市宠物医院院长联谊会常务副会长刘朗主持召开 2004 年度北京市宠物医师工作总结会，北京市畜牧兽医技术服务中心主任、北京小动物兽医师协会筹备委员会秘书长郭亚明做 2004 年度工作总结。北京小动物兽医师协会筹备委员会理事长夏兆飞、北京小动物兽医师协会筹备委员会副理事长潘庆山、施振声及北京市农业局副局长黄灿然、北京市畜牧兽医总站站长祝俊杰在会上分别就有关问题讲话。会议对在 2004 年宠物医师继续教育中获"动物营养疾病学奖学金"的人员进行了发奖，经考试获一等奖学金的是：薛双全。获二等奖学金的是：曹钱丰、项夫、宋楠、廖阳。获三等奖学金的是：金银姬、许娟华、高赢、张萌萌、赵树广。农业部兽医诊断中心研究员田克恭等领导及与宠物医师密切相关的企业代表参加会议。

刘朗主持召开北京市宠物医师继续教育年终总结会，祝俊杰、郭亚明、夏兆飞、潘庆山、田克恭参加会议。出席会议的还有涉外企业界的 8 家代表。

2004 年，确定了协会的英文缩写：BJSAVA，并设计了协会的永久标识图案，并在国家商标局注册。

2004 年，协会正式被世界小动物兽医师协会接纳为团体会员单位。

2005 年

10 月 11—13 日

"全国首届宠物医师诊疗技术"大会在北京召开。北京小动物兽医师协会筹委会副理事长刘朗主持会议。北京市畜牧兽医总站站长祝俊杰出席会议并讲话。中国农业大学动物医学院副教授、北京小动物兽医师协会筹委会理事长夏兆飞致辞。这次会议的赞助商是：荷兰英特威公司、法国维克有限公司、美国希尔斯宠物食品有限公司等 14 家公司。

2005 年，北京小动物兽医师协会筹委会更名为"北京宠物医师协会"筹委会。增设北京芭比堂动物医院院长董轶任协会副理事长，协助负责外事活动；增设北京观赏动物医院副院长田海燕任协会副秘书长。

2005 年，制定《北京宠物医师协会章程》。

2005 年，北京宠物医师协会筹委会副理事长刘朗组团出席 WSAVA 墨西哥会议。

2005 年，北京宠物医师协会筹委会副理事长刘朗组织北京市 12 家动物医院参展"中国畜牧协会首届犬展"的义诊活动。这是北京的宠物医院第一次以行业协会的名义对外界展示。

2006 年

5 月 10 日

为了协会的正式审批，北京宠物医师协会（筹委会）向北京市农业局递交了"关于成立'北京宠物医师协会'的请示"。该请示从四个方面阐述了成立协会的重要性和意义。

6 月 20 日

北京宠物医师协会筹委会副理事长刘朗，向北京市所有的动物医院发出"控制流浪动物的繁殖，需要宠物医师的爱心帮助"的呼吁。6 月 29 日，在"人与动物科普活动中心公益活动"中，有 9 家动物医院的院长为 22 只流浪动物做了绝育手术。他们是：旅美兽医戴庶、北京伴侣动物医院刘朗、北京安东动物医院刘毅、北京爱康动物医院张志红、北京芭比堂动物医院董轶、北京东便门动物医院王泽海、北京观赏动物医院项夫、北京望虹动物医院凌凤荣、北京利又安动物医院廖阳。

7 月 1 日

北京宠物医师协会筹委会倡议，免费为流浪动物开展绝育手术的公益活动。为此北京宠物医师协会筹委会副理事长刘朗制订了《流浪动物免费绝育手术单》和一系列实施细则。10 月 11 日，北京保护小动物协会统计了《参加流浪动物免费绝育公益活动救助组织名单》，共计 12 家。10 月 20 日，据北京宠物医师协会筹委会统计，全市参加流浪猫免费绝育手术的动物医院有 48 家。

7 月 15 日

北京宠物医师协会筹委会副理事长刘朗组团出席美国夏威夷 AVMA 年会。10 月，北京宠物医师协会筹委会组团出席布拉格会议。

9 月

北京宠物医师协会筹委会召开"第二届北京宠物医师大会"总结会，北京市畜牧兽医总站副站长云鹏，北京宠物医师协会筹委会理事长夏兆飞，副理事长潘庆山、施振声、刘朗、董轶，副秘书长田海燕等出席会议。会议总结出了关于"奖励提名不够民主，审核工作不严格，会议内容不均衡"等 12 项工作中存在的问题。

2006 年，北京市畜牧兽医总站、北京市宠物医师协会（筹委会）下发"2006 年北京宠物医师协会继续教育课程"安排。

2006 年年初，由北京爱康动物医院、北京芭比堂动物医院、北京伴侣动物医院及中国农业大学夏兆飞老师和袁占奎老师共同发起，建立"美联众合动物医院联盟机构"。该机构通过同行业间的临床技术培训、交流，带动了许多地区的动物诊疗水平得以整体提高，极大地提升了中国本土动物医院的竞争力，促进了行业的平稳发展。此机构是国内第一家动物医院之间的联盟形式，它的出现对动物诊疗连锁的发展具有划时代意义，同时也开启了中国宠物医疗专科领域的发展。机构组成人员是北京伴侣动物医院院长刘朗、李贞玉、邱志钊；北京芭比堂动物医院院长许右梅、董轶；北京爱康动物医院院长刘欣、张志红、秦秀林；中国农业大学夏兆飞、袁占奎等。

9 月 20 日

由北京市畜牧兽医总站主办、北京畜牧兽医学会和北京宠物医师协会筹委会协办的"第二届北京宠物医师大会"在森根国际酒店召开。这是在 2005 年举办的"全国首届宠物医师诊疗技术"大会基础上，为了突出地域性，将会议正式更名为"北京宠物医师大会"。会议主题是"促进宠物诊疗技术交流，推动宠物诊疗行业自律"。参加技术交流研讨的有世界小动物兽医师协会继续教育专家、"两岸三地"著名宠物临床医学专家、宠物医院经营管理专家。会议安排了小动物临床内科、外科、皮肤科等 21 个专题讲座。本次参会人数达 300 余人。

据协会不完全统计，1995 年北京注册犬不到 1 万只，2000 年为 5 万只，2005 年发展到 40 多万只。1995 年北京只有 8 家宠物医院，2000 年发展到 30 家，2006 年发展到 201 家。北京注册宠物医疗人员共计 906 人。

2007 年

2 月 2 日

北京市畜牧兽医总站李复煌主持召开北京宠物医师协会（筹委会）常务理事会会议。会议对协会的组织机构、组成单位、人员变动及分工等问题形成决议。北京宠物医师协会筹委会第一届理事会人员，夏兆飞任理事长；林德贵、凌凤俊、刘朗、潘庆山、施振声、董轶任副理事长；薛水玲任秘书长；李复煌、田海燕、宋楠任副秘书长；刘天增任监事长。协会下设办公室，由北京市畜牧兽医总站培训发展科组成。中国动物疫病控制中心、北京市农业局、北市畜牧兽医总站、中国农业大学动物医学院、北京农学院、北京市农林科学研究院、北京市农业职业技术学院、北京市所有的宠物医院（诊所）为主要组成单位。为促进行业发展、开展行业自律，促进行业健康有序发展，会议决定，由北京市畜牧兽医总站负责，申报成立宠物诊疗行业专业协会。

北京宠物医师协会筹委会理事长会议决定，院长联谊会改为每两个月召开一次，从四月份开始。凌凤俊负责收取会费。李复煌负责月刊审核，凌凤俊负责印刷、派发。

2月7日

北京市畜牧兽医总站、北京宠物医师协会（筹委会）发出"2007年北京市宠物医师继续教育课程表"。11月21日，北京宠物医师协会筹委会征求继续教育意见会议，副理事长刘朗、施振声，秘书长薛水玲，副秘书长宋楠等在会上发言。

5月30日

北京伴侣动物医院、北京爱康动物医院、北京芭比堂动物医院、北京观赏动物医院等16家动物医院，发起"北京小动物诊疗行业自律倡议书"。倡议书从四个方面向政府机构、宠物爱好者和全社会的有识之士作出郑重承诺。

6月29日

北京宠物医师协会筹委会副理事长刘朗组织召开流浪动物救助组织座谈会，北京宠物医师协会筹委会秘书长薛水玲出席会议并讲话。会议统计全市参加流浪猫免费绝育手术的动物医院有45家。同时，刘朗制定并下发"免费绝育手术单发放流程"。

7月23日

北京宠物医师协会筹委会发出"关于举办美国兽医临床实用技术高级培训班（AVCT）的通知"。8月4日，北京宠物医师协会筹委会副理事长刘朗发出关于参加WSAVA悉尼会议的通知，并组团参会。

9月14日

由北京市畜牧兽医总站主办，北京畜牧兽医学会和北京宠物医师协会筹委会协办的"第三届北京宠物医师大会"在中国国际科技会展中心召开。北京宠物医师协会筹委会副理事长刘朗、副秘书长田海燕主持会议。世界兽医协会副主席江世明、北京宠物医师协会筹委会理事长夏兆飞致辞。中国动物疫病预防控制中心副主任李明、北京市农业局副局长刘亚清出席会议并讲话。北京市畜牧兽医总站站长韦海涛等有关领导出席会议。本次会议的宗旨是"促进合作交流，推动行业发展"。邀请到国内外35位专家学者进行了41场专题讲座。本次参会人数达400余人。大会宣布了获得各类奖项的名单，获得"北京小动物诊疗行业突出贡献奖"的是：林德贵、施振声、夏兆飞、潘庆山、刘朗；获得

"杰出青年兽医奖"的是：董轶、田海燕、宋楠、刘欣、尹铁垣；获得"兽医教育贡献奖"的是：爱芬食品（北京）有限公司。获得"兽医合作奖"的是：北京欧誉宠物食品有限公司、美国辉瑞动物保健品（中国）有限公司、北京裕康源商贸公司、成都好主人宠物食品有限公司、北京兰桥医学科技有限公司。

据协会筹委会统计，截至 2007 年 8 月份，北京市批准的动物医院 154 家、动物诊所 97 家，从业宠物医师 715 人、宠物医师助理 201 人。其中，已有 140 家动物医院作为政府批准的动物狂犬病定点免疫注射医院。近 60 家动物医院自愿参加"控制流浪动物数量、预防动物疫病传播"活动，共为 3 400 只流浪犬、猫实施免费绝育手术。

12 月

北京宠物医师协会筹委会发出《台湾会议的通知》。

北京宠物医师协会筹委会由于审批需要，正式更名为"北京小动物诊疗行业协会筹委会"。

12 月 5 日

北京宠物医师协会筹委会理事长会议召开"第三届宠物医师大会"总结会，对这次会议的参会人员、参展商家、论文篇数、收支及支出、会刊印刷等问题进行了全面总结。会议确定了 2008 年继续教育课题。确定了协会成立大会的各项事宜。理事长夏兆飞，副理事长刘朗、潘庆山，副秘书长田海燕，副秘书长宋楠等人出席会议。

12 月 12 日

北京小动物诊疗行业协会筹委会副理事长刘朗主持召开北京市动物医院院长联谊会，汇报第三届北京宠物医师大会收支结余、供应商赞助、2007 年继续教育反馈意见及 2008 年继续教育课题准备工作、第一届北京小动物诊疗行业协会会员代表大会准备工作，审核协会集体和个人会费标准等情况。

2008 年

1 月 18 日

北京小动物诊疗行业协会第一届会员大会在北京市畜牧兽医总站召开。大会选举产生了协会第一届理事会、监事会及协会负责人，通过了协会章程、会费收取等事宜。北京市农业局副局长任宗刚出席会议并讲话。市社团办、市农业局相关业务处室和市畜牧兽医总站有关领导及 165 名会员代表参加了会议。首届北京小动物诊疗行业协会理事长刘朗在大会上发言。

北京小动物诊疗行业协会第一届理事会成员：理事长刘朗，副理事长夏兆飞、潘庆山、施振声、董轶、凌凤俊、陈武，秘书长薛水玲，副秘书长田海燕、宋楠，监事长张焱。

《北京小动物诊疗行业协会章程》自今日起生效。

2月

《宠物医师》杂志创刊，并发表"卷首语"。这是国内宠物诊疗行业第一本专业刊物，由《北京宠之情广告有限公司》出版。此刊物得到北京小动物诊疗行业协会、上海市畜牧兽医学会小动物医学分会、北京美联众合动物医院联盟机构等6家单位的专业支持。这是一本免费赠送的会员杂志。

本期"人物对话"专栏，刊载的是北京小动物诊疗行业协会理事长、北京伴侣动物医院院长刘朗的访谈，题目是"为宠物奉献爱心 为社会承担责任"。同期刊登其论文《牙周疾病的治疗》。

本期刊登了"2007年北京宠物医师协会筹委会工作总结"。

本期还刊登了北京市农业局制定的《北京市动物诊疗及兽医职业条件》和《动物诊疗许可审批和执业兽医认证程序》的规定。

2月23—24日

北京小动物诊疗行业协会组团，由理事长刘朗率团参加台北市兽医师公会举办的第三届临床小动物中西医学国际学术研讨会暨世界小动物兽医师会（WSAVA）继续教育。

3月2日

北京市民政局发"社会团体法人登记证书"（京民社证字第11530号）："北京小动物诊疗行业协会"成立。协会是社会团体法人，由北京市农业局主管，法定代表人刘朗。

3月11日、13日

丹麦古氏公司分别在上海和北京举办产品上市会。北京小动物诊疗行业协会副理事长董轶与古氏公司产品经理一起做了《丹麦动物诊所经营介绍》的讲座。

3月29—30日

美联众合动物医院联盟机构在北京市畜牧兽医总站报告厅举行专项培训公益活动。本次讲座由上海安加商国际贸易有限公司全程赞助。北京小动物诊疗行业协会副理事长夏兆飞和日本牙科专家——奥田绫子医生分别做"小动物急诊"、"小动物牙科"专题报告。美联众和动物医院联盟机构成员及特邀的北京、深圳等40多家医院的70多名宠物医师参加了培训。

3月31日

《宠物医师》杂志2008年第3期刊登《流浪动物免费绝育手术》专题。截至今天，共为7 111只流浪动物实施了绝育手术，折合人民币不少于1 422 200元。此项活动得到北京市农业局、北京市畜牧兽医总站、北京保护小动物协会及各动物救助组织、北京市几十家动物医院的支持和参与。杂志同时刊登了

《参加流浪动物免费绝育手术的动物医院各区分布情况》。

4月

《宠物医师》杂志2008年第2期"人物对话"专栏，刊载的是中国农业大学动物医院高级兽医师潘庆山的访谈，题目是《桃李不言 下自成蹊》。同期刊登其论文《公猫顽固性尿道阻塞的造口疗法》。

4月14—18日

欧洲兽医高级学院（ESAVS）第七期课程在北京结束。北京小动物诊疗行业协会理事长刘朗全程参与了此次课程的组织工作。本次培训的课程为外科学（骨科和肿瘤外科）和细胞学。共有来自中国、中国台湾、中国澳门、新加坡、印度尼西亚等地54名宠物医师参加此次课程。

4月28—29日

上海市宠物业行业协会在上海光大国际发展中心举办了"上海市宠物医疗学术研讨会"暨上海宠物诊疗上岗兽医师复训班。此次研讨会得到了北京小动物诊疗行业协会等单位的支持。北京小动物诊疗行业协会理事长刘朗参加了研讨会，并在大会的开幕式上代表协会致辞。5月2日，刘朗在北京小动物诊疗行业协会动物医院院长联谊会上作《上海市宠物业行业协会宠物医疗学术研讨会参会汇报》。

5月22日

北京小动物诊疗行业协会向北京市251家动物医院和诊所发出"为灾区募捐献爱心"的倡议。至22下午，全市共有57家医院和诊所捐款104500元。另外，还有很多医院和诊所通过中国扶贫基金会、北京市红十字会以及民政局等渠道捐款捐物达10余万元。至此，北京小动物诊疗行业协会为四川地震灾区人民捐款捐物累计达21万元。

5月30日至6月3日

北京小动物诊疗行业协会理事长刘朗，副理事长董轶随国际爱护动物基金会（IFAW）救援队一行10人赴四川省绵竹县进行抗震救灾工作。31日，工作组考察了成都启明小动物保护中心，帮助安置因地震无家可归的流浪动物。6月1日，工作小组到达绵竹县的尊道镇，发放救灾物品，并对此区域的犬只进行狂犬病免疫接种。6月2日，工作小组配合当地兽医部门下乡到户进行狂犬疫苗的注射工作。发放了猫粮、犬粮、犬链及有关狂犬病的宣传资料等。从6月2日到6月3日，刘朗医生和董轶医生共为104只犬注射了狂犬疫苗。6月11日，在北京小动物诊疗行业协会院长联谊会上，刘朗介绍此次抗震救灾动物救助工作的情况。

6月

《宠物医师》杂志从2008年第3期起，北京小动物诊疗行业协会、美联众合动物医院联盟机构由"专业支持"改变为"协办单位"。

本期"人物对话"专栏，刊载的是中国农业大学动物医院副院长施振声的访谈，题目是《认清差距 乘势前进》。同期刊登其论文《国外兽医执照管理》。

7月22—25日

由中美兽医友好协会主办、上海慧龙动物保健品有限公司承办的第二届美国高级兽医临床实用技术培训班在上海结束。北京小动物诊疗行业协会理事长刘朗在培训班上致辞。此次培训班是在北京第一届培训班取得成功的基础上，再次聘请美国著名的小动物诊疗专家授课。美国高级兽医临床实用技术培训班是由旅美兽医吕峥博士发起的，通过中美兽医友好协会和北京小动物诊疗行业协会共同举办的，其宗旨是为了中国临床兽医在实用技术方面缩短与美国临床兽医的差距，也是吕峥博士用自己的努力回报祖国的一种愿望。

7月23日

北京小动物诊疗行业协会在北京市畜牧兽医总站召开北京市无主动物绝育工作会议，就无主动物绝育工作的具体操作进行了讲解，明确了工作职责、流程、任务要求等，就此提出三点工作意见：①组织分工（有6个组织的具体分工）；②工作内容（共有9点要求）；③出现问题及处理意见。北京保护小动物协会、定点动物医院、动物保护组织共60多人参加了会议。会上通报了坚持参加免费公益活动的动物诊疗机构名单及分布情况。此前，截至7月8日，参加流浪猫免费绝育手术的有北京爱康动物医院、北京安东动物医院、北京伴侣动物医院等39家动物医院。经北京市畜牧兽医总站的多方努力，北京的无主动物免费绝育手术从2008年7月起，正式由北京市财政局拨款，为这一公益活动长久地进行提供了资金保证。这种由政府、专业兽医协会、民间动物保护组织三方面结合的形式，在国际上也是一个先例，由此引起国内、国外动物福利组织的高度重视。

8月

《宠物医师》杂志从2008年第4期起，北京小动物诊疗行业协会由"协办单位"变为"主办单位"。封面由"会员杂志 免费赠阅"字样改为"北京小动物诊疗行业协会主办"字样。

本期"人物对话"专栏，刊载的是中国农业大学动物医学院副教授夏兆飞的访谈，题目是《科学制定规划 促进医院发展》。

8月9日

北京小动物诊疗行业协会网站正式开通，网站名称：www.bjsava.com.cn。

8月20—24日

北京小动物诊疗行业协会一行22人参加第33届在爱尔兰首都都柏林召开的世界小动物兽医师大会（WSAVA）。此次组团活动得到了法国皇家在京合资公司北京欧誉宠物食品公司的大力协助。

9 月 17 日

由北京市畜牧兽医总站、北京小动物诊疗行业协会的邀请，世界小动物兽医师协会（WSAVA）派讲师到北京举办宠物医师继续教育讲座，讲座人是 Terry King 医生，用时 6 个小时为北京的宠物医师讲解了兽医临床急救和危重病例的相关知识。北京及周边地区的 230 多名宠物医师参加了讲座。北京市畜牧兽医总站、北京小动物诊疗行业协会有关领导和负责人出席了开幕式。

10 月

《宠物医师》杂志 2008 年第 5 期"人物对话"专栏，刊载的是北京农学院陈武教授的访谈，题目是《中西结合　世界潮流》。同期刊登其论文《中西结合动物医疗与临床实践》。

10 月 15—17 日

由北京兽医总站主办、北京小动物诊疗行业协会承办的"第四届北京宠物医师大会"在北京京仪科技大厦召开。北京小动物诊疗行业协会理事长刘朗、副秘书长田海燕主持会议。中国动物疫病预防控制中心副主任王功民，北京市农业局副局长刘亚清在会上讲话。北京市畜牧兽医总站站长韦海涛和有关领导及世界小动物兽医师协会等代表出席会议。会议内容以技术讲座为主。邀请到国内外近 50 位专家学者进行了 60 多场专题讲座。本次参会人数达 800 余人。大会宣布了获得各类奖项的名单，获得"兽医行业特殊贡献奖"的是：陈武、凌凤俊、谢富强、刘钟杰、张焱、唐新叶；获得"杰出青年兽医奖"的是：张志红、刘毅、袁占奎、钟有刚、陈宏武；获得"兽医合作贡献奖"的是：法国维克有限公司北京代表处、希尔斯宠物营养中国部、美国辉瑞（动物保健品）有限公司。

据协会统计，2008 年北京市注册犬达 70 万只。截至 10 月 17 日，北京市批准的动物医院 154 家、动物诊所 97 家，从业宠物医师 750 人，宠物医师助理 243 人。截至 8 月底，完成对 9 000 只流浪猫的绝育手术。此项工作采用的是"政府＋协会＋诊疗机构＋志愿者组织"的合作模式。

10 月 29 日

北京小动物诊疗行业协会召开"第四届宠物医师大会"总结会，副秘书长宋楠作总结。理事长刘朗，副理事长夏兆飞、董轶，秘书长田海燕，监事长张焱出席会议。

此次会议对协会理事成员进行了分工。具体分工是：理事长刘朗负责企业合作、财务管理、动物福利委员会工作，副理事长董轶、陈武、秘书长薛水玲负责辅助工作；副理事长潘庆山负责继续教育管理工作，副理事长夏兆飞、副秘书长田海燕负责辅助工作；副理事长夏兆飞负责协会宣传（网站和杂志）工作，潘庆山、监事谢富强负责辅助工作；副理事长施振声负责对外交流工作，副理事长陈武、董轶负责辅助工作；副理事长陈武负责专业学术委员会工作，谢富强、潘庆山、夏兆飞、施振声、监事长张焱、监事刘钟杰负责辅助工作；副理事长凌凤俊负责会员管理工作，副秘书长宋楠负责辅助工作；监事长张焱负责院长联谊会工作，宋楠负责辅助工作。会议要求各负责人将2009年工作计划以书面形式报给协会。

11月4日

农业部2008年11月4日第8次常务会议审议通过《动物诊疗机构管理办法》。此办法自2009年1月1日起施行。《宠物医师》杂志在2009年第1期刊登。

11月12日

北京小动物诊疗行业协会召开"第四届宠物医师大会"讲课人员座谈会，北京市畜牧兽医总站副站长云鹏作总结。副理事长潘庆山、夏兆飞、董轶等在会上发言。理事长刘朗，副理事长凌凤俊、陈武，监事长张焱，副秘书长田海燕、宋楠，监事谢富强等出席会议。

北京小动物诊疗行业协会在宠物医师大会讲课人员座谈会上通告：协会财务从2008年11月起，从北京畜牧兽医总站独立出来，总站将361人会费及宠物医师大会利润的50%拨给协会作办公费用。

12月

《宠物医师》杂志2008年第6期"人物对话"专栏，刊载的是北京市农业局党组副书记、副局长刘亚清女士的访谈，题目是《迎接挑战 铸就辉煌》。

2008年，北京小动物诊疗行业协会理事长刘朗提请"申报2013年第四届亚洲区域小动物兽医师大会（FASAVA）"。主办单位是北京市畜牧兽医总站、北京小动物诊疗行业协会。

2009年

1月6—8日

英特威/先灵葆雅宠物事业部在哈尔滨主办宠物诊疗行业2009年高峰论坛。北京小动物诊疗行业协会理事长刘朗代表协会出席论坛并讲话。

1月14日

北京小动物诊疗行业协会理事长会议，理事长刘朗汇报2008年度协会财务收支情况。会议通报顽皮动物医院退出流浪猫免费绝育手术的项目。会议统计，北京共有53家动物医院（不含诊所）申请加入流浪猫免费绝育手术项目，2009年计划每月发票控制在1 250张。副理事长潘庆山、施振声、董轶、凌凤俊、陈武，秘书长薛水玲，副秘书长田海燕、宋楠，监事长张焱，监事谢富强出席会议。

1 月 15 日

理事长刘朗做"北京小动物诊疗行业协会 2008 年年终总结"。总结共分五个部分：一是北京小动物诊疗行业协会会员代表大会圆满召开；二是协助北京市畜牧兽医总站培训发展科完成宠物医师的继续教育工作；三是第四届北京宠物医师大会成功举办；四是无主流浪动物免费绝育手术工作；五是协会建设工作。总结最后，对 2009 年协会工作提出了要求。

2 月

《宠物医师》杂志 2009 年第 1 期全新改版，主办单位是"北京小动物诊疗行业协会"，总顾问是北京小动物诊疗行业协会理事长刘朗，副理事长潘庆山、夏兆飞，协会监事谢富强。

专栏"人物对话"，改名为"人物专访"。此期刊载的是北京观赏动物医院院长张焱的访谈，题目是"永恒的主题"。

本期刊登了北京市畜牧兽医总站、北京小动物诊疗行业协会关于"2009年北京市宠物医师继续教育"的课程表。

2 月 11 日

北京小动物诊疗行业协会理事长会议决定：成立动物医院等级或优秀认定委员会，副理事长陈武负责此项工作。理事长刘朗，副理事长夏兆飞、董轶、陈武，副秘书长田海燕、宋楠，监事长张焱，监事刘钟杰等出席会议。同日，在北京小动物诊疗行业协会召开的动物医院院长联谊会上，通过了北京小动物诊疗行业协会制定的《动物医院诊疗收费价目表》（2009 版）。此价目表于 2月 14 日下发。

3 月 19 日

由 AKC 全球服务——中国（NGKC）发起的首届犬遗传疾病研讨会在北京市畜牧兽医总站报告厅召开。此次会议得到北京小动物诊疗行业协会等单位的支持。北京小动物诊疗行业协会理事长刘朗、副理事长施振声出席会议并讲话。有关部门的领导、教授、宠物医师参加此次会议。

4 月

《宠物医师》2009 年第 2 期杂志"人物专访"专栏，刊载的是中国农业大学动物医学院副教授谢富强的访谈，题目是《树木树人，厚德载物》。同期刊登其论文《猫腰荐关节疾病的 X 线诊断》。

6 月

《宠物医师》2009 年第 3 期杂志"人物专访"专栏，刊载的是北京芭比堂动物医院院长董轶的访谈，题目是《一片冰心在玉壶》。同期刊登其论文《结膜瓣移植术》。

7月27日

北京小动物诊疗行业协会理事会会议，理事长刘朗从三个方面做工作总结汇报：一是会员管理情况；二是无主动物绝育手术工作；三是宠物医师继续教育工作，并确定了下半年的工作计划。刘朗还通报了"北京小动物诊疗行业协会"加入世界小动物兽医师协会、亚洲小动物兽医师协会的情况。副理事长夏兆飞、施振声、凌凤俊、陈武，秘书长薛水玲，副秘书长田海燕、宋楠等参加会议。

7月30日

北京小动物诊疗行业协会聘请北京市大地律师事务所律师康爱军为协会及会员单位的法律顾问。依据双方合同，为协会提供法律服务，维护其合法权利。

8月

《宠物医师》2009年第4期杂志"人物专访"专栏，刊载的是北京观赏动物医院副院长田海燕的访谈，题目是《孜孜不倦 锐意进取》。同期刊登其论文《犬肾上腺皮质机能亢进》。

9月2日

北京小动物诊疗行业协会理事会会议，修订"杰出青年兽医奖、兽医行业特殊贡献奖、兽医终身成就奖"的评奖标准。随后发出《第五届北京宠物医师大会奖项设置及评奖标准》。会议还对将要召开的宠物医师大会进行了工作安排。理事长刘朗，副理事长潘庆山、董轶、凌凤俊、陈武，秘书长薛水玲，副秘书长田海燕、宋楠，监事长张焱，监事刘钟杰、谢富强及理事成员出席了会议。

会议讨论决定：王姜维、凌凤荣、金娜仁、张丽霞不再作为协会理事会的人员。

9月13—14日

由英特威/先灵葆雅公司赞助的美国动物医院院长培训班在北京市畜牧兽医总站报告厅召开。北京小动物诊疗行业协会副理事长董轶担任翻译。共有152名医师参加培训。

9月16—18日

由北京市畜牧兽医总站主办、北京小动物诊疗行业协会协办的"第五届北京宠物医师大会"在北京国际会议中心召开。北京小动物诊疗行业协会理事长刘朗、副秘书长田海燕主持会议，刘朗理事长在大会上致辞，中国动物疫病预防控制中心副主任王功民、北京市农业局副局长刘亚清在会上讲话。中国兽医协会理事长贾幼陵、北京市畜牧兽医总站站长韦海涛和有关领导及世界小动物兽医师协会、亚洲小动物兽医师协会联盟、韩国小动物兽医师协会等代表出席会议。会议内容以技术讲座为主。邀请到国内外近46位专家学者进行了50场专题讲座。本次参会人数达1 000余人。大会宣布了获得各类奖项的名单，获得"兽医终身成就奖"的是：万宝璠、王书文、唐寿昌、陆钢、何静荣、高得仪；获得"兽医行业特殊贡献奖"的是：薛琴、董轶；获得"杰出青年兽医奖"的是：王泽海、麻武仁、邱志钊、张弼；获得"优秀论文奖"的是高进东、董悦农、项夫、姜晨、尚太成、王志海、郭志胜、麻武仁、刘明荣、郭仁王；获得"兽医合作奖"的是：北京欧誉宠物食品有限公司、英特威/先灵葆雅动物保健有限公司、美国辉瑞（动物保健品）有限公司、天津雀巢普瑞纳宠物食品有限公司、法国维克有限公司北京代表处、梅里亚国际贸易（上海）有限公司、北京兰桥康泰医学科技有限公司、拜耳（四川）动物保健品有限公司、北京裕康源商贸有限公司。

9月23日

北京小动物诊疗行业协会理事会召开"第五届北京宠物医师大会"总结会，有关人员从五个方面进行了总结。理事长刘朗，副理事长潘庆山、凌凤俊，秘书长薛水玲，副秘书长田海燕、宋楠，监事长张焱，理事会成员张弼、项夫、刘欣等34人出席会议。

10月

《宠物医师》杂志2009年第5期"人物专访"专栏，刊载的是中国农业大学动物医学院教授刘钟杰的访谈，题目是《继往开来 与时俱进》。

10月21日

北京小动物诊疗行业协会召开理事长会议，针对第五届北京宠物医师大会提出的问题和改进意见，理事长刘朗，副理事长夏兆飞、潘庆山、施振声、董轶、凌凤俊、陈武，副秘书长田海燕，监事长张焱在会上发言。

北京小动物诊疗行业协会制定和公布《北京小动物诊疗行业协会财务管理办法》。

11月2日

北京获得2014年亚洲小动物兽医师大会的举办权。这是由北京小动物诊疗行业协会理事长刘朗、副理事长施振声、夏兆飞及政府代表薛水玲等在泰国曼谷国际贸易中心申办成功的，由FASAVA主席ROGER先生宣布的。

施振声副理事长在大会上作陈述报告，向各国代表详细介绍北京准备2014年大会的具体情况，回答各国代表提问。最后经FASAVA常务理事会一致通过在北京举办2014年FASAVA大会。在此次大会上，施振声副教授还做了"针灸在中国的应用"的专题讲座。

FASAVA是由韩国动物医院协会倡议，联合澳大利亚小动物兽医师协会、马来西亚小动物兽医师协会、台北市兽医师公会、香港兽医学会、北京小动物诊疗行业协会、上海市畜牧兽医学会小动物医学分会于 2005 年共同发起，于 2007 年在澳大利亚首都悉尼成立，并举办了首届会议。北京小动物诊疗行业协会原计划在泰国曼谷举办的第二届 FASAVA 会议上申办 2013 年会议，但是由于新西兰成功申办了 2013 年的 WSAVA 会议，按照 FASAVA 章程规定，FASAVA 要跟从 WSAVA 会议一同举办，所以北京小动物诊疗行业协会只能申办 2014 年会议。从 2014 年开始 FASAVA 会议由每两年改为一年一办。

11 月 16 日

在北京小动物诊疗行业协会理事会上，刘朗汇报泰国 FASAVA 会议情况。

11 月 20 日

中国礼仪（休闲）用品工业协会宠物用品行业分会筹备会议及"中国首届宠物产业发展论坛"在北京民族饭店举行。北京小动物诊疗行业协会理事长刘朗应邀参加会议并讲话，在谈到《宠物用品年鉴》一书时说：到目前为止，北京的宠物诊疗行业还没有一本完整的记录行业情况数据的书籍，北京究竟有多少个动物医院和诊所，有多少只就诊的犬猫及其他宠物，幼年犬猫、老年犬猫及其他宠物各占多少比例，北京的动物医院和诊所年创造的产值有多少，其中挂号收入、处方收入、B 超、X 线、化验、处方粮、药用香波各有多少收入等，都需要调查统计，这些数据对宠物诊疗行业的调控及发展规划都是非常重要的。

12 月

《宠物医师》杂志 2009 年第 6 期《人物专访》专栏，刊载的是中国兽医协会会长贾幼陵的访谈，题目是《立足服务，为加快兽医事业发展贡献力量》。

截止到 12 月底，个人加入北京小动物诊疗行业协会的会员有 518 人，团体单位入会会员有 53 家。

2009 年，北京小动物诊疗协会秘书长薛水玲作"北京市实施无主动物绝育工作方案"报告。附"目前坚持参加免费公益活动的动物诊疗机构名单及分布情况"。

2010 年

1 月 11 日

北京小动物诊疗行业协会理事长会议，理事长刘朗就 2009 年协会会员管理、组织建设、公益活动、宠物医师继续教育、第五届北京宠物医师大会、北京市动物医院院长联谊会及 FASAVA 等工作进行总结，并做出 2010 年工作计划。

会议决定，以书面形式将2009年财务收支情况向协会各位领导汇报。副理事长董轶、凌凤俊，秘书长薛水玲，副秘书长田海燕、宋楠出席会议。

由美国艾尼公司主办、北京小动物诊疗行业协会和天津艾尼动物医疗器械公司协办的第三届美国高级兽医临床实用技术培训班在天津举办。美国兽医专家吕峥博士及其他几位著名兽医专家就小动物心脏学、小动物血型分类与鉴定等课程分别进行了精彩的讲解。来自北京、天津、山东、深圳、安徽、河南等地的学员参加了培训。

2月

《宠物医师》杂志2010年第1期"人物专访"栏目，刊载的是北京出入境检验检疫局、高级兽医师凌凤俊的访谈，题目是《精湛技术 爱心铸就》。

《宠物医师》杂志推出"往事回顾"专栏，刊载了北京小动物诊疗行业协会理事长刘朗的回忆文章《追忆北京市小动物诊疗行业发展史》。同时刊发通讯《蹒跚上路——访冯士强老师》。

本期杂志还刊登了北京市畜牧兽医总站、北京小动物诊疗行业协会关于"2010年北京市宠物医师继续教育"课程表。

同期还刊登了《2009年北京各动物医院流浪猫绝育明细表》。北京共有102家动物医院为14693只流浪猫做了绝育手术。

2月3日

由北京市农业局团委、北京市重大动物疫情应急指挥部和北京小动物诊疗行业协会联合组建的北京市重大动物疫情应急志愿者支队在京宣誓。第一批志愿者共计有80人，按东、南、西、北4个方位设4个大队，所有队员来自北京市各区县宠物医院的医师，全部具有动物防疫相关专业知识。这支队伍的建立，标志着北京市拥有了应对重大动物疫情的重要社会组织。

2月5日

北京市实施无主动物绝育工作总结表彰大会，在北京市畜牧兽医总站报告厅举办。大会总结了北京市14个区、县及100多家动物诊疗机构参与的北京市无主动物绝育工作。从2006年7月至2009年12月，共为28907例无主动物绝育。北京市农业局兽医管理处处长王滨，北京市畜牧兽医总站站长韦海涛，北京市畜牧兽医总站兽医行业发展科科长、北京小动物诊疗行业协会秘书长薛水玲，北京小动物诊疗行业协会理事长刘朗等领导出席会议并讲话。

北京小动物诊疗行业协会理事长会议，研究关于召开"第六届北京宠物医师大会"的有关具体工作的事项安排等。理事长刘朗，副理事长夏兆飞、施振声、董轶、凌凤俊，秘书长薛水玲，副秘书长田海燕、宋楠，监事谢富强等出席会议。

3月18日

北京小动物诊疗行业协会理事长会议，确定召开第六届北京宠物医师大会会议场地——中国国际科技会展中心。研究落实关于会议注册、日程安排、优秀论文评奖等各项具体工作的实施方案。理事长刘朗，副理事长夏兆飞、潘庆山、陈武，秘书长薛水玲等领导出席会议。

3月27—28日

应中国社会科学院法学研究所邀请，北京小动物诊疗行业协会理事长刘朗参加了"中国动物保护与管理法制建设国际研讨会"。在会上，北京小动物诊疗行业协会获得中国社会科学院法学研究所授予的"中国动物保护与管理法制促进奖"。刘朗代表协会接受了大会颁发的荣誉奖项，同时也向与会者表达了北京小动物诊疗行业协会支持动物福利法规建设，支持国际、国内所有的动物保护组织针对动物救助开展的各项活动。此次会议上，国际、国内动物保护组织，对北京小动物诊疗行业协会长期开展的无主动物绝育手术的公益活动，给予了高度的赞扬。

4月

《宠物医师》杂志2010年第2期"人物专访"栏目，刊载的是北京怡亚动物医院院长宋楠的访谈，题目是《杏林春暖 妙手仁心》。

"往事回顾"专栏，刊发通讯《追忆行业先驱段宝符——访天泽万物动物医院院长廉莲》。

4月9日

由北京小动物诊疗行业协会与国际动物基金会（IFAW）合作，"IFAW兽医培训"在北京市畜牧兽医总站举办。培训内容是针对即将开展的乡村犬免费绝育手术。Kati Loeffer兽医博士主讲。

4月26日

由北京中联动保科技有限公司、北京市畜牧兽医总站、北京小动物诊疗行业协会合办的宠物医疗技术研讨会，在北京市畜牧兽医总站会议大厅召开。北京小动物诊疗行业协会理事长刘朗出席会议并讲话。北京市畜牧兽医总站兽医行业发展科科长、北京小动物诊疗行业协会秘书长薛水玲出席会议。

5月10日

北京小动物诊疗行业协会理事长刘朗在本行业网站上发出关于建立"中国兽医博物馆"的倡议书。面向社会，全面征集老兽医师们曾经用过的医疗器材、老照片及有关的实物、书籍及资料等。旨在记录中国兽医发展的历史进程。

5月10—13日

第二届中国东西部小动物临床兽医师大会在南京国际会议中心召开。上海市畜牧兽医学会理事长张忠明出席会议。四川省犬业协会宠物医师分会秘书长蒋宏主持，上海市畜牧兽医学会小动物医学分会理事长陈鹏峰作报告。北京小动物诊疗行业协会理事长刘朗出席会议并讲话。此次兽医参会人数达 1 397人。大会邀请了美国、英国、澳大利亚等 34 名国内外讲师进行了 43 场专题讲座。会议上为中国工程院院士夏咸柱将军等颁发了"中国小动物临床医学杰出贡献"奖。会议闭幕式上，蒋宏宣布"第三届东西部小动物临床兽医师大会"将于 2010 年 5 月在四川成都举行。

5 月 31 日

北京小动物诊疗行业协会组织团体会员单位的医师，与国际爱护动物基金会（IFAW）、北京市畜牧兽医总站联合发起"伴侣动物绝育接力赛"第一站活动，在北京市大兴区薄村举办。其内容是免费为当地农民豢养的狗体检，并完成绝育手术。参加此次活动的医师和助理医师来自北京伴侣动物医院、北京宠泽园动物医院、北京亲亲宝贝动物医院、北京绿房子动物医院、北京利又安动物医院、北京京西宠物医院、北京吉泰动物医院。中国农业大学流浪动物关爱协会及北京农学院动物爱心社的志愿者 14 人也参加了这项活动。

6 月

《宠物医师》杂志 2010 年第 3 期"人物专访"栏目，刊载的是中国动物疫病预防控制中心主任、中国兽医协会副会长兼秘书长张仲秋的访谈，题目是《提高兽医执业水平 尊重兽医职业特征》。

"往事回顾"专栏，刊发通讯《上下求索一生——访中兽医专家何静荣》。

7 月

北京小动物诊疗行业协会上报《关于执业兽医资格考试的几点意见问题的反映》（动诊协字〔2010〕1 号）的报告。此前，5 月 19 日，北京小动物诊疗行业协会理事会会议，就这个问题进行了专门讨论，决定由刘明荣起草建议函，北京小动物诊疗行业协会副秘书长田海燕撰写，北京小动物诊疗行业协会理事长刘朗、副理事长凌凤俊、秘书长薛水玲修改，最终形成正式文件上报。

7 月 8 日

应台北市兽医师公会的邀请，北京小动物诊疗行业协会理事长刘朗一行10 人，参加台北市 2010 年 WSAVA 继续教育（CE）会议。会上，刘朗与台北市兽医师公会理事长杨静宇签订了象征两岸小动物诊疗行业协会友好的姊妹协议，并将 2014 年北京 FASAVA 会议的情况进行了通报，同时邀请中国台湾兽医界同仁届时参加 2014 年 FASAVA 会议。当晚，北京小动物诊疗行业协会还与中国台湾兽医界非常有影响的中华兽医师协会联盟签订了合作协议。

7 月 12 日

第四届美国临床兽医技术培训班在上海举办。北京小动物诊疗行业协会派出专门人员协助组织此次培训。来自美国中美兽医友好协会的 4 名专家进行了讲座。近 30 名中国临床兽医参加了培训。

7 月 27—29 日

北京小动物诊疗行业协会组织团体会员单位，参与由国际爱护动物基金会（IFAW）组织的"带我去新家"——"伴侣动物绝育接力赛"第二站的活动。

8 月

《宠物医师》杂志 2010 年第 4 期"人物专访"栏目，刊载的是中国小动物诊疗行业领军人物林德贵教授的访谈，题目是《传承薪火为师　推动行业为帅》。

"往事回顾"专栏，刊发通讯《青山遮不住　毕竟东流去——访原北京畜牧兽医站站长刘荫桐》。

8 月 2 日

北京小动物诊疗行业协会联合"行动亚洲"、北京市畜牧兽医总站、首都爱护动物协会、北京西郊动物医院在北京举办"第二届中国兽医师伴侣动物福利与技术研习会"，并在北京西郊动物医院开展实操培训工作。此次活动促进了北京小动物诊疗行业协会与澳洲"兽医无国界"组织的友好往来。

8 月 11 日

北京小动物诊疗行业协会理事长会议，理事长刘朗介绍北京第六届宠物医师大会筹备进展情况。确定第六届宠物医师大会各项奖项获奖名单，确定评选优秀论文的评审方法。

在此次会议上，决定增选北京小动物诊疗行业协会常务理事并提名：郭泽领、郭俊林。增选北京小动物诊疗行业协会理事并提名：王立、杨荣、徐晓霞、潘岩。

8 月 30 日

北京小动物诊疗行业协会第一届第六次理事会会议，投票通过郭泽领、郭俊林为北京小动物诊疗行业协会常务理事。投票通过杨荣、郭俊林、王立、潘岩、徐晓霞、董微为北京小动物诊疗行业协会理事。

会议决定，北京小动物诊疗行业协会副理事长施振声、陈武负责与日本小动物兽医协会进行沟通，并去日本参加会议，帮助日本小动物兽医协会加入到 FASAVA。副理事长董轶、凌凤俊，秘书长薛水玲，副秘书长田海燕、宋楠，监事长张焱出席会议。

北京小动物诊疗行业协会理事会会议，理事长刘朗汇报北京小动物诊疗行业协会会员管理情况：个人会员 542 人，其中具有博士学历 11 人，硕士学历 33 人，本科学历 276 人，大专学历 169 人，中专学历 53 人。北京小动物诊疗行业协会整体会员素质居全国之首。

刘朗在会上汇报无主动物绝育手术情况。北京市共有定点单位 103 家动物诊疗机构开展这项工作。截至 2010 年 6 月底，共免费做绝育手术 34 547 例，折合人民币 6 909 400 元。这些定点单位全部为北京小动物诊疗行业协会团体会员单位。

此次会议，刘朗还通报了第六届北京宠物医师大会准备情况及执业兽医报考等工作。副理事长夏兆飞、潘庆山、施振声、凌凤俊、陈武，副秘书长田海燕、宋楠，监事谢富强及常务理事、理事出席会议。

9 月

北京小动物诊疗行业协会办公室，编写了《北京小动物诊疗行业 2002—2009 年大事记》，并编写了大事记的前言。这是行业有史以来第一次编写大事记，共计 108 条，16 356 万字。

9 月 6 日

北京市市属公园流浪猫 TNR 项目在北京市公园管理中心启动。此项活动由首都爱护动物协会、北京市公园管理中心、北京市畜牧兽医总站、北京小动物诊疗行业协会联合发起，为北京 11 处市属公园内的流浪猫进行免疫、绝育、领养、放归。

9 月 10 日

北京小动物诊疗行业协会以动诊协字〔2010〕2 号，上报关于《免征动物诊疗行业营业税问题的报告》。

9 月 14 日

美联众合动物医院联盟机构在中国国际科技展览中心举行首届"小动物疾病临床诊疗流程管理"论坛。北京小动物诊疗行业协会理事长刘朗、副理事长夏兆飞、董轶等出席会议并进行专题讲座。

9 月 15—17 日

由北京市畜牧兽医总站主办、北京小动物诊疗行业协会承办的"第六届北京宠物医师大会"在中国国际科技会展中心召开。北京小动物诊疗行业协会理事长刘朗、副秘书长田海燕主持会议，刘朗并在大会上致辞。北京市农业局领导、北京市畜牧兽医总站领导、韩国小动物兽医师协会代表、世界小动物兽医师协会（WSAVA）等代表出席会议。会议内容以技术讲座为主。邀请国内外近 50 位专家老师进行了 62 场讲座。本次参会人数达 1 800 余人。在此次会议上获得"兽医终身成就奖"的是：张玉忠；获得"兽医行业特殊贡献奖"的是：田海燕、宋楠、刘欣；获得"杰出青年兽医奖"的是刘明荣、项夫、陈长清、屈小平、李丰昌。

9 月 18 日

中国工程院第 104 场工程科技论坛——"宠物与人类健康"在北京远望楼

召开，这是我国第一次针对动物与人类健康给予高度重视的高端会议。北京小动物诊疗行业协会作为承办单位积极组织了这次会议。北京小动物诊疗行业协会理事长刘朗参加会议，做专题报告"宠物食品市场发展前景"，同时获优秀论文奖。

9 月 29 日

北京小动物诊疗行业协会理事会会议，理事长刘朗汇报第六届北京宠物医师大会收入情况。会议收入总计 1 802 620 元，会议支出总计 1 453 604 元。会上总结了此次会议存在的问题，并为明年召开宠物医师大会提出了新的建议。秘书长薛水玲主持会议。副理事长夏兆飞、潘庆山、董轶、凌凤俊、陈武，副秘书长田海燕、宋楠，监事长张焱等理事出席会议。

10 月

《宠物医师》杂志 2010 年第 5 期"人物专访"栏目，刊载的是农业部国家首席兽医师于康震的访谈，题目是《执业兽医制度 行业发展的保障》。

"往事回顾"专栏，刊发通讯《五十一年兽医路——访原中国农业大学动物医院临床系主任兼动物医院院长高得仪教授》。

本期杂志还刊登了北京小动物诊疗行业协会 12 月 6 日在北京市畜牧兽医总站报告厅举办"动物医院管理培训班"的通知。中国农业大学动物医院副教授、北京小动物诊疗行业协会副理事长夏兆飞主讲。

10 月 24 日

我国首次举行执业兽医资格考试。北京市共有 2645 名从事动物诊疗的医务人员及有关人员参加考试。根据农业部规定，三年内宠物医生及其他类兽医均需持证上岗，否则不得从业。这次考试是针对兽医从业的一种准入考试，今后将每年举行一次，与执业医师、律师、注册会计师等考试同等规格。这次考试，北京地区从事宠物诊疗的医师及格率达到了 48%。

10 月 27 日

北京小动物诊疗行业协会派出部分理事，参加中国兽医协会宠物诊疗分会会员代表大会，并协助宠物诊疗分会的选举工作。北京小动物诊疗行业协会理事长刘朗和副理事长潘庆山当选为中国兽医协会宠物诊疗分会副会长。

10 月 28 日

北京小动物诊疗行业协会组团参加第一届中国兽医大会。在会上，与日本兽医师山根义久博士进行了友好接洽，为今后的相互合作打下了良好的基础。

11 月 11 日

北京小动物诊疗行业协会接受北京市民政局八位专家的现场评估。专家从"基本条件、内部治理、工作绩效、社会评价、创建学习社团、创先争优"六个方面的工作进行了评估。最后，在北京市上千家行业协会参与的评估当中，北京小动物诊疗行业协会获得 4A 级的绝好佳绩。这是协会第一次参加评估活动。

11 月 17 日

北京小动物诊疗行业协会为患淋巴瘤的"杰出青年兽医奖"获得者陈长清发出"捐款倡议书"。截至 12 月底，协会共筹集募捐款 54852 元。此款由理事长刘朗、秘书长薛水玲全部转交陈长清。

12 月

《宠物医师》杂志 2010 年第 6 期"人物专访"栏目，刊载的是上海市畜牧兽医学会小动物医学分会理事长陈鹏峰的访谈，题目是"增进交流 共促发展"。

"往事回顾"专栏，增加言论——"采编感言"，刊登的文章是《记住行业的先行者》。同时刊发两篇通讯，一篇是《沧桑岁月——访原中国农业大学动物医院临床兽医师张瑞云》。另一篇是《春来自有早行人——访原中国农业大学兽医院院长胡广济》。

截至 2010 年年底，北京小动物诊疗行业协会个人会员共有 544 人，团体会员单位 108 家。

2010 年北京小动物诊疗行业协会召开理事长会议 5 次；理事会会议 4 次；院长联谊会 4 次；供应商会议 3 次，举办动物医院院长管理培训班 2 次。

法律顾问康爱军，累计为团体会员单位提供咨询服务 25 例，医疗纠纷诉讼 2 起。

12 月 1 日

北京小动物诊疗行业协会理事会会议，讨论通过增加协会具体工作人员，并作了进一步的分工：理事长刘朗负责动物福利委员会工作，在原有副理事长董轶辅助负责的基础上增加协会常务理事张志红，刘明荣；副理事长夏兆飞负责协会宣传管理工作，在原有副理事长潘庆山、监事谢富强辅助的基础上增加麻武仁、袁占奎、张晓远、邱志钊；副理事长潘庆山负责协会继续教育工作，在原有夏兆飞、田海燕辅助的基础上增加董轶；副理事长施振声负责协会的国际合作管理工作，在原有董轶、陈武辅助的基础上增加麻武仁。副理事长凌凤俊负责协会会员管理工作，在原有副秘书长宋楠辅助的基础上增加王文利；副理事长陈武负责专业学术委员会工作，在原有潘庆山、夏兆飞、施振声、刘钟杰、谢富强、张焱辅助的基础上增加常务理事刘欣；副秘书长田海燕负责院长联谊会管理工作，在原有宋楠辅助的基础上增加凌凤俊。

会议决定，北京小动物诊疗行业协会理事卢岩因三次未参加理事会会议，依照北京小动物诊疗行业协会理事会规定，做自动退出理事会处理。董轶、凌凤俊、陈武、田海燕等理事成员出席会议。

12 月 8—10 日

第一届华南小动物医师大会在广州市锦汉展览中心召开。这是继北京、东西部小动物医师大会后，国内又一小动物医师的盛会，对推动华南地区宠物行业发展有重要的意义。北京小动物诊疗行业协会理事长刘朗出席会议并在大会上致辞。

12 月 27 日

北京小动物诊疗行业协会上报《动物安乐术实施技术规范》（动诊协字〔2010〕3 号）的标准。

12 月 31 日

北京市共有 103 家动物诊疗机构参与为无主动物绝育手术活动。全年累计为流浪动物免费绝育手术 11 769 只，折合人民币 941 520 元。

2011 年

1 月 19 日

北京小动物诊疗行业协会理事会会议，理事长刘朗就 2010 年协会协助北京市畜牧兽医总站开展宠物医师继续教育、第六届宠物医师大会、协助政府主管部门开展无主动物免费绝育手术、代表行业利益伸张会员主张、承接建立北京首支重大动物疫情应急志愿者支队、与国内外动物救助组织合作，开展多方面的动物救助公益活动、积极参与国内外行业协会合作，建立合作关系及协会通过北京市社团评估活动荣获 4A 成绩等工作进行了全面总结。

刘朗还就协会 2010 年的收支状况，向全体理事做了详细的汇报，得到理事会的认可，并击掌通过。

此次会议，还通过了协会修改的《北京小动物诊疗行业协会章程》。副理事长夏兆飞、施振声、董轶、凌凤俊，秘书长薛水玲，副秘书长田海燕、宋楠，监事长张焱等理事出席了会议。

2 月

《宠物医师》杂志 2011 年第 1 期"人物专访"栏目，刊载的是江苏省宠物诊疗行业协会会长赖晓云的访谈，题目是"提高自身素质 塑造行业形象"。

"往事回顾"专栏，刊登"采编感言"——江山代有才人出。同时刊发两篇通讯，一篇是《掷地有声话当年——访原农业部科学技术司对外交流部王静兰》。另一篇是《三见陈长清》。

本期杂志还刊登了北京市畜牧兽医总站、北京小动物诊疗行业协会关于"2011 年北京市执业兽医师继续教育讲座课程表"。

2 月 23 日

受农业部畜牧（饲料）行业职业技能鉴定指导站的委托，北京市畜牧兽医总站正式承担《宠物美容师国家职业标准》的编写工作。参与此项工作的有北京小动物诊疗行业协会、北京农业职业学院、北京乐宠控股公司、北京市保护小动物协会、北京建文宠物美容学校等。参编人员有方法专家、内容专家和实际工作专家。该标准的编写，将我国宠物美容业的无序状态纳入了正规管理的范畴。该标准的建立，填补了宠物美容在宠物行业标准方面的空白。

3月4日

由皇家宠物食品有限公司主办、北京小动物诊疗行业协会协办的"第一届国际猫病诊疗技术研讨会"在中国农业大学东区举办。研讨会特邀法国和澳大利亚著名讲师做精彩演讲。来自全国各地的宠物医师与专业人士250余人参加了研讨会。

3月22日

北京小动物诊疗行业协会理事长会议，确定第七届北京宠物医师大会讲座安排。会议设17个会场。具体分工是：外科由北京小动物诊疗行业协会副理事长潘庆山负责；内科由北京小动物诊疗行业协会副理事长夏兆飞负责；珍稀动物由北京小动物诊疗行业协会副理事长施振声负责；中兽医由北京小动物诊疗行业协会副理事长陈武负责；眼科由北京小动物诊疗行业协会副理事长董轶负责；皮肤科由北京小动物诊疗行业协会副秘书长田海燕负责；影像由北京小动物诊疗行业协会监事谢富强负责。会议还研究了从北京农学院招募20个志愿者及出版论文集、评选各类奖项等问题。理事长刘朗，副理事长夏兆飞、潘庆山、施振声、陈武，秘书长薛水玲，副秘书长田海燕、宋楠，监事长张焱，监事谢富强出席会议。

4月

《宠物医师》杂志2011年第2期"人物专访"栏目，刊载的是美联众合爱康动物医院院长刘欣的访谈，题目是"研学不辍　乐在其中"。

"往事回顾"专栏，刊登"采编感言"——他山之石。刊发通讯《回眸那过去的时光——访临床兽医专家万宝璠》。同时刊发美国执业兽医师、中兽医师李安熙的回忆文章《北京小动物兽医临床的发展（1994—2007）》。

4月6日

北京小动物诊疗行业协会理事会会议及院长联谊会扩大会议，理事长刘朗在会上，就动物救助组织关于动物绝育手术发生纠纷问题给予了解答，并号召大家多做公益事情，建议为中国保护小动物协会收容基地的犬做免费绝育手术。这是纯公益行为，没有丝毫报酬。

在此次会议上，为协会团体会员单位发放了2011年度会员单位证书，为经过审核的单位发放2011年度北京市无主动物绝育手术定点单位证书。理事长刘朗，副理事长董轶、凌凤俊，副秘书长田海燕、宋楠及60家会员单位的院长及负责人出席会议。

4月29日

中国兽医协会在北京召开狂犬病防控技术座谈会。农业部兽医局局长张仲秋出席会议，并在会议上针对国内狂犬病的防控问题作了具体部署。北京小动物诊疗行业协会理事长刘朗，也在会上就狂犬病的防控问题提出了两点意见：一是狂犬病疫苗的注射，要纳入强制免疫范畴；二是要加强对流浪犬的收容管理工作。

5月11日

北京小动物诊疗行业协会组织近60家宠物医院的代表，参观位于怀柔雁栖经济开发区的玛氏宠物食品工厂。玛氏公司公关事务部总监刘颖介绍建厂和生产情况。玛氏食品质量安全经理梅建勋对宠物食品的安全问题作了讲解。北京小动物诊疗行业协会理事长刘朗即席发表讲话。

5月16日

日本东京都兽医师协会会长村中志朗、株式会社代表星野百惠女士、上海市畜牧业学会小动物医学分会会长陈鹏峰与北京小动物诊疗行业协会理事长刘朗、副理事长陈武、秘书长薛水玲就建立中日兽医网站问题进行磋商、交流。

5月20日

由拜耳动物保健、北京小动物诊疗行业协会共同举办的第一届国际ZC论坛在北京召开。北京小动物诊疗行业协会理事长刘朗致开幕词。现任韩国全南国立大学动物医学院副院长、2011年韩国WSAVA组委会副主席申诚植教授、中国农业大学动物医学内科学夏兆飞副教授就人兽共患病问题发表演讲。欧洲兽医寄生虫学院的注册兽医师和兽医寄生虫专家Norbert Menke教授，介绍犬媒介性疾病（CVBD）在全球各地的最新研究结果。中国农业大学动物医院院长林德贵教授就中国蜱传播疾病的问题作了报告。270余名宠物医师也现场聆听了国内外专家在各自学术领域的最新研究报告。

5月30日

由北京市畜牧兽医总站、北京小动物诊疗行业协会、国际爱护动物基金会联合筹划的"伴侣动物绝育接力赛"项目第三站，在北京市通州区靛庄村内举办。活动为期三天，为免费登记过的75只犬实施了绝育手术。参加此次公益活动的宠物医师及助理医师分别来自美联众合伴侣动物医院、爱乐康动物医院、北京荣安动物医院、北京利又安动物医院、北京亲亲宝贝动物医院、北京完全动物医院、北京绿房子动物医院、美联众合芭比堂动物医院、北京宠泽园动物医院、中国农业大学动物医院。

6月

《宠物医师》杂志2011年第3期"人物专访"栏目，刊载的是中国兽医协会宠物诊疗分会副会长、华西宠物医院院长李发志的访谈，题目是《独辟蹊径管理 攀登事业高峰》。

"往事回顾"专栏，刊登"采编感言"——《尊师重道》。刊发兽医师戴庶的回忆文章，《20世纪90年代初在北京做小动物兽医的日子》。

6月3日

北京市动物防疫法调研会在北京市农业局召开。北京市人大代表、北京市农村工作委员会领导、北京市农业局领导及动物诊疗机构的代表出席了会议。北京小动物诊疗行业协会理事长刘朗在会议上，向参会领导作了关于实施动物防疫法及动物诊疗发展过程中遇到的困难和问题的报告。该报告从四个方面阐述：一是在动物防疫法中，关于国家规定的强制免疫的动物必须依法进行免疫，但在实施过程中遇到百姓抵制的问题；二是在落实防疫法的过程中存在的实际问题；三是在控制人兽共患病方面存在的问题；四是兽医得不到社会尊重，社会地位低的问题。

6月8日

北京市农业局、北京小动物诊疗行业协会与法国宠物兽医协会参访人员进行交流座谈。北京市农业局副局长马荣才、兽医处处长王滨、王建及北京市畜牧兽医总站副站长刘晓东，协会理事长刘朗、副秘书长田海燕、宋楠等领导出席会议。刘朗在座谈会上介绍了北京小动物诊疗行业协会的建立、发展和状况，并就双方感兴趣的问题进行了交流。

6月13日

由北京市畜牧兽医总站牵头主办的"动物福利评价通则标准"启动会在北京召开。中国兽医协会会长贾幼陵、农业部兽医局科技与国际合作处处长孙研、北京市农业局兽医处处长王滨、北京小动物诊疗行业协会理事长刘朗等15家单位的领导参加了会议。北京市畜牧兽医总站站长韦海涛主持会议并就标准的建立进行了部署。有关负责人在会上讲解了"动物福利评价通则标准"的制定及具体要求。刘朗在会议上就动物福利评价标准涉及的有关概念问题与参会人员进行了沟通。

6月15日

北京小动物诊疗行业协会上报《关于氯胺酮使用问题的回函》（动诊协字〔2011〕1号）的报告。该报告从动物医院使用氯胺酮的安全和效果方面进行了阐述。

6月28日

北京小动物诊疗行业协会理事长会议，研究第七届北京宠物医师大会及WSAVA会议有关问题落实的情况。北京小动物诊疗行业协会理事长刘朗，副理事长潘庆山、施振声、陈武，秘书长薛水玲，副秘书长田海燕、宋楠，监事长张焱，监事刘钟杰出席会议。

7月15日

由首都爱护动物协会牵头的67家中国动保组织"呼吁取消美国西部牛仔竞技展演"的新闻发布会在北京国际商会大厦举行。北京小动物诊疗行业协会理事长刘朗，在会上代表中国兽医界全体同仁对虐待动物的行为进行了谴责，并表示将与众多动保组织团结协作，推动中国动物保护法规的建立，从源头上杜绝对动物的迫害。会议决定，上报北京市政府取消"Rodeo China 美国西部牛仔竞技展演"到北京"鸟巢"的活动。

8月

《宠物医师》杂志2011年第4期"人物专访"栏目，刊载的是中国工程院院士夏咸柱的访谈，题目是"置身高处看发展"。

"往事回顾"专栏，刊登"采编感言"——《旧时王谢堂前燕，飞入寻常百姓家》。刊发通讯《追溯走过的路——访中国农业大学动物医院高级兽医师董悦农》。

8月10日

北京小动物诊疗行业协会院长联谊会会议，决定：任命协会副秘书长宋楠为党支部书记，毛军福、成安慰、麻武仁担任支部职务。37家会员单位的院长及负责人出席会议。

9月1日

中日兽医师交流网 www.cj-vet.com 正式启动。

9月14—16日

由北京市畜牧兽医总站主办、北京小动物诊疗行业协会承办的"第七届北京宠物医师大会"在北京国际会议中心召开。农业部首席兽医师于康震、中国兽医协会会长贾幼陵及日本东京都兽医师协会会长村中志朗在开幕式上致辞。北京市农业局领导、北京市畜牧兽医总站领导、台北市兽医师公会会长杨静宇，北京小动物诊疗行业协会理事长刘朗等领导出席了会议。会议内容以技术讲座为主，促进学术交流。会议邀请了国内外近60位专家学者进行了80多场讲座。本次参会人数达2000余人。在此次会议上获得"兽医行业特殊贡献奖"的是：张志红；获得"杰出青年兽医奖"的是：杨荣、廖阳、杨雪松、张晓远。大会还推选出了"玛氏优秀论文"获奖者，他们是：姜晨、卢冬霞、宋军、夏楠、王文利、杨星。6位获奖者的论文，全部刊登在《宠物医师》杂志2011年第5期上。

9月28日

北京小动物诊疗行业协会理事会会议，理事长刘朗汇报第七届北京宠物医师大会会议情况及大会收入和各项开支情况。会上讨论了此次会议存在的问题，为明年举办第八届北京宠物医师大会做好充分准备工作等问题进行了研究。

10 月

《宠物医师》杂志 2011 年第 5 期 "人物专访" 栏目，刊载的是中国兽医协会宠物诊疗分会副会长谢建蒙的访谈，题目是《冲州过府　继往开来》。

"往事回顾" 专栏，刊登 "采编感言"——《想起了 "庖丁解牛"》。刊发通讯《探访 "潘一刀"》。

10 月 14—17 日

世界小动物兽医师协会（WSAVA）年会在韩国济州岛举办，北京小动物诊疗行业协会理事长刘朗，副理事长夏兆飞、施振声、潘庆山，秘书长薛水玲，副秘书长田海燕、宋楠，监事谢富强参加会议。刘朗和施振声还代表BJSAVA 参加了亚洲区域小动物兽医师协会联盟（FASAVA）理事会。在此次理事会上决定：FASAVA 从 2014 年北京会议开始与 WSAVA 剥离，独立操作，保持亚洲特色，保障亚洲地区兽医利益。会上，刘朗提出，希望FASAVA 尽快成立亚洲地区专家考核委员会，制定亚洲兽医专科考核标准并建立考核制度。

10 月 28—29 日

第二届中国兽医大会暨中国兽医技术用品博览会在合肥国际会展中心举行。北京小动物诊疗行业协会理事长刘朗率北京代表团 30 多人参加会议。此次会议决定：宠物诊疗分会从 2012 年起，每年将举办中国小动物兽医师大会。第一届会议将在 2012 年 4 月 23 日—26 日在南京开幕，同时确立了第三届会议在北京与 FASAVA 及 BJSAVA 会议共同举办。

11 月 3 日

北京小动物诊疗行业协会与农业部中国农业出版社共同召开编前会，就关于小动物诊疗技术方面的著作翻译与出版问题进行了磋商。农业出版社的编辑邱利伟表示，农业出版社将密切与北京小动物诊疗行业协会合作，通过出版书籍为中国的宠物诊疗行业做出贡献。北京小动物诊疗行业协会理事长刘朗，副理事长夏兆飞、董轶，常务理事刘欣等人参加了会议。

11 月 14 日

受农业部委托，北京市农业局畜牧兽医总站牵头召开相关企业事业单位以及动物诊疗机构座谈会。讨论完善《兽医器械管理条例》出台的有关情况。北京小动物诊疗行业协会理事长刘朗、副理事长董轶、秘书长宋楠参加了座谈会并发表意见。

11 月 15—16 日

两岸兽医交流会在中国台湾日月潭举行。北京小动物诊疗行业协会理事长刘朗参加了会议，并在会上就北京市小动物诊疗发展历程进行了演讲，同时对中国台湾地区兽医关心的问题进行了解答。

11 月 23 日

2014 年北京 FASAVA 筹备会第三次会议在北京畜牧兽医总站举行。中国兽医协会、北京畜牧兽医总站、北京小动物诊疗行业协会的有关领导出席会议。会上，北京小动物诊疗行业协会理事长刘朗就大会地点、时间、规模、宣传推广及大会赞助和注册费用做了详细介绍。在会上，中国兽医协会会长贾幼陵提出了一些建议。北京畜牧兽医总站站长韦海涛就如何举办高水平的国际会议提出了详细的要求。

11 月 25 日

北京小动物诊疗行业协会举办的"2011 年动物医院院长管理培训班"在北京畜牧兽医总站召开。参加培训的学员有 90 余人。课程以"管理的艺术"为主题，由多维集团高级培训经理翟辉结合工作实际，从选人、用人、育人、留人四个方面进行了讲解。

12 月

《宠物医师》杂志 2011 年第 6 期"人物专访"栏目，刊载的是台北市第 17 届兽医师公会理事长杨静宇的访谈，题目是《海峡对岸的宠物医师》。

"往事回顾"专栏，刊登"采编感言"——《婴儿的第一声啼哭》。刊发通讯《记录：渐行渐远的往事——访北京市公安局治安管理总队犬类管理处副处长黄志民》。

截至 2011 年年底，北京小动物诊疗行业协会召开理事长会议 2 次；常务理事会会议 1 次；理事会会议 4 次；院长联谊会 6 次。

法律顾问康爱军，在 6 次的院长联谊会上，对有关法律问题均进行了解答。

12 月 4 日

洋县犬只管理模式启动仪式暨专家论证会在西安举办，参加会议的有西北政法大学、洋县政府、香港动物保护神公益机构及法律界人士和陕西省政府等部门。北京小动物诊疗行业协会理事长、西北大学动物保护法研究中心客座研究员刘朗参加会议，并参与该项目相关内容的起草和修订工作。刘朗作为洋县犬只管理模式课题组成员，还主持了相关论题的讨论。

12 月 5—7 日

第二届华南小动物医师大会在深圳会展中心举行。北京小动物诊疗行业协会理事长刘朗参加会议并致辞。

12 月 7 日

北京小动物诊疗行业协会院长联谊会会议，会上就 X 线机的辐射许可证的问题进行了讨论。会议决定由亲亲宝贝动物医院院长徐晓霞向海淀区环保局进一步了解情况，并起草文件材料，由协会进行修改后，以协会名义上报农业部兽医局、北京市农委、北京市农业局兽医处、北京市畜牧兽医总站，同时抄送北京市环保局、海淀区环保局。随后，北京小动物诊疗行业协会上报了《关于动物诊疗用 X 线机使用中有关环保问题的请示》（京诊协发〔2011〕3 号）。该文件针对海淀区环保局下发关于使用兽用 X 线机《责令限期改正通知书》一事，全面地汇报了动物医院使用兽用 X 线机安全的问题，并提出尽快出台动物医院合理使用兽用 X 线机的评估标准。

12 月 12 日

北京小动物诊疗行业协会常务理事会会议，确定第八届北京宠物医师大会会议场地——北京国际会议中心。研究落实关于会议注册、授课主题、大会实操收费标准、修订评奖标准、新增"动物福利合作奖""两岸兽医合作奖"等各项具体工作的实施方案。确定了 2012 年北京宠物医师继续教育讲课题目：内科由北京小动物诊疗行业协会副理事长夏兆飞负责；外科由北京小动物诊疗行业协会副理事长潘庆山负责；眼科由北京小动物诊疗行业协会副理事长董轶负责；中兽医由北京小动物诊疗行业协会监事刘钟杰负责；影像（超声诊断）由北京小动物诊疗行业协会监事谢富强负责；皮肤病由北京小动物诊疗行业协会常务理事刘欣负责；心脏病由北京小动物诊疗行业协会常务理事张志红负责。

12 月 19 日

北京小动物诊疗行业协会与首尔兽医师协会在北京市畜牧兽医总站举行座谈交流会。首尔兽医师协会 SonEun-Pil 会长一行五人，北京小动物诊疗行业协会理事长刘朗，副理事长施振声、陈武、董轶参加座谈交流会。在座谈交流会上，双方签订了姊妹协会合作协议。

12 月 24 日

应缅甸国家兽医协会邀请，北京小动物诊疗行业协会理事长刘朗、副理事长董轶出席缅甸兽医师大会。在会上二人分别作了有关牙科和眼科的专题讲座。同时，刘朗还就 2014 年北京 FASAVA 会议向缅甸兽医同行进行了介绍和宣传，并代表 WSAVA 亚太地区继续教育委员会对未来缅甸的兽医教育给予了建设性的意见和建议。

2012 年

2 月 18 日

北京小动物诊疗行业协会代表作为特邀嘉宾参加了日本兽医内科学及日本兽医临床病理学大会，刘朗理事长在大会上介绍了有关中国小动物诊疗行业的发展状况，并在大会的开幕晚宴上致辞，宣布了将在 2014 年 9 月 10—12 日于北京举办 FASAVA 大会，届时将邀请日本兽医界同仁共同参与，以促进亚洲兽医行业共同发展。

4月11日

世界小动物兽医师协会（WSAVA）年会在英国的伯明翰举办，作为WSAVA的会员单位，北京小动物诊疗行业协会（BJSAVA）应邀组团参加了此次会议，协会的理事长刘朗博士和副理事长施振声教授分别作为亚洲继续教育委员会主席和北京小动物诊疗行业协会代表参加了WSAVA的理事会，并参与审核讨论了有关上届WSAVA大会的会议结算、伯明翰会议议程、2012年新增的会员单位、大会的奖项、大会未来发展等问题。

4月23日

第一届中国小动物兽医师大会在南京举办，作为中国兽医协会宠物诊疗分会副会长，北京小动物诊疗行业协会理事长刘朗先生率团参加了此次会议，并参与了开幕仪式的组织工作。在此次大会上，北京小动物诊疗行业协会刘朗理事长作为《中国兽医师》编委会的特约编委参加了《中国兽医师》的首发仪式，并与中国兽医协会贾幼陵会长，中国兽医协会宠物诊疗分会林德贵会长，中国动物疫病预防控制中心执业兽医事务处的袁蕾蕾处长共同签名送书。

5月16日

北京小动物诊疗行业协会会员代表大会换届选举，刘朗再次当选为第二届协会理事长。

8月3日

美国动物医院连锁机构Banfield的负责人来到北京，与北京小动物诊疗行业协会代表进行了简要座谈。

9月19—21日

由北京市畜牧兽医总站主办，北京小动物诊疗行业协会承办的第八届北京宠物医师大会在北京国际会议中心隆重举行。中国兽医协会贾幼陵会长、北京市农业局领导、FASAVA主席及代表，以及WSAVA讲师出席了大会开幕式并致辞。本届北京宠物医师大会邀请了国内外近60位专家学者，举办了80多场国际水准的专题讲座；吸引了100多家国内外知名企业参展。同时，此次大会采取注册参会形式，注册人数约1 800人。

11月21日

FASAVA（亚洲小动物兽医师协会联盟）理事会在韩国首尔举办，北京小动物诊疗行业协会刘朗理事长、施振声副理事长应邀参加了此次会议。与会代表分别来自韩国、马来西亚、中国、印度、泰国、澳大利亚及新西兰。刘朗理事长代表中国大陆地区介绍了中国农业院校兽医专业的状况及每年毕业生的情况，以及目前中国大陆地区动物医院的发展状况，并对FASAVA未来的发展及章程的修订提出了自己的见解，认为专科考核应该与亚洲已经存在的专业学术团体建立合作，相互认可，建议FASAVA应该有专门的人员负责。北京非常愿意参与传统医学方面考核标准的制订工作。

2013 年

1 月 10 日

欧洲兽医协会主席 Dr Rafael Laguens 先生到达北京，与北京小动物诊疗行业协会代表进行了友好的座谈，同时接受了《宠物医师》杂志的专访。参加座谈会的有北京小动物诊疗行业协会理事长刘朗博士，协会理事麻武仁博士，《宠物医师》编辑张斌劼及协会翻译李婧。

3 月 6—9 日

第 38 届世界小动物兽医师大会在新西兰的奥克兰举办，北京小动物诊疗行业协会理事长刘朗博士在此次会议上当选为 WSAVA 选举委员会委员。

为了给 2014 年在北京召开的 FASAVA 做宣传，北京小动物诊疗行业协会特别在 WSAVA 会场醒目位置设置了富有中国特色的宣传展台，发放 2014FASAVA 大会的宣传资料和熊猫小礼品。

在大会闭幕式上，作为北京小动物诊疗行业协会理事长的刘朗博士从 FASAVA 现任主席 Peter 手里接过了 FASAVA 的会旗，刘朗博士代表中国小动物兽医师对 WSAVA 和 FASAVA 及新西兰组委会的工作表示了感谢，并期待参会者在 2014 年来到北京，参加 FASAVA 北京大会。

5 月 10 日

迎来了我国第五个"防灾减灾日"。为此，北京市重大动植物疫情应急志愿者支队集合了 32 名志愿者在门头沟区永定河文化广场开展公益宣传活动。在北京市农业局、北京市畜牧兽医总站的带领下，志愿者们整齐划一，接受了市政府领导的检阅。

5 月 21 日

在北京市动物卫生监督所召开了动物诊疗机构用药现状研讨会。北京小动物诊疗行业协会理事长刘朗博士受邀参会，并就中国动物诊疗机构用药现状进行了剖析，也提出了一些建设性的意见，希望政府兽医主管部门能够切实解决宠物诊疗机构的用药短缺和用药困难问题。

6 月 30 日

北京小动物诊疗行业协会理事长刘朗博士参加由农业部兽医局主办的《中国执业兽医师法草案》专项研讨会，并就其中的行业协会章节进行了探讨，并针对临床兽医的社会地位及处方权的问题提出了合理化建议。

7 月 20 日

世界小动物兽医师协会疫苗指导委员会（WSAVA VGG）主席 Michael J. Day 教授在北京市畜牧兽医总站报告大厅成功举办了关于免疫学方面的讲

座。此次讲座由北京小动物诊疗行业协会刘朗理事长主持，中国农业大学黄珊博士及美联众合动物医院联盟机构周玉珠医师担当现场翻译。

8月15日

北京小动物诊疗行业协会理事长刘朗博士应邀参加北京爱它动物保护公益基金会组织的就"803救援事件"召开的座谈会，参会的有国内外的动保组织和法律界人士，刘朗博士就动物防疫方面的问题进行了阐述，也对救援事件本身提出了一些建设性意见。

9月16—18日

由北京市动物疫病预防控制中心主办，北京小动物诊疗行业协会承办的第九届北京宠物医师大会在北京国际会议中心举行。WSAVA代表、FASAVA代表、中国兽医协会贾幼陵会长、北京市农业局领导及各兄弟协会嘉宾出席了大会开幕式并致辞。本届北京宠物医师大会共邀请了国内外41位专家学者，举办了52场国际水准的讲座；吸引了112家国内外知名企业参展。同时，此次大会采取专业注册参会形式，注册参会兽医师人数为1 712人。

10月10日

北京小动物诊疗行业协会理事长刘朗博士参加北京市人民代表大会常务委员会召集的《北京市动物防疫条例（草案）》专家座谈会，并代表北京小动物诊疗行业协会提出了有关动物诊疗机构及行业协会管理的意见。

10月28日

在2013年度"中国杰出兽医"的评选活动中，北京美联众合伴侣动物医院的刘朗医生获得了"中国杰出兽医奖"。刘朗医生此次获奖具有深远的意义，他是本奖项开设以来第一位民间临床兽医荣获政府奖项，也是当时唯一的通过国家执业兽医师资格考试的临床兽医。

2014年

1月

北京小动物诊疗行业协会代表参加北美兽医大会，并与北美兽医大会执行主席进行友好洽谈，为今后北京小动物诊疗行业协会与北美兽医协会的合作奠定了基础。

3月

北京小动物诊疗行业协会积极参与筹建国家伴侣动物（宠物）标准化技术委员会，北京小动物诊疗行业协会理事长刘朗博士担任了委员会动物医疗方面标准建设的负责人。

5 月 12—15 日

第五届亚洲小动物兽医师大会（FASAVA 2014）暨第五届亚洲传统兽医学术研讨会（ASTVM 2014）和第十届北京宠物医师大会在北京国家会议中心成功举办，本次大会成为 FASAVA 大会的里程碑事件，无论是参会人数及参展企业和大会课程等，都将 FASAVA 大会推到了新的高点。此次大会以"兽医与民生相伴"为主题，来自亚洲各地的小动物兽医师代表和世界各地的厂商共 5 000 余人分享了此次盛会，会议邀请了来自美国、韩国、日本、马来西亚、澳大利亚等国家近 70 位知名专家学者，准备了 130 场专题讲座。

9 月 15 日

北京小动物诊疗行业协会理事长刘朗博士及世界小动物兽医师协会（WSAVA）北京代表石益兵，代表协会参加了 WSAVA 在开普敦召开的第 39 届会员代表大会。会上，刘朗博士及石益兵理事听取了 WSAVA 各委员会的汇报及技术标准的最新进展情况，并参与了协会换届、新成员加入等的投票。

9 月 18 日

亚洲小动物兽医师协会联盟（FASAVA）备选主席、北京小动物诊疗行业协会理事长刘朗博士及 WSAVA 北京代表石益兵，代表亚洲小动物兽医师协会联盟参加了 WSAVA 理事会召开的 VIP 高峰论坛。刘朗博士汇报了目前亚洲（FASAVA）及中国兽医协会间的合作情况及未来规划和展望，以期加强与 WSAVA 的合作，为中国小动物诊疗行业发展引入更多国际性先进资源。VIP 高峰论坛由 WSAVA 主席 Mr. Colin Burrow 主持，与会的 VIP 代表还包括 WSAVA 秘书长 Dr. Siraya Chunekamrai 女士及世界兽医协会（WVA）主席、非洲兽医协会主席 Dr. Faouzi Kechrid 先生、欧洲小动物兽医师协会联盟（FECAVA）主席 Dr. Monique Megens 女士、北美兽医协会（NAVC）主席代表 Dr. Laurel Kaddatz 先生、亚洲兽医协会联盟（FAVA）主席 Dr. Shane Ryan 先生等共 15 人。

10 月 10 日

北京小动物诊疗行业协会（BJSAVA）理事长刘朗博士及亚洲小动物兽医师协会联盟（FASAVA）北京代表石益兵，代表协会参加了 FASAVA 于台北召开的理事会，并就 FASAVA 的发展提出了意见。

10 月 12 日

北京小动物诊疗行业协会组织参加北京市执业兽医资格考试监考，配合政府部门开展考务监督工作。这也是中国第一次在执业兽医考试环节引入行业组织监督工作，让执业兽医考试更加社会化。

10 月 13 日

北京小动物诊疗行业协会理事长刘朗博士参加由北京市饲料监察所组织举办的"北京地区宠物饲料行业发展座淡会"，并就宠物食品的现状和发展途径提出了意见。

10 月 22 日

北京小动物诊疗行业协会理事长刘朗博士赴成都参加由亚洲动物基金会主办的中国养犬管理研讨会，并在大会上就动物救助及动物安乐死的问题与参会的国内外动物保护组织成员进行了探讨和交流。

2015 年

1 月 31 日

由国务院发展研究中心资源与环境政策研究室和北京爱它动物保护公益基金会联合主办的中国野生动物保护法治建设研讨会在北京举办，参会单位有环境保护部、全国人民代表大会常务委员会法制工作委员会、国家海洋局、国家林业局、北京法学会、北京市环保局等，也有来自高校和民间的法律界人士及各地民间野生动物保护组织等，北京小动物诊疗行业协会理事长刘朗博士应邀参加大会，并就野生动物的保护和疾病防控提出了意见。

3 月

为了促进兽医国际间的合作，借参加美国动物医院管理协会（AAHA）年会之际，北京小动物诊疗行业协会刘朗理事长率队拜访了位于洛杉矶的美国南加州兽医协会负责人 Peter Weinstein，并就协会的管理以及协会的职能方面进行了交流。

4 月 23—25 日

北京小动物诊疗行业协会（BJSAVA）理事长刘朗博士及世界小动物兽医师协会（WSAVA）北京代表石益兵理事参加了 FASAVA 于马来西亚吉隆坡召开的第四届 FASAVA 第七次理事会会议。

4 月 30 日

全国伴侣动物标准化委员会在北京举办了中国导盲犬标准起草研讨会，参会人员有中国盲人协会李伟洪主席、北京市动物疫病预防控制中心韦海涛主任、中国兽医协会动物卫生服务与福利分会常志刚会长、北京市标准化研究院谢翔燕处长、北京小动物诊疗行业协会刘朗理事长、玛氏宠物食品公司公共关系部刘颖总裁和北京金佳俊犬业秦天董事长等。研讨会就导盲犬的选育、驯养、驯养机构及驯养师的相关内容进行了充分讨论，大家就各自领域需要强调的问题进行了阐述。

5月

由中爱科技有限公司推出的国内首个掌上宠物医院"狗大夫"手机APP
自推向市场以来，得到了百万网民的热捧，同时也得到了众多线下宠物医院的
支持。北京小动物诊疗行业协会理事长刘朗博士应邀参加了此次活动，并代表
北京宠物诊疗机构发言："兽医是一个有爱的群体，兽医愿意与所有的公益组
织和有爱的企业合作，推动宠物健康保健理念，引导中国的宠物诊疗行业健康
有序发展。"

5月14—18日

北京小动物诊疗行业协会（BJSAVA）一行30人代表BJSAVA参加世界
小动物兽医师协会（WSAVA）在泰国曼谷举办的第40届世界小动物兽医师
大会。刘朗理事长及WSAVA北京代表石益兵，代表亚洲小动物兽医师协会
联盟（FASAVA）参加VIP高峰论坛。与会期间，刘朗理事长与WSAVA秘
书长Dr. Siraya Chunekamri磋商"One Care"项目关于2015年7月在中国推
广计划的具体事宜，并与WSAVA继续教育（CE）委员会主席Prof. Jill Madison落实2015年WSAVA继续教育在中国四地（北京、上海、广州、成都）
举办的具体工作。

5月22日

在深圳召开了第五届中国伴侣动物研讨会，会议由亚洲动物基金会主办和
美国国际人道对待动物协会协办。北京小动物诊疗行业协会刘朗理事长作为中
国临床兽医界的代表应邀参加会议，参会人员还有中国动物疫病预防控制中心
兽医公共卫生处马世春处长、中国军事医学科学院军事兽医研究所流行病学研
究室扈荣良研究员、中国农业科学院长春兽医研究所OIE狂犬病参考实验室
涂长春主任、中国农业科学院北京畜牧兽医研究所李刚教授、中国疾病预防控
制中心病毒病所唐青研究员、中国兽医协会办公室吴珺主任。

5月24日

由国务院发展研究中心资源与环境政策研究所召集的《中华人民共和国野
生动物保护法》修改座谈会在国务院发展研究中心举办，北京小动物诊疗行业
协会刘朗理事长作为唯一的兽医界代表应邀参加会议，并特别针对野生动物的
救助和疫病防控提出了意见。参会人员还有全国人民代表大会环境与资源保护
委员会法案室林丹处长、国务院发展研究中心资源与环境政策研究所常纪文副
所长、最高人民法院韩德强处长、北京市环境保护局周杨胜副局长、北京市公
益法学研究会刘凝会长、北京爱它动物保护公益基金会张小海副秘书长、世界
动物保护协会孙全辉博士、亚洲动物基金会毕华女士、国际爱护动物基金会马
晨玥女士、国际野生动物保护学会李立姝女士、山东大学哲学院郭强教授、清
华大学科学技术与社会研究所蒋劲松教授、北京师范大学哲学系田松教授、中

国科学院动物研究所解炎研究员、北京市野生动物救护中心田恒玖先生、海口市野生动物保护协会李波会长、野性中国工作室著名摄影师奚志农先生等。

6月27日

中国兽医协会第二届常务理事会第一次全体会议在呼和浩特召开，刘朗博士代表北京小动物诊疗行业协会参加了此次会议。作为中国兽医协会常务理事，刘朗博士就协会及各分会存在的问题代表临床兽医发言，希望中国兽医协会加强对会员的服务，特别是有关人用药使用的问题和中兽药的使用问题，希望通过中国兽医协会的政府资源，能够切实帮助临床兽医解决用药的困难。此外，在执业兽医的维权及法律保障方面也亟需得到协会的大力支持，特别是在具有社会影响力的重大事件方面，协会一定要为临床兽医"撑腰"。协会还应该设立医疗事故鉴定委员会并争取公众化，能够获得社会认可的合法地位。在兽医教育方面则应加强临床技能培训的比重，为动物诊疗行业的发展做好人才的储备工作。还应该加强国际交往，在世界兽医协会（WVA）和世界小动物兽医协会（WSAVA）占有一席之地，发挥中国兽医协会在国际兽医事务中的影响力。最后刘朗博士代表世界中兽医协会、中国畜牧兽医学会小动物医学分会、中国畜牧兽医学会中兽医分会、北京小动物诊疗行业协会，就四方共同承办的2016年世界中兽医大会向中国兽医协会汇报，希望中国兽医协会在弘扬中国传统兽医事业的前提下，支持世界中兽医大会在北京的召开。

7月6日

世界小动物兽医师协会（WSAVA），特别设立中国区动物医院管理培训项目。此项目由希尔斯公司提供海外赞助，其目的是通过了解中国各城市动物医院的发展状况和管理需求，帮助中国各地区的动物医院提升管理水平和创造更好的经济效益和产生社会影响力。

7月7—11日

为了提高宠物医师水平，根据北京小动物诊疗行业协会工作的总体安排，在北京市圆山大酒店举办宠物医师继续教育小动物B超专题培训班，聘请谢富强、张志红、张晓远和李朋老师为此次培训讲师，得到了学员高度好评。

7月13日

由北京小动物诊疗行业协会（BJSAVA）举办的"病例分析专场"评审工作在北京市圆山大酒店举行，会议邀请了王姜维博士、王立博士和张晓远博士作为评审老师，评选出优秀的兽医参加第11届北京宠物医师大会的"临床兽医论坛"。

7月14日

北京小动物诊疗行业协会（BJSAVA）联合默沙东（中国）公司举办的"动物医院管理研讨会"在北京市圆山大酒店开幕，会议邀请 Dr. Ernie Ward

作为讲师。北京小动物诊疗行业协会理事长刘朗和默沙东（中国）负责人宋晓云先生在会上发言，并向参会人员介绍了 Dr. Ernie Ward 在宠物治疗方面和医院管理方面的非凡成就。

7月21日

畜牧业标准审查论证会在北京召开，与会专家就《兽医注射针》《兽用疫苗温度监控冷藏箱》和《便携式兽用B型超声波诊断仪》三个标准报批稿进行了审核，参会专家来自农业部畜牧兽医器械质检中心、中国农业出版社、中国农业大学、江苏省医疗器械检验所、北京小动物诊疗行业协会等单位。作为北京小动物诊疗行业协会的代表刘朗博士参加了审查论证会，并针对所报标准提出了临床观点和修改意见。

7月22日

北京小动物诊疗行业协会第二届第十次理事会会议在圆山大酒店举办，协会理事长刘朗博士、常务理事及理事成员等共40人参加了此次会议。

8月3日

北京小动物诊疗行业协会（BJSAVA）举办的"犬猫神经外科的检查及诊断"专科培训于圆山大酒店闭幕。会议邀请了日本磁共振专家嶋崎（Shimazaki）作为培训讲师。参加培训的宠物医师人员上百人。嶋崎讲师详细地讲解了磁共振（MRI）的原理和读影基础、MRI在犬猫疾病的应用、MRI检查的主要病变部位和临床常见的疾病，让宠物医师们不仅掌握了磁共振的理论知识，也对临床常见的犬猫疑难杂症有了充分的认识。

8月31日

北京小动物诊疗行业协会第二届第十一次理事会会议在北京市圆山大酒店进行，刘朗理事长、秘书长和理事等共43人参加了会议。

9月13日

北京小动物诊疗行业协会协同北京福维特商贸有限公司在北京五洲大酒店共同举办了2015 CCVO中国兽医眼科年会。本届眼科年会邀请国内外动物眼科专家、临床知名眼科医生分享动物眼科技术最新进展和临床经验。

9月14—17日

北京小动物诊疗行业协会举办的第11届北京宠物医师大会圆满落幕，会议期间来自全国各地的3 000名执业兽医师、小动物临床工作者、兽医临床专家和学者、厂商及志愿者们欢聚一起。大会的专题讲座涉及小动物内科学、外科学、皮肤病学、影像学、心脏病学、另类动物疾病研究、动物医院管理、兽医领袖高峰论坛、智慧医疗及动物行为学和临床兽医论坛等70堂课程。

9月19日

由中国农业出版社组织，国家财政支持的《执业兽医继续教育课程资源建设》专家研讨会在北京举办，该课程的编排成立了专家委员会。担任主任委员及首席专家的是中国兽医协会动物福利分会常志刚会长、副主任委员有北京农学院动物科学与技术学院吴国娟教授、北京小动物诊疗行业协会刘朗理事长、内蒙古农业大学兽医学院杜雅楠院长、南京农业大学动物医学院费荣梅教授、中国兽医协会动物福利分会贾自力秘书长，委员有世界动物保护协会孙金娟女士、中国兽医协会孙忠超先生、中国兽医协会动物福利分会张萍萍女士。该课程的编写将填写执业兽医继续教育在动物福利方面的空白，为执业兽医在执业生涯中树立动物福利理念和提高动物福祉起到非常重要的作用。

9月19日

由社团办评估专家袁瑞军教授带领社团评估小组来到北京小动物诊疗行业协会进行行业协会评估工作。刘朗理事长向评估小组成员简要地介绍了协会评估工作的准备情况，主要包括协会近年来的发展情况、与国际兽医组织的合作状况、主办宠物医师大会的盛况、协会在兽医行业的巨大影响力和协会未来的工作努力方向等几个内容。之后评估小组的5名专家经过认真查看评估材料，对协会成员的工作和所付出的努力表示肯定，同时也称赞了北京小动物诊疗行业协会作为专业性极强的协会，能够利用自身的专业优势服务会员，协会举办的数千名宠物医师参加的展览和研讨一的宠物医师盛会、创办的专业性宠物医师杂志充分地发挥了协会的作用。

9月21日

伴侣动物国家标准征求意见审查会在北京举办，参会单位有北京市农业局、北京市动物疫病预防控制中心、北京小动物诊疗行业协会、北京市标准化研究院、中国农业大学、吉林农业大学、南京农业大学、扬州农业大学、北京市养犬协会、北京美联众合动物医院联盟机构、北京宠福鑫动物医院、北京关忠动物医院等单位。审查会主要针对北京小动物诊疗行业协会和中国农业大学及吉林农业大学牵头起草的《犬猫绝育手术操作技术规范》《犬保定操作技术规范》和《犬猫静脉输液操作技术规范》进行逐字审核，对存在歧义的文字进行了更改，删除了描述不清的内容，使得规范更加严谨、科学、工整。北京小动物诊疗行业协会刘朗理事长、张志红副秘书长、杨雪松常务理事、曹钱丰理事、董悦农理事参会，就这三个规范文件进行了审核，并根据临床需求提出了自己的意见。

9月28日

世界狂犬病日。北京小动物诊疗行业协会参加由北京市农业局、北京市动物疫病预防控制中心、北京市朝阳区动物疫病预防控制中心、北京市养犬协会共同在安贞社区举办的狂犬病宣传活动，为来往的社区居民发放有关狂犬病知识的宣传册，并解答群众关于宠物疾病和饲养方面的问题。

10月9日

北京小动物诊疗行业协会刘朗理事长代表行业协会参加了于北京举办的首届国际教学动物医院院长论坛。大会由中国农业大学动物医院主办，夏兆飞院长主持了此次会议。

10月23日

北京小动物诊疗行业协会与上海比瑞吉公司合作，邀请协会会员单位78家到达上海比瑞吉生产工厂参观宠物饲料的制作全过程。在现场讨论会议上，各位院长积极听取了比瑞吉公司总经理的管理之道和小暖医生总经理的产品介绍。

10月24日

北京小动物诊疗行业协会理事长刘朗博士和副理事长田海燕院长组织了协会的院长联谊会，讨论了北京市动物医院诊疗机构价目表的合理性。各位院长均根据自身医院的现实条件讲述了收费的疑惑之处。经过讨论，大家表示新的诊疗收费标准更加清晰。

11月5日

北京小动物诊疗行业协会第二届第十二次理事会于北京市圆山大酒店召开。

11月7日

中国兽医协会第二届第二次理事会在福州召开，刘朗博士代表北京市动物疫病预防控制中心和北京小动物诊疗行业协会参加了此次理事会。刘朗博士针对协会秘书处汇报就中国兽医协会的发展提出了建设性意见。意见重点集中在几个方面：第一是中国兽医协会针对动物诊疗纠纷处置机制建设调研情况，希望能够与中国兽医协会分享调研报告，以促进地方协会的工作；第二是中国兽医大会的选址是否能够跟农交会分开，因为很多时候会造成航班拥挤，住宿紧张，场面混乱；第三是台湾兽医的认可问题是否遵循平等国民待遇；第四是会员注册是否能够从个人注册改变为单位注册。总之，中国兽医协会应发挥与政府部门很好的沟通便利条件，把需要迫切解决的问题通过协会和农业部兽医主管部门的共同努力给宠物诊疗行业带来发展的便利。

11月11日

北京小动物诊疗行业协会组织会员单位到"北京人与动物环保科普中心"流浪动物基地开展"免费为流浪动物绝育手术"的公益活动。这些宠物医院分别是北京爱宠康动物医院、北京爱牧家动物医院、北京芭比堂动物医院、美联众合伴侣动物医院、美联众合爱康动物医院、美联众合京西动物医院、北京观赏动物医院、北京康乐回生动物医院、北京月坛宠物医院、北京酷迪关爱动物医院、北京利又安动物医院、北京威卡姆动物医院、北京久康仁动物医院、北京明安星动物医院、北京康佳动物医院、北京怡园动物医院、北京宠福来动物医院、北京望虹动物医院、北京方庄伴侣动物医院、北京荣安动物医院、北京仁仁宠物医院、北京亲亲宝贝动物医院和北京京丰畜服动物医院。

11 月 18 日

北京小动物诊疗行业协会理事长刘朗博士及 WSAVA 北京代表石益兵出席 FASAVA 第 6 届代表大会。大会正式通过理事会改选方案，备选主席刘朗博士正式被任命为 FASAVA 主席，Dr. Pieter Verhoek（新西兰）即任往届主席（Past President）。会议通过中国四川省宠物业行业协会宠物医师分会（SCSAVA）加入 FASAVA 的申请决议。来自中国（北京、上海、广州、香港）、日本、新西兰、澳大利亚、马来西亚等国代表出席。

11 月 19—22 日

北京小动物诊疗行业协会理事长刘朗博士、副理事长夏兆飞教授、潘庆山教授、施振声教授、董轶博士、副秘书长宋楠、监事刘钟杰教授、FASAVA代表、常务理事石益兵及理事刘欣、张应军、廖阳等人参加 FASAVA 台湾大会，其中来自中国农业大学的林德贵教授及刘朗博士、夏兆飞教授、潘庆山教授、刘钟杰教授、董轶博士、刘欣博士担任大会讲师并授课。

11 月 25 日

北京小动物诊疗行业协会理事长刘朗博士应邀参加了在北京农业职业学院举办的"中国都市农业职业教育集团成立大会"理事会议及宠物专业工作委员会。北京小动物诊疗行业协会当选为中国都市农业职业教育集团的副理事长单位，刘朗先生当选为副理事长，同时也当选为宠物专业工作委员会副主任。

12 月 8—10 日

北京小动物诊疗行业协会于北京市动物疫病预防控制中心会议室和培训实验室分别开办了宠物软组织手术培训班的理论课和实操学习，聘请潘庆山、袁占奎和陈宏武老师作为此次讲师。

12 月 9 日

北京大学宠物医院院长培训项目中心暨中国兽医管理学院共同举办的"宠物医院发展高峰论坛"在北京大学百年讲堂举办，来自全国各地区的近 60 家动物医院的院长参加了此次论坛。此次论坛得到了农业部兽医局、中国兽医协会和国际爱护动物基金会的支持，参会的农业部兽医局王功民副局长就中国兽医的发展状况、兽医法规的建设、执业兽医的规范和动物诊疗机构的管理几个方面做了详细的阐述。北京小动物诊疗行业协会理事长刘朗博士参加并做了"职业道德与现实的碰撞"的专题报告。

12 月 23 日

北京市畜牧兽医工作会在北京歌华开元大酒店举办，北京市农业局兽医处和兽药处、动物疫病预防控制中心、动物卫生监督所，以及各区县动物卫生监督所和动物疫病预防控制中心的领导参加了此次工作会，为北京市动物防疫做出突出贡献的北京小动物诊疗行业协会也委派刘朗理事长和田海燕副理事长参会。

2016 年

1 月 7—8 日

北京小动物诊疗行业协会邀请皮肤病专家刘欣博士为协会 140 余家会员单位进行免费皮肤病培训。

1 月 16 日

北京市应急志愿者专业培训和表彰大会在北京国际会议中心举办，来自北京市各个区县的政府代表和数百名民间志愿组织的志愿者代表参加了此次会议。

4 月 17 日

北京小动物诊疗行业协会理事长暨亚洲小动物兽医师协会联盟（FASA-VA）主席刘朗博士，WSAVA 北京代表石益兵出席在马来西亚吉隆坡召开的第 9 届 FASAVA 会议。刘朗博士主持此次会议的一系列重大活动，包括大会开幕式致辞，马来西亚农业部新闻发布会，大会欢迎晚宴，Hill's 年度亚洲兽医奖颁奖仪式以及大会闭幕式和会旗转交仪式等。FASAVA 大会期间，北京小动物诊疗行业协会副理事长、中国农业大学动物医学院教授施振声获得了FASAVA-Hill's 年度杰出兽医称号，刘朗博士与 Hill's 全球兽医总监 Jolle Kirpensteijn 教授于大会晚宴上颁奖。北京小动物诊疗行业协会主动承担了FASAVA 大会同声传译设备的全部租赁费用，并邀请了来自北京美联众合转诊中心具有丰富翻译经验的刘光超医师和亚洲动物基金会的王静医师共同承担外科教室的同声传译工作。

6 月 15 日

第七届中国养犬管理研讨会在古都西安举办。此次会议由亚洲动物基金主办，美国国际人道对待动物协会和西安红石榴伴侣动物救助中心协办。大会就养犬管理工作的基础——立法方面进行了积极有益的探讨，来自各地的政府职能部门和动物保护组织就犬类的管理和收容方面进行了阐述。亚洲小动物兽医协会联盟主席、中国兽医协会宠物诊疗分会副会长和北京小动物诊疗行业协会理事长刘朗博士就兽医在养犬管理中的作用及与各相关组织的合作方式进行了说明。

7 月 5 日

由农业部兽医局药政处召集的有关宠物用药标签审核会在中国兽医兽药监

察所召开，参会代表有农业部兽医局药政处、中国兽医兽药监察所化药审批管理部门、中国兽药协会及北京小动物诊疗行业协会参与，审核会召集人农业部兽医局林典生处长特别指出北京小动物诊疗行业协会在 2014 年给农业部兽医局发函《宠物用药的问题函》，引起了部领导的高度重视，此次专门针对宠物用药制定标签说明书的目的，就是为了使兽药生产企业能够有热情投入精力和物力，用于宠物药品的研发和生产，让宠物临床医师有药可用，让宠物临床用药与畜牧业生产经营用药完全区别开，把临床用药急需的用药筛选出来，从而满足临床兽医需要。北京小动物诊疗行业协会派出的代表就目前人用药不能用于宠物所造成的桎梏向药政处和中监所领导进行了反映。同时协会代表也提出兽医处方权问题，现行的兽药管理条例制约临床用药的问题，以及如何在法律暂时无法修订的情况下保证宠物临床用药的问题。

8 月 27—30 日

第十二届北京宠物医师大会在北京国际会议中心举办，同期还与中国马业协会共同举办了第一届国际临床马兽医大会。

9 月 2 日

中国盲人协会导盲犬指导委员会筹备会议在中国残疾人联合会正式召开，参会代表有中国残疾人联合会副主席吕世明、中国盲人协会主席李伟洪、北京市动物疫病预防控制中心主任韦海涛、英国威豪宠物营养研究中心亚太区首席科学家梅建勋博士，以及来自各地导盲犬协会的代表。北京小动物诊疗行业协会理事长刘朗博士和副理事长陈武教授也应邀参加会议。大会筹备组就委员会成立的目的和意义进行了介绍，与会代表也就委员会的章程进行了研讨。

9 月 26 日

在中国兽医药品监察所召开了由中国兽药协会牵头的宠物用药说明书审核会议，参会人员有农业部兽医局药政处谷红副处长、中国兽医药品监察所生药、化药各处负责人，北京小动物诊疗行业协会刘朗理事长、田海燕副理事长、刘欣常务理事和孙艳争常务理事也应邀参加审核会议，并就 180 多个宠物药品种逐个进行了审核。

9 月 27—30 日

第 41 届世界小动物兽医师大会（WSAVA）在哥伦比亚卡塔赫纳举行。北京小动物诊疗行业协会副秘书长及 WSAVA/FASAVA 代表石益兵受邀代表亚洲小动物兽医师协会联盟（FASAVA）主席暨北京小动物诊疗行业协会理事长刘朗博士及北京小动物诊疗行业协会参加此次会议。参会期间，石益兵代表分别参加会员代表大会、会员代表论坛、大会新闻发布会（同一个兽医标准：WSAVA 全球标准-One Care for Veterinary Care；WSAVA Global Guide-lines），继续教育委员会会议等工作会议，与大会申办领导和提名委员会负责人 Dr. Kevin Stevens 沟通 2021 年中国申办 WSAVA 大会的具体申办事宜，取得实质性进展。

11 月 14—15 日

北京市重大动植物疫情应急防控志愿者培训在房山区德宝会议中心举办，参加会议的领导有北京市重大动植物疫情应急指挥部办公室副主任、北京市农业局应急处姚杰章处长、中国共产主义青年团北京市委员会志愿服务指导中心志愿者部肖树生部长、北京市政府应急办公室郝瑜同志，北京小动物诊疗行业协会刘朗理事长也率队北京市重大动植物疫情应急志愿者支队 40 余人参加了此次培训。

受中国动物疫病预防控制中心委托，由北京小动物诊疗行业协会牵头，协会工作人员睢艳平起草的《执业兽医教育体系建设调研项目》开始启动，该调研项目是为在全国各地行业协会调研的基础上，参考国际兽医行业协会以及中国人医行业协会继续教育的现状，整理出完整的中国执业兽医继续教育体系建设调研报告。

12 月 29 日

北京小动物诊疗行业协会第三届会员大会在北京市圆山大酒店召开，会员代表投票选举产生新一届理事会及监事会成员。夏兆飞教授被选为第三届北京小动物诊疗行业协会理事长，刘朗博士被推举为名誉理事长。出席此次会议的领导有北京市农业局兽医处王滨处长、农业局人事处孟庆福处长和北京市动物疫病预防控制中心韦海涛主任及 106 位会员代表。

2017 年

1 月 10 日

北京小动物诊疗行业协会召开第三届第一次理事长会议，协会主要负责人就协会工作分工做出安排：院长联谊会负责人田海燕；会员管理负责人宋楠，辅助负责人曹钱丰、王文利；继续教育负责人潘庆山，辅助负责人夏兆飞、谢富强；国际合作负责人石益兵，辅助负责人夏兆飞；媒体宣传负责人夏兆飞，辅助负责人袁占奎、张晓远、邱志钊；供应商合作负责人刘朗，辅助负责人夏兆飞、董轶；财务管理负责人薛水玲，辅助负责人刘朗；动物福利委员会负责人董轶，辅助负责人刘明荣；专业学术委员会负责人陈武，辅助负责人潘庆山、谢富强、夏兆飞、刘朗、董轶、刘欣、张志红、张晓远、李志、袁占奎。

2 月 8 日

北京小动物诊疗行业协会刘朗名誉理事长、夏兆飞理事长、薛水玲秘书长、宋楠副秘书长、杨雪松副秘书长、陈武副理事长及 63 位会员代表在圆山大酒店召开了第一次院长联谊会。

2月23日

由北京小动物诊疗行业协会主办的宠儿香"谁羽争锋"第二届宠物诊疗行业羽毛球公开赛在二商羽毛球馆正式开赛。此次比赛是由北京百林康源有限公司独家赞助，由宠物医师网提供媒体支持。

3月5日

北京小动物诊疗行业协会（BJSAVA）名誉理事长刘朗博士和石益兵副理事长应邀参加了在新加坡召开的世界小动物兽医师协会（WSAVA）亚洲区域会议，大会首先考察了2018年将在新加坡举办的WSAVA大会场馆，并听取了大会主办方的筹备工作汇报。之后亚洲区域各协会代表和WSAVA负责人就目前各地区协会存在的问题和需要支持的方面进行了探讨。

3月13日

北京小动物诊疗行业协会负责人理事长夏兆飞教授，名誉理事长刘朗博士，副理事长潘庆山、陈武和田海燕，秘书长薛水玲，副秘书长杨雪松、宋楠和张志红，常务理事张晓远，协会顾问谢富强等负责人召开理事长会议，会议主题围绕第十三届北京宠物医师大会课程所有学科的分工及负责人安排，以及申办2021年WSAVA大会的各省市协会的支持单位的合作工作。

4月5日

针对协会在兽医继续教育的投入、系统化培训、学习平台；执业兽医继续教育注册与学分的管理；宠物医师技能任职分级标准；执业兽医师考试大纲是否适合现状；兽医与助理考试的区分等执业兽医师继续教育管理问题的研讨会由北京小动物诊疗行业协会发起举办，北京小动物诊疗行业协会秘书长薛水玲女士参加了研讨会。

4月11日

为了充分了解全国执业兽医继续教育现行体系，征集更多的建议和想法，北京小动物诊疗行业协会在中国小动物兽医师大会期间，邀请了全国各地具有代表性的协会会长参加了执业兽医继续教育调研研讨会。

4月28日

北京小动物诊疗行业协会应拉萨市政府邀请，与当地兽医职能部门及拉萨市养犬管理部门进行了友好交流，来自北京小动物诊疗行业协会的刘朗博士针对政府部门的养犬管理工作以及兽医所发挥的作用进行了阐述，田海燕博士为当地兽医及防疫人员开展了关于包虫病诊治的培训，董轶博士就动物诊疗机构的良性运营方面给予了指导和培训。

6月27日

北京小动物诊疗行业协会名誉理事长刘朗博士应邀参加中国兽医协会标准化管理、技术委员会成立大会，并当选为中国兽医协会标准化管理委员会委员和中国兽医协会标准化技术委员会委员。

8 月 10 日

FASAVA 主席刘朗博士主持召开第 10 次 FASAVA 理事会，会议通过了 2016 年理事会记录，听取了 FASAVA 秘书长报告、财务报告及继续教育报告，理事会成员就协会章程及大会竞标程序等例行工作进行交流。

8 月 11—14 日

FASAVA 主席刘朗博士出席 FASAVA 欢迎酒会、开幕仪式、颁奖仪式及闭幕式等重要会议活动，代表 FASAVA 向与会嘉宾及代表发表致辞和讲话。澳洲黄金海岸市长 Mr. Tom Tate 参加开幕式并接见刘朗主席和大会组委会主席等人。闭幕式上，刘朗主席代表 FASAVA 向 FASAVA 理事会、承办方、讲师及所有工作人员表示感谢，澳洲小动物兽医师协会将 FASAVA 会旗传递给新加坡小动物兽医协会（2018 年 FASAVA 承办方）。

协会在法国皇家宠物食品公司的支持下，派出了北京兽医刘光超、王静作为主会场的同声传译，为来自中国的兽医提供即时语言服务，受到组委会及与会国内同行的高度好评。

9 月 11 日

第十三届北京宠物医师大会在北京国际会议中心顺利召开，同期承办的会议还有第二届国际临床马兽医大会。此次大会参会人数和规模都超过了往届，总参会人数超过 7 000 人，参展商达到 200 余家。

9 月 25 日

受世界小动物兽医师协会（WSAVA）主席 Walt Ingwersen 之邀，北京小动物诊疗行业协会（BJSAVA）名誉理事长刘朗博士、秘书长薛水玲女士、副理事长石益兵先生与 WSAVA 主席 Dr. Walt Ingwersen、继任主席 Dr. Shane Ryan、大会申办委员会主席 Dr. Kevin Stevens 等人进行了友好洽谈，并就北京小动物诊疗行业协会申办世界小动物兽医师大会在中国的举办，交换了意见。

2018 年

1 月 25 日

北京小动物诊疗行业协会第三届第五次理事会在北京金隅凤山温泉度假村召开，会议由秘书处向所有理事成员汇报总结了 2017 年工作总结，并根据 12 月 1 日理事长办公会的会议决议，向理事会介绍了 2018 年的京津冀协同发展计划。还就协会秘书长薛水玲女士、张弼常务理事、宋军理事、牛世红理事和杨葳葳理事辞职造成的人选空缺，投票选举了新的人选。此外，监事长向所有理事和监事汇报了 2017 年监事会对理事会工作的监督和认可，及 2018 年监事会工作计划。原协会秘书长薛水玲女士向理事会辞职，由名誉理事长刘朗博士兼任协会秘书长，该决议由理事会全体成员举手赞成通过。为扶植兄弟协会发展，促进其他地区诊疗行业技术发展，全体理事成员讨论并通过了 2018 年北京小动物诊疗行业协会执业兽医继续教育培训支持方案，主要内容如下：

①责任分工：由北京小动物诊疗行业协会提供讲师，支付讲师的机票和住宿费用，由被支持协会负责本地执业兽医的组织、提供培训场地和讲师接待等工作。

②师资选择：以优秀青年临床医师为主，由协会专科负责人负责拟定人选。

③通过了 2018 年支持地区及培训学科，由当地协会确认培训内容和时间，告知北京小动物诊疗行业协会组织实施。

为了更好地帮助提高偏远地区兽医师诊疗技术，推动偏远地区诊疗行业发展，理事会决议第十四届北京宠物医师大会将针对西藏、新疆、青海、甘肃和宁夏的临床兽医师免去注册费用。

理事会选举通过了新的理事人选，分别为夏楠、娄威、许超和兰强；新的常务理事为张应军。

3 月 7 日

北京小动物诊疗行业协会院长联谊会在圆山饭店举办。会议主题：第一，资本推动下，当前动物医院面临的机遇与挑战；第二，动物医院经营中的主要致命风险。承办单位为瑞派关忠动物医院连锁机构。

4 月 5—6 日

为了支持西部地区兽医继续教育，提高当地兽医技术水平，北京小动物诊疗行业协会派出芭比堂动物医院连锁毛军福医师和解传涛医师赴西安地区开展技术培训。

4 月 23 日

世界马兽医大会在中国大饭店会议厅举办，北京小动物诊疗行业协会秘书长刘朗博士参加会议，并承担分会场主持人工作。

4 月 25—26 日

北京小动物诊疗行业协会派出关忠动物医院连锁张晓远医师、葛卓医师和田艺医师赴贵州省贵阳市开展兽医技术培训。

5 月 3—4 日

北京小动物诊疗行业协会派出北京美联众合动物医院连锁邱志钊医师、张晨旭医师和罗旭阳医师赴云南省昆明市开展兽医技术培训。

5 月 9 日

北京小动物诊疗行业协会院长联谊会在圆山饭店举办。会议主题：如何提升客户体验。承办单位为美联众合动物医院连锁。

5月10—12日

北京小动物诊疗行业协会开办骨科专科培训班。此次培训班邀请潘庆山老师、陈宏武老师和石磊老师授课，招生人数 36 人。

5月13日

受中国农业农村部兽医局委托，中国农业出版社承担的"执业兽医继续教育机构设置"制定工作研讨会在河南省洛阳市国家兽用药品工程技术中心举办，北京小动物诊疗行业协会夏兆飞理事长、刘朗秘书长应邀参加。参会人员还有农业农村部兽医局医政处万强副处长，国家兽用药品工程技术中心主任田克恭博士，中科基因公司总经理王文泉研究员，中国农业出版社养殖分社黄向阳社长、邱利伟主任、孙忠超博士，中国动物保健杂志社社长刘冲先生等。

7月10日

北京小动物诊疗行业协会院长联谊会在圆山饭店举办。会议主题：动物医院的税务风险管控与动物医院估值。承办单位为宠福鑫动物医院连锁。

7月17—19日

北京小动物诊疗行业协会开办超声专科培训班。邀请中国农业大学动物医院影像科主管吴海燕、副主管刘冉和美联众合转诊中心王龙医师授课。招生人数 34 人。

7月24日

由中国动物疫病预防控制中心主办的执业兽医管理制度立法调研会在北京召开，北京小动物诊疗行业协会刘朗秘书长、杨雪松副秘书长、宋楠副秘书长、石益兵副理事长分别参加了有关《执业兽医队伍建设规划》和《动物诊疗活动管理办法》起草工作。参会人员有中国动物疫病控制中心执业兽医事务处刘兴国处长、中国动物卫生与流行病学中心李卫华处长、北京市农业局兽医处王滨处长、北京市动物疫病预防控制中心韦海涛主任、上海市兽医管理部门的陈昕来科长、天津市畜牧兽医局兽医处兰姬叶处长、辽宁省兽医局王姗姗处长、广东省兽医局张远龙处长、广西壮族自治区兽医局黄廷军处长、湖南省兽医局郑文成处长、湖北省兽医局朱遂福处长、襄阳畜牧兽医局王水生科长、山东省兽医局李辉处长、江苏省兽医局冯群科朴长、安徽省兽医局王光处长、河南省兽医局金喜新处长等兽医主管部门领导。

9月5日

北京小动物诊疗行业协会院长联谊会在圆山饭店举办。会议主题：60 天如何逆袭运营增长。承办单位为芭比堂动物医院连锁。

9月16日

由中国兽药协会主办的"宠物用药研讨会"在武汉举办，刘朗博士代表北京小动物诊疗行业协会参加会议，并就临床用药的短缺问题及人用药的使用问题进行了阐述。

9月24—28日

北京小动物诊疗行业协会秘书长刘朗博士与协会副理事长、WSAVA/FASAVA代表石益兵出席在新加坡举办的第43届世界小动物兽医师大会暨第9届亚洲小动物兽医师大会。参会的中国兽医有80余人。

9月25—28日

第十四届北京宠物医师大会在北京国家会议中心召开，来自全国各地的小动物兽医师代表3 132人、学生代表355人、厂商代表1 213人、观众1 269人，共5 969人参与了此次盛会。会议邀请宠物临床各领域92位知名专家学者围绕11个学科准备了128场专题讲座。本次大会总展览面积7 500米^2，共设展位163个，有国内外200家知名企业展示了最前沿的科技成果，提供了最先进的产品资讯。同时，在大会开幕式上，推出了京津冀宠物诊疗行业协同发展计划，为探讨行业人才培养，发挥各地区协会协同效应，促进兽医水平不断提高指明方向。

11月15日

北京小动物诊疗行业协会影像分会成立大会暨第一次会员大会成功召开。

12月5日

应北京市朝阳区动物疫病预防控制中心邀请，北京小动物诊疗行业协会秘书长刘朗博士给朝阳区辖区内的动物医院院长做《宠物医疗行业发展状况》的报告。

12月10日

北京小动物诊疗行业协会眼科分会成立大会暨第一次会员大会成功召开。

12月10—12日

北京小动物诊疗行业协会开办眼科专科培训班。邀请芭比堂眼科团队董轶、李越鹏、曹悦、翟羽佳、赵琛授课，共招生22人。

12月12日

北京小动物诊疗行业协会举办院长联谊会。会议主题：如何让组织高效运转。承办单位为中国农业大学动物医院。

12月15日

由它基金举办的爱它暖冬会在北京举办，作为它基金理事，北京小动物诊疗行业协会秘书长刘朗博士应邀参加，并发表关爱流浪动物的致辞。参会的还有中央电视台主持人张越、元元、李静，香港导演尔冬升及大陆演员孙茜等出席了会议。

12月17日

北京小动物诊疗行业协会异宠分会成立大会暨第一次会员大会成功召开。

编写：张　琳

审核：刘　朗

图书在版编目（CIP）数据

往事回顾：记中国宠物诊疗行业发展历程 / 刘朗，刘春玲编著．—北京：中国农业出版社，2019.8
ISBN 978-7-109-25165-6

Ⅰ．①往…　Ⅱ．①刘…②刘…　Ⅲ．①宠物－兽医院－发展－中国　Ⅳ．①S851.7

中国版本图书馆 CIP 数据核字（2019）第 019840 号

中国农业出版社

地址：北京市朝阳区麦子店街 18 号楼
邮编：100125
责任编辑：王森鹤　黄向阳
版式设计：杜　然　责任校对：沙凯霖
印刷：北京中兴印刷有限公司
版次：2019 年 8 月第 1 版
印次：2019 年 8 月北京第 1 次印刷
发行：新华书店北京发行所
开本：700mm×1000mm　1/16
印张：13.75
字数：250 千字
定价：48.00 元